高│等│学│校│计│算│机│专│业│系│列│教│材

Python程序设计基础案例教程（第2版）

李辉　吴云华　李丽芬　主编

清华大学出版社
北京

内 容 简 介

Python 语言具有高效率、可移植、可扩展、可嵌入、易于维护等优点,而且 Python 语法简洁,代码高度规范,功能强大且简单易学,是程序开发人员必学的语言之一。

本书注重基础、循序渐进、内容丰富、结构合理、思路清晰、语言简练流畅、示例翔实,系统地讲述了 Python 程序设计开发相关基础知识。全书共 10 章,主要内容包括 Python 概述、Python 基本语法、Python 的基本流程控制、Python 的 4 种典型序列结构、Python 函数与函数式编程、Python 文件和数据库操作、面向对象程序设计、模块和包、字符串操作与正则表达式应用,以及并发、并行与多任务编程等内容。

为提升学习效果,本书结合实际应用,提供了大量的案例,并配以完善的学习资料和支持服务,包括教学大纲、教学 PPT、源代码、教学视频、配套软件等,为读者带来全方位的学习体验。

本书既可作为高等学校计算机相关专业 Python 程序设计课程的教材,也可作为自学者使用的参考用书,是一本适用于 Python 程序开发初学者的入门教材。

图书在版编目(CIP)数据

Python 程序设计基础案例教程/李辉,吴云华,李丽芬主编. --2 版. --北京:清华大学出版社,2025.7.
(高等学校计算机专业系列教材). -- ISBN 978-7-302-69752-7

Ⅰ. TP312.8

中国国家版本馆 CIP 数据核字第 2025XJ3314 号

责任编辑:龙启铭
封面设计:何凤霞
责任校对:胡伟民
责任印制:沈 露

出版发行:清华大学出版社
　　　网　　址:https://www.tup.com.cn,https://www.wqxuetang.com
　　　地　　址:北京清华大学学研大厦 A 座　　　　　　邮　　编:100084
　　　社 总 机:010-83470000　　　　　　　　　　　　邮　　购:010-62786544
　　　投稿与读者服务:010-62776969,c-service@tup.tsinghua.edu.cn
　　　质量反馈:010-62772015,zhiliang@tup.tsinghua.edu.cn
　　　课件下载:https://www.tup.com.cn,010-83470236
印 装 者:三河市铭诚印务有限公司
经　　销:全国新华书店
开　　本:185mm×260mm　　　　　印　　张:19　　　　　字　　数:480 千字
版　　次:2020 年 9 月第 1 版　2025 年 7 月第 2 版　　印　　次:2025 年 7 月第 1 次印刷
定　　价:59.00 元

产品编号:104492-01

前言

Python 语言于 20 世纪 90 年代初由荷兰人 Guido van Rossum 首次公开发布，经过历次版本的修正，不断演化改进，目前已成为最受欢迎的程序设计语言之一。近年来，Python 语言多次登上诸如 TIOBE、PYP、StackOverFlow、GitHub、Indeed、Glassdoor 等各大编程语言社区排行榜。根据 TIOBE 最新排名，Python 语言与 Java、C 语言一起成为全球最流行编程语言的前 3 位。

Python 语言之所以如此受欢迎，其主要原因是它拥有简洁的语法、良好的可读性以及功能的可扩展性。在各高校及各行业应用层面，采用 Python 语言做教学、科研、应用开发的机构日益增多。在高校方面，一些国际知名大学采用 Python 语言来教授程序设计课程，典型的有麻省理工学院的计算机科学及编程导论、美国卡耐基·梅隆大学的编程基础、加州大学伯克利分校的人工智能课程。在行业应用方面，Python 语言已经渗透到数据分析、互联网开发、工业智能化、游戏开发等重要的工业应用领域。鉴于 Python 语言的上述诸多优点，受到诸多学习者的热捧。

本书的编写原则如下。

(1)适应原则。Python 语言有自己独特的语法以及编程方式，在编程语言的大框架下，分析这些编程语言的细节差异，使读者能够很好地适应 Python 语言的学习。

(2)科学原则。本书既是知识产品的再生产、再创造，也是编者教学经验的总结和提高，其覆盖范围广、内容新，既有面的铺开，又有点的深化，举例符合题意，使读者学习起来事半功倍。

本书从基础和实践两个层面引导读者学习 Python 语言这门学科，系统、全面地讨论了 Python 语言编程的思想和方法。第 1～3 章主要介绍了 Python 语言的基本知识以及理论基础。第 4～8 章详细介绍了 Python 语言编程的核心技术，着眼于控制语句与函数、模块和包、类和继承、文件和 I/O 的重点知识使用场景以及注意事项的描述，每一个章节都给出了详细的 Python 语言程序，让读者全面理解 Python 语言编程。第 7 章是程序开发的进阶，着重介绍了抽象类、多继承等知识点，并针对每一个知识点给出了详细的例子。第 9 章重点介绍了正则表达式，并针对每一个知识点给出相关示例。第 10 章介绍了并发、并行与多任务编程的基本概念以及提高程序执行效率的实现方法。

由于编者水平有限，加之 Python 语言的发展日新月异，书中难免会有疏漏和不妥之处，敬请广大读者批评指正。

编　者
2025 年 1 月

目录

第 1 章　Python 概述/1

1.1　认识 Python 语言 ……………………………………………………… 1

　　1.1.1　计算机与编程语言 ……………………………………………… 1

　　1.1.2　Python 的发展历程 ……………………………………………… 2

　　1.1.3　Python 的特点 …………………………………………………… 3

　　1.1.4　Python 的应用领域与发展趋势 ………………………………… 4

1.2　Windows 下的 Python 开发环境 ……………………………………… 5

　　1.2.1　常见的 Python 开发工具 ………………………………………… 5

　　1.2.2　Python 的编程模式 ……………………………………………… 6

　　1.2.3　Python 开发运行环境安装 ……………………………………… 7

　　1.2.4　使用 IDLE 编写"I Love Python!" ……………………………… 10

　　1.2.5　PyCharm 的安装与使用 ………………………………………… 12

1.3　Python 程序的运行原理 ……………………………………………… 20

　　1.3.1　计算机程序的运行方式 ………………………………………… 20

　　1.3.2　Python 程序的运行方式 ………………………………………… 20

　　1.3.3　Python 的解释器类型 …………………………………………… 21

　　1.3.4　Python 语言的文件类型 ………………………………………… 22

1.4　本章小结 ………………………………………………………………… 23

1.5　习题 ……………………………………………………………………… 23

第 2 章　Python 基本语法/24

2.1　Python 程序设计的基本元素 ………………………………………… 24

2.2　Python 语法特点 ……………………………………………………… 26

2.3　标识符与变量、常量 …………………………………………………… 27

　　2.3.1　标识符与保留字 ………………………………………………… 27

　　2.3.2　变量的定义与赋值 ……………………………………………… 28

　　2.3.3　常量的定义 ……………………………………………………… 32

2.4　基本数据类型 …………………………………………………………… 33

　　2.4.1　数值类型 ………………………………………………………… 33

　　2.4.2　布尔类型 ………………………………………………………… 34

　　2.4.3　字符串类型 ……………………………………………………… 35

2.4.4　NoneType 类型 ………………………………………………… 37

2.4.5　数据类型转换 ………………………………………………… 37

2.4.6　对象和引用 …………………………………………………… 39

2.5　基本输入/输出 ……………………………………………………… 40

2.5.1　基于 input()函数输入 ………………………………………… 40

2.5.2　基于 print()函数输出 ………………………………………… 41

2.5.3　字符串的格式化输出 …………………………………………… 43

2.6　常见的运算符与表达式 ……………………………………………… 45

2.6.1　运算符与表达式 ………………………………………………… 45

2.6.2　算术运算符 ……………………………………………………… 47

2.6.3　赋值运算符 ……………………………………………………… 49

2.6.4　关系运算符 ……………………………………………………… 50

2.6.5　逻辑运算符 ……………………………………………………… 51

2.6.6　条件(三目)运算符 ……………………………………………… 53

2.6.7　位运算符 ………………………………………………………… 53

2.6.8　成员运算符 ……………………………………………………… 54

2.6.9　运算符的优先级 ………………………………………………… 54

2.7　本章小结 ……………………………………………………………… 55

2.8　习题 …………………………………………………………………… 55

第 3 章　Python 的基本流程控制/56

3.1　基本语句及顺序结构 ……………………………………………… 56

3.1.1　基本语句 ………………………………………………………… 57

3.1.2　顺序结构 ………………………………………………………… 58

3.2　选择结构语句 ………………………………………………………… 59

3.2.1　if 语句 …………………………………………………………… 59

3.2.2　if-else 语句 ……………………………………………………… 60

3.2.3　if-elif-else 语句 ………………………………………………… 61

3.2.4　if 分支语句嵌套 ………………………………………………… 63

3.3　循环结构 ……………………………………………………………… 65

3.3.1　while 循环语句 ………………………………………………… 65

3.3.2　for 语句和内置函数 range() …………………………………… 67

3.3.3　循环语句嵌套 …………………………………………………… 69

3.4　转移和中断语句 ……………………………………………………… 71

3.4.1　break 语句 ……………………………………………………… 71

3.4.2　continue 语句 …………………………………………………… 73

3.4.3　pass 语句 ………………………………………………………… 75

3.5　while-else 与 for-else 语句 ………………………………………… 75

3.5.1　while-else 语句 ………………………………………………… 75

　　　　3.5.2　for-else 语句 ··· 76
　　3.6　程序的错误与异常处理 ··· 77
　　　　3.6.1　程序的错误与处理 ·· 77
　　　　3.6.2　程序的异常与处理 ·· 77
　　3.7　循环与选择结构综合应用案例 ······································ 79
　　3.8　本章小结 ··· 80
　　3.9　习题 ··· 80

第 4 章　Python 的 4 种典型序列结构/82

　　4.1　序列 ··· 82
　　　　4.1.1　序列概述 ··· 82
　　　　4.1.2　序列的基本操作 ·· 82
　　4.2　列表 ··· 86
　　　　4.2.1　列表的创建与删除 ·· 86
　　　　4.2.2　列表元素的访问与遍历 ·· 87
　　　　4.2.3　列表元素的常用操作(增加、删除、修改、查找) ················· 90
　　　　4.2.4　列表元素的统计与排序 ·· 95
　　　　4.2.5　列表的嵌套 ··· 97
　　　　4.2.6　列表的综合应用 ·· 97
　　4.3　元组 ··· 98
　　　　4.3.1　元组的创建与删除 ·· 98
　　　　4.3.2　元组的常见操作 ··· 100
　　　　4.3.3　元组的序列解包 ··· 102
　　　　4.3.4　元组与列表的区别及相互转换 ································· 102
　　　　4.3.5　元组的综合应用 ··· 103
　　4.4　字典 ·· 103
　　　　4.4.1　字典的创建 ·· 104
　　　　4.4.2　字典元素的访问与遍历 ······································· 106
　　　　4.4.3　字典元素的常见操作(增加、删除、修改、查找) ··············· 107
　　　　4.4.4　字典的综合应用 ··· 109
　　4.5　集合 ·· 110
　　　　4.5.1　集合的创建 ·· 111
　　　　4.5.2　集合元素的常见操作(增加、删除、查找) ····················· 112
　　　　4.5.3　集合的交集、并集和差集运算 ································· 113
　　　　4.5.4　集合的综合应用 ··· 113
　　4.6　推导式与生成器推导式 ·· 114
　　　　4.6.1　列表推导式 ·· 114
　　　　4.6.2　字典推导式 ·· 116
　　　　4.6.3　集合推导式 ·· 117

　　　4.6.4　元组的生成器推导式 ………………………………………………… 117

　4.7　综合应用案例：实现简易版开心背单词系统 ……………………………… 118

　4.8　本章小结 ………………………………………………………………………… 120

　4.9　习题 ……………………………………………………………………………… 120

第 5 章　Python 函数与函数式编程/122

　5.1　函数的定义和调用 ……………………………………………………………… 122

　　　5.1.1　内置函数 ………………………………………………………………… 122

　　　5.1.2　自定义函数与调用 ……………………………………………………… 123

　　　5.1.3　函数的返回值 …………………………………………………………… 125

　　　5.1.4　函数的嵌套调用 ………………………………………………………… 126

　5.2　函数的参数与值传递 …………………………………………………………… 126

　　　5.2.1　函数的形参和实参 ……………………………………………………… 127

　　　5.2.2　位置参数 ………………………………………………………………… 128

　　　5.2.3　关键字参数 ……………………………………………………………… 129

　　　5.2.4　默认参数 ………………………………………………………………… 130

　　　5.2.5　不定长可变参数 ………………………………………………………… 130

　　　5.2.6　可变参数的装包与拆包 ………………………………………………… 132

　5.3　变量的作用域 …………………………………………………………………… 133

　　　5.3.1　LEGB 原则 ……………………………………………………………… 134

　　　5.3.2　全局变量和局部变量 …………………………………………………… 134

　5.4　函数嵌套和递归函数 …………………………………………………………… 136

　　　5.4.1　函数嵌套 ………………………………………………………………… 136

　　　5.4.2　递归函数 ………………………………………………………………… 136

　5.5　函数式编程 ……………………………………………………………………… 137

　　　5.5.1　匿名函数：lambda ……………………………………………………… 138

　　　5.5.2　内置高阶函数：map() ………………………………………………… 140

　　　5.5.3　内置高阶函数：reduce() ……………………………………………… 141

　　　5.5.4　内置高阶函数：filter() ………………………………………………… 142

　　　5.5.5　zip()函数 ……………………………………………………………… 143

　5.6　闭包及其应用 …………………………………………………………………… 143

　　　5.6.1　函数的引用 ……………………………………………………………… 143

　　　5.6.2　闭包概述 ………………………………………………………………… 144

　　　5.6.3　闭包的应用 ……………………………………………………………… 145

　5.7　装饰器及其应用 ………………………………………………………………… 145

　　　5.7.1　装饰器的概念 …………………………………………………………… 145

　　　5.7.2　装饰器的应用 …………………………………………………………… 146

　5.8　迭代器及其应用 ………………………………………………………………… 149

　　　5.8.1　迭代器的概念 …………………………………………………………… 149

　　　5.8.2　迭代器的应用 …………………………………………………………………… 151

　5.9　生成器及其应用 …………………………………………………………………………… 152

　　　5.9.1　生成器的概念 …………………………………………………………………… 152

　　　5.9.2　生成器的应用 …………………………………………………………………… 153

　5.10　综合案例：利用函数模拟 ATM 的业务流程 …………………………………………… 153

　5.11　本章小结 …………………………………………………………………………………… 156

　5.12　习题 ………………………………………………………………………………………… 156

第 6 章　Python 文件和数据库操作/157

　6.1　文件相关的基本概念 ……………………………………………………………………… 157

　　　6.1.1　文件与路径 ……………………………………………………………………… 157

　　　6.1.2　文件的编码 ……………………………………………………………………… 158

　　　6.1.3　文本文件与二进制文件的区别 ………………………………………………… 160

　6.2　文件夹与目录操作 ………………………………………………………………………… 160

　　　6.2.1　os.path 模块 ……………………………………………………………………… 160

　　　6.2.2　获取与改变工作目录 …………………………………………………………… 161

　　　6.2.3　目录与文件操作 ………………………………………………………………… 161

　　　6.2.4　文件的重命名和删除 …………………………………………………………… 162

　6.3　文件基本的操作 …………………………………………………………………………… 163

　　　6.3.1　文件的打开和关闭 ……………………………………………………………… 164

　　　6.3.2　文件的读取与写入 ……………………………………………………………… 166

　　　6.3.3　按行对文件内容读写 …………………………………………………………… 168

　　　6.3.4　使用 fileinput 对象读取大文件操作 ………………………………………… 169

　6.4　JSON 格式文件及其操作 ………………………………………………………………… 171

　　　6.4.1　JSON 概述 ……………………………………………………………………… 171

　　　6.4.2　读写 JSON 文件 ………………………………………………………………… 171

　　　6.4.3　数据格式转化对应表 …………………………………………………………… 173

　6.5　Python 操作 MySQL 数据库 …………………………………………………………… 174

　　　6.6.1　PyMySQL 的安装 ……………………………………………………………… 175

　　　6.5.2　PyMySQL 操作 MYSQL 的流程及常用对象 ……………………………… 175

　　　6.5.3　PyMySQL 的使用步骤 ………………………………………………………… 177

　6.6　综合案例：消费账单数据读取与修改 …………………………………………………… 178

　6.7　综合应用案例：利用文件操作实现会员管理登录功能模块 …………………………… 179

　　　6.7.1　文件类型与数据格式 …………………………………………………………… 180

　　　6.7.2　各功能模块函数的实现 ………………………………………………………… 180

　6.8　本章小结 …………………………………………………………………………………… 184

　6.9　习题 ………………………………………………………………………………………… 184

第 7 章　面向对象程序设计/185

7.1　面向对象基本概念 …………………………………………………………………… 185
7.2　定义类与对象 ……………………………………………………………………………… 186
　　7.2.1　类的定义 ……………………………………………………………………… 187
　　7.2.2　对象的定义 …………………………………………………………………… 187
7.3　定义类的成员 ……………………………………………………………………………… 188
　　7.3.1　属性的定义 …………………………………………………………………… 188
　　7.3.2　方法的定义 …………………………………………………………………… 191
　　7.3.3　构造方法和析构方法 ………………………………………………………… 193
7.4　封装 ………………………………………………………………………………………… 195
　　7.4.1　定义与实现私有属性 ………………………………………………………… 195
　　7.4.2　get 和 set 两个方法处理私有属性 ………………………………………… 196
　　7.4.3　@property 装饰器处理私有属性 …………………………………………… 196
　　7.4.4　私有方法与公有方法 ………………………………………………………… 197
7.5　继承 ………………………………………………………………………………………… 198
　　7.5.1　继承定义与实现 ……………………………………………………………… 198
　　7.5.2　方法重写 ……………………………………………………………………… 200
7.6　多态 ………………………………………………………………………………………… 201
7.7　综合应用案例：会员管理系统设计与实现 ………………………………………… 202
　　7.7.1　系统需求与设计 ……………………………………………………………… 202
　　7.7.2　系统框架实现 ………………………………………………………………… 203
　　7.7.3　管理系统功能实现 …………………………………………………………… 205
　　7.7.4　主程序模块定义与实现 ……………………………………………………… 207
7.8　本章小结 …………………………………………………………………………………… 208
7.9　习题 ………………………………………………………………………………………… 208

第 8 章　模块和包/209

8.1　源程序模块结构 …………………………………………………………………………… 209
8.2　模块的定义与使用 ………………………………………………………………………… 211
　　8.2.1　模块的概念 …………………………………………………………………… 211
　　8.2.2　使用 import 语句导入模块 ………………………………………………… 212
　　8.2.3　使用 from-import 语句导入模块 …………………………………………… 213
　　8.2.4　模块搜索目录 ………………………………………………………………… 213
　　8.2.5　模块内置函数 ………………………………………………………………… 214
　　8.2.6　绝对导入和相对导入 ………………………………………………………… 216
8.3　Python 中的包 …………………………………………………………………………… 216
　　8.3.1　Python 程序的包结构 ……………………………………………………… 216
　　8.3.2　创建和使用包 ………………………………………………………………… 217

8.4　引用其他模块 ·· 218

　　8.4.1　第三方模块的下载与安装 ·· 218

　　8.4.2　标准模块的使用 ··· 220

　　8.4.3　常见的标准模块 ··· 222

8.5　日期时间函数 ··· 223

　　8.5.1　时间函数 ··· 223

　　8.5.2　日期函数 ··· 225

　　8.5.3　综合应用：日历系统的设计与实现 ·· 227

8.6　测试及打包 ··· 229

　　8.6.1　代码测试 ··· 229

　　8.6.2　代码打包 ··· 229

8.7　本章小结 ··· 230

8.8　习题 ··· 231

第9章　字符串操作与正则表达式应用/232

9.1　字符串的编码转换 ·· 232

　　9.1.1　字符串的编码 ··· 233

　　9.1.2　字符串的解码 ··· 233

9.2　字符串的常见操作 ·· 234

　　9.2.1　字符串查找 ··· 234

　　9.2.2　字符串修改 ··· 237

　　9.2.3　字符串判断 ··· 242

　　9.2.4　字符串的长度计算 ·· 245

　　9.2.5　字符串的格式化 ··· 246

9.3　正则表达式及常见的基本符号 ·· 249

9.4　re模块实现正则表达式操作 ·· 251

　　9.4.1　匹配字符串：match()方法 ·· 252

　　9.4.2　搜索与替换字符串：sub()与subn()函数 ·· 254

　　9.4.3　分割字符串：split()函数 ·· 254

　　9.4.4　搜索字符串：search()、findall()和finditer()函数 ································· 255

　　9.4.5　编译标志 ··· 257

9.5　综合应用：利用正则表达式实现自动图片下载 ··· 258

9.6　本章小结 ··· 259

9.7　习题 ··· 259

第10章　并发、并行与多任务编程/261

10.1　并发、并行与多任务 ·· 261

　　10.1.1　并发 ··· 261

　　10.1.2　并行 ··· 261

10.1.3　多任务 ·· 263

10.1.4　I/O 密集型任务与 CPU 密集型任务 ························· 263

10.2　进程与线程 ·· 264

10.2.1　进程 ·· 264

10.2.2　线程 ·· 265

10.2.3　进程与线程的区别 ·· 266

10.2.4　全局锁 ·· 267

10.3　多进程 ·· 267

10.3.1　multiprocessing 库 ·· 267

10.3.2　创建多进程 ··· 267

10.3.3　多进程通信 ··· 269

10.3.4　进程池 ·· 272

10.4　多线程 ·· 276

10.4.1　threading 模块 ··· 276

10.4.2　多线程同步 ··· 279

10.4.3　多线程通信 ··· 286

10.4.4　线程池 ·· 288

10.5　本章小结 ·· 291

10.6　习题 ··· 291

第 1 章

Python 概述

　　计算机编程语言是程序设计的最重要工具,而 Python 与 C、C++、C♯ 和 Java 等编程语言一样深受编程爱好者的青睐。Python 是一门开源免费的脚本编程语言,它不仅简单易用,而且功能强大。

　　本章先对计算机程序与 Python 语言进行简要介绍,然后重点讲解如何搭建 Python 编程环境 IDLE,以及 PyCharm 的安装和基本使用。

学习目标:

(1) 了解计算机程序与编程语言的概念。

(2) 了解 Python 编程语言的基本概念和特点。

(3) 掌握 Python 的安装和配置方法,熟悉 Python 编程环境的搭建。

1.1　认识 Python 语言

　　计算机系统的设计和编程语言的发展极大地推动了技术的进步和创新,使得计算机能够广泛应用于各个领域,在科学研究和日常生活中都发挥着重要作用。

1.1.1　计算机与编程语言

　　计算机系统由硬件和软件两个部分组成。

　　硬件是计算机能够执行任务的基础,包括了计算机的物理组件,如 CPU、内存、硬盘等。硬件是计算机系统能够快速、可靠、自动工作的物质基础。目前计算机多采用冯·诺依曼结构,其核心思想之一是计算机硬件由五大部件组成。

　　(1) 控制器:解释计算机指令并控制其他部件。

　　(2) 运算器:执行算术和逻辑运算。

　　(3) 存储器:存储程序和数据。

　　(4) 输入设备:允许用户输入数据到计算机。

　　(5) 输出设备:从计算机输出结果。

　　软件包括程序和数据以及有关文档,是计算机执行特定任务的指令集合。软件可分为系统软件和应用软件。

　　系统软件是用来使用和管理计算机的软件,例如操作系统(Operating System,OS)、数据库管理系统(Database Management System,DBMS)等。

　　应用软件是为某一应用编写的软件,例如办公软件、游戏软件和辅助设计软件等。与硬件直接"接触"的是操作系统,它处在硬件和其他软件之间,向下控制硬件,向上支持其他软件。一台计算机之所以能够处理多种任务，是因为计算机具有处理和解决这些任务的多种程序编程语言（也称为程序设计语言），是计算机能够理解和识别用户操作意图的一种交互体系，它按特定规则组织计算机指令，使计算机能够自动进行各种运算处理。按照编程语言规则组织起来的计算机指令称为计算机程序。

计算机硬件和软件之间互相依存、协同发展、功能互补的紧密关系，体现了两者的互补性和不可分割性。硬件提供了计算能力的物理基础，而软件则赋予了硬件智能和灵活性。

根据编程语言与硬件的层次关系，可将编程语言分为低级语言和高级语言。

1. 低级语言

低级语言包括机器语言和汇编语言。

（1）机器语言：机器语言是一种二进制语言，它直接使用二进制代码表达指令，是计算机硬件可以直接识别和执行的编程语言。在计算机发展早期，程序员需要直接使用二进制代码编写程序，这要求他们对计算机内部结构和指令集有深入的了解。

（2）汇编语言：汇编语言是将机器语言的二进制指令用简单符号（即助记符）表示的一种语言。虽然汇编语言与机器语言本质上相同，都可以直接对计算机硬件设备进行操作，但汇编语言通过助记符简化了编程过程，使程序员不需要直接处理复杂的二进制代码。

2. 高级语言

高级语言具有如下特点。

（1）简化编程：高级语言通过将计算机内部的许多机器操作指令合并成高级程序指令，屏蔽了具体操作细节（如内存分配、寄存器使用等），大大简化了程序指令。这样可以使编程者不需要专业知识就可以进行编程，便于阅读、学习、理解与使用。

（2）类型丰富：高级语言有很多种，例如 Python、Java、C♯、Ruby 等。这些语言与人们日常熟悉的自然语言和数学语言比较接近，抽象级别高，可移植性好。它们在不同的应用场景中有着广泛的应用，包括从简单的脚本编写到复杂的系统开发。

（3）应用广泛：高级语言不涉及计算机底层硬件，经过合适的编译器编译后，可以在任何计算机硬件上运行。这种特性使得高级语言具有高度的可移植性和灵活性，能够满足不同平台和应用的需求。

总而言之，编程语言按照与硬件的层次关系可分为低级语言和高级语言。低级语言直接与硬件交互，而高级语言则通过编译器或解释器与硬件间接交互，简化了编程过程并扩展了编程的应用领域。

Python 作为一门高级编程语言，其设计哲学是优雅、明确、简单，具有优雅的语法，高效率的数据结构，属于纯粹的开源自由软件，相对其他语言（例如 Java），有着语法简洁、易于学习、功能强大、可扩展性强、跨平台等诸多特点，逐渐成为最受欢迎的程序设计语言之一。

Python 也是一种扩充性好的编程语言。它具有丰富且功能强大的库，能够把使用其他语言编写的各种模块（尤其是 C、C++）很轻松地结合在一起，所以 Python 常被称为"胶水"语言。

1.1.2　Python 的发展历程

自从 20 世纪 90 年代初 Python 语言诞生至今，它已被逐渐广泛应用于系统管理任务的处理和 Web 编程。

1989 年，Python 的创始人 Guido van Rossum 为了打发圣诞节的无趣，决心开发一个新的脚本解释程序，作为 ABC 语言的一种升级。ABC 是由 Guido 参加设计的一种教学语言。就 Guido 本人看来，ABC 这种语言非常优美和强大，是专门为非专业程序员设计的。但 ABC 语言并没有成功，究其原因，Guido 认为是其非开放性造成的。于是 Guido 决心在 Python 中纠正这一错误。同时，他还想实现在 ABC 中闪现过但未曾实现的东西。

之所以选择 Python("蟒蛇"的意思)作为该编程语言的名字，是因为 Guido 是一个名为 Monty Python 的喜剧团体的爱好者。就这样，Python 在 Guido 手中诞生了。可以说，Python 是从 ABC 发展起来，主要受到了 Modula 3(另一种相当优美且功能强大的语言，为小型团体所设计)的影响，并且结合了 UNIX Shell 和 C 的习惯。

如今，Python 已经成为最受欢迎的程序设计语言之一。2011 年 1 月，它被 TIOBE 编程语言排行榜评为 2010 年度语言。Python 目前在多个编程语言排行榜上均排名靠前，例如在 TIOBE 编程社区指数和 IEEE Spectrum 的排行榜上都位列第一，这充分体现了 Python 在编程语言领域的巨大影响力和广泛应用，如图 1-1 所示。

Jun 2024	Jun 2023	Change	Programming Language
1	1		Python
2	3	︿	C++
3	2	﹀	C
4	4		Java
5	5		C#
6	7	︿	JavaScript
7	14	︽	Go
8	9	︿	SQL
9	6	﹀	Visual Basic
10	15	︽	Fortran

图 1-1　2024 年 6 月 TIOBE 公布的编程语言指数排行榜

要详细了解 Python 的现状，请访问 Python 官方网站 http://www.python.org。所谓的排行榜并不是说一门编程语言好不好，或谁比谁更强。编程语言本身没有好与坏，只能说某种编程语言更适合某个应用领域或某种场景的开发。

1.1.3　Python 的特点

Python 具有以下特点。

1. 简单易学

Python 是一种解释型的编程语言，遵循"优雅""明确""简单"的设计哲学，其语法简单，且易学、易读、易维护。

2. 功能强大（可扩展、可嵌入）

Python 既属于脚本语言，也属于高级程序设计语言，所以，Python 具有脚本语言（如 Perl、Tcl 和 Scheme 等）简单、易用的特点，也具有高级程序设计语言（如 C、C++ 和 Java 等）的强大功能。

3. 具有良好的跨平台特性（可移植）

基于其开源本质，Python 已经被移植到许多平台上，包括 Linux、UNIX、Windows、Macintosh 等。用户编写的 Python 程序，如果未使用依赖于某种系统的具体特性，无须修改就可以在任何支持 Python 的平台上运行。

4. 面向对象编程

面向对象（Object Oriented，OO）是现代高级程序设计语言的一个重要特征。Python 既支持面向过程的编程，也支持面向对象的编程。Python 支持继承和重载，有利于实现源代码的复用性。

5. Python 是免费的开源自由软件

Python 是 FLOSS（自由/开放源码软件）之一，允许自由地发布此软件的副本，可以阅读和修改其源代码，并将其一部分用于新的自由软件中。

1.1.4 Python 的应用领域与发展趋势

Python 是一种使用广泛的高级编程语言，其应用领域比较广泛，发展趋势也较为积极。以下是 Python 的一些主要应用领域。

1. Web 开发

Python 具有多个成熟的 Web 开发框架，如 Django、Flask 等，这些框架使得快速开发复杂的网站和应用变得简单。

2. 数据科学和机器学习

Python 在数据科学领域非常流行，得益于其丰富的数据分析和处理库（如 NumPy、Pandas）以及机器学习框架（如 Scikit-learn、TensorFlow），它已成为数据科学家和机器学习工程师的首选工具。

3. 自动化脚本

Python 因其简单易学的特性，常被用于编写自动化脚本，以提高工作效率和简化重复性任务。

4. 科学计算和教育

Python 在科学研究中也有广泛应用，同时它也是许多大学计算机科学课程中讲授编程的入门语言。

5. 网络编程和网络安全

Python 提供了强大的网络编程能力，同时也被用于网络安全领域，如密码学、入侵检测系统等。

6. 游戏开发

虽然 Python 不是游戏开发的主流语言,但它仍然被用于游戏原型开发和脚本编写。

7. 金融和会计

在金融行业中,Python 可用于量化交易、风险管理、财务分析等方面。

Python 的发展趋势表现在以下几个方面。

（1）人工智能和深度学习：随着人工智能（AI）技术的发展,Python 作为 AI 领域的重要语言,其应用和发展将更加深入。

（2）云计算和大数据：Python 与云计算服务的集成越来越紧密,其在大数据分析和管理方面的应用也在不断扩大。

（3）跨平台和移动应用开发：Python 正在努力提高对移动平台的支持,未来可能会有更多的跨平台工具和框架出现。

（4）教育和在线学习：在线教育资源的丰富,使得 Python 更容易被全球的学习者接受和使用。

（5）社区和生态系统：Python 的强大社区和不断完善的生态系统将继续支持其发展,提供越来越多的库和工具。

综上所述,Python 作为一种多功能、高效且易于学习的编程语言,其应用领域比较广泛,且随着技术的发展,其在各个领域的应用将进一步深化和扩展。

1.2　Windows 下的 Python 开发环境

Python 支持多种操作系统,本书以 Windows 10（64 位）为开发平台。Python 编程工具可以使用纯文本编辑软件（如 Windows 记事本、TextPad 等）,或是集成开发工具（如 IDLE、PyCharm、Spyder、Eclipse＋Pydev 插件等）。

1.2.1　常见的 Python 开发工具

为了提升编码效率和代码管理质量,选择合适的开发工具至关重要。下面具体介绍 7 款工具。

1. PyCharm

PyCharm 是一款非常优秀的 Python 集成开发工具。它具有友好的图形用户界面,拥有代码自动补全、自动缩进、可选择解释器等功能,还可以单步执行或设置断点来调试程序。PyCharm 在多个系统平台下都可以使用,适合开发大型项目,是专业开发者和初学者广泛使用的 Python 开发工具。

2. Visual Studio Code

Visual Studio（VS）Code 是一款免费、开源的编辑器,支持多种编程语言,包括 Python。它轻量化且功能强大,通过插件系统还可以扩展其功能,例如 Python 插件就是专门用于增强 Python 开发体验的。VS Code 配合 Anaconda 使用,可以有效提高学习和开发效率。

3. Jupyter Notebook

Jupyter Notebook 是基于 Web 网页的交互式计算环境,可以在网页页面中直接编写和运行代码。它允许用户创建和共享各种内容，包括实时代码、方程式、可视化和叙述文本的文档，支持多种编程语言，可以实现多种形式的输出，用途包括数据清理和转换、数值模拟、统计建模、数据可视化和机器学习等。

4. Sublime Text

Sublime Text 是一款多功能编辑器，支持多种语言，具有优秀的代码自动完成、代码片段等功能。它还具有良好的扩展能力和完全开放的用户自定义配置与编辑状态恢复功能，支持强大的多行选择和多行编辑。

5. IDLE

IDLE 是 Python 的基本 IDE（Integrated Development Environment，集成开发环境），具备基本的 IDE 功能，是非商业 Python 开发的不错选择。它还可以方便地调试 Python 程序，其基本功能包括语法加亮、段落缩进、基本文本编辑、Table 键控制和调试程序等。

6. Spyder

Spyder 是一款免费开源的专业高效的 Python 集成开发工具，提供多种功能，包括代码补全、语法高亮、变量探索、类和函数浏览器及对象检查等。其最大的特点是模仿 MATLAB 的"工作空间"的功能，可以方便地观察和修改数组的值。它支持 Windows、Linux 和 macOS 等主流操作系统。

7. Atom

Atom 是由 GitHub 开发的"属于 21 世纪"的代码编辑器，开源免费且跨平台。它支持全面的编程语言代码高亮和代码自动补全（Snippets）功能，极大提高了编程效率。作为一个现代的代码编辑器，Atom 通过包管理功能整合了 GIT，并且提供了丰富的插件生态来满足不同开发者的需求。

综上所述，Python 开发工具的选择取决于个人偏好和项目需求。每款工具都有其独特的优势和特性，合理利用可以提高开发效率和代码质量。在选择时，可以考虑工具的功能集、社区支持、易用性及其对新技术支持的响应速度等因素。

1.2.2　Python 的编程模式

Python 程序可以在交互模式编程或脚本编程模式下运行。

1. 交互模式运行

交互模式是指 Python 解释器响应用户输入的每一行代码，并即时给出运行结果。启动 Python 自带的 IDLE，或在命令提示符下运行 python.exe，进入 Python 环境。例如：

```
print('欢迎使用 Python')
```

运行结果如下：

```
欢迎使用 Python
```

2. 脚本（文件）模式运行

脚本（文件）模式是指用户将程序代码编写在一个或多个文件中，然后调用解释器批量执行。

对于大量代码的开发,经常采用脚本(文件)模式运行,即利用编辑器输入 Python 代码,保存成以.py 为后缀的文件。也可使用 NetBeans、PyCharm 等集成开发环境,编写、调试、运行程序。

1.2.3　Python 开发运行环境安装

所谓"工欲善其事,必先利其器"。在正式学习 Python 开发前,需要先搭建 Python 开发环境。Python 是跨平台的开发工具,可以在多个操作系统上进行编程,编写好的程序也可以在不同系统上运行。

若要进行 Python 开发,则需要先安装 Python 解释器。由于 Python 是解释型编程语言,所以需要一个解释器,这样才能运行编写的代码。安装 Python 实际上就是安装 Python 解释器。下面以 Windows 操作系统为例介绍安装 Python 的方法。

1. 下载 Python 安装包

从 Python 官方网站下载 Python 安装程序和源代码。在 Windows 10 中下载、安装 Python 的具体操作步骤如下。

(1) 在 Python 官网下载相应的版本并安装,打开 Python 官网 https://www.python.org/downloads/,单击 Downloads 中的 Windows 超级链接,如图 1-2 所示。

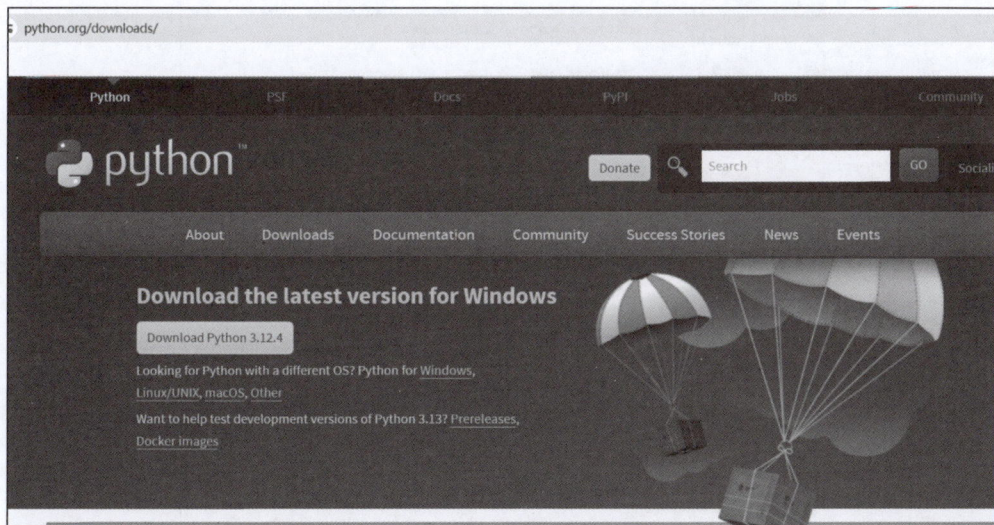

图 1-2　Python 官方网站主页

(2) 进入下载页面,选择 Python 3.12.4 下载以 exe 为后缀的可执行文件,根据自己的系统选择 32 位或 64 位,单击下载。

其中,单击图 1-2 中的 Windows 超级链接后,在如图 1-3 所示的列表中,带有 32-bit 字样的压缩包表示该开发工具可以在 Windows 的 32 位系统上使用;而带有 64-bit 字样的压缩包则表示该开发工具可以在 Windows 的 64 位系统上使用。另外,标记为"embeddable package"字样的压缩包表示是嵌入式版本,可以集成到其他应用中。

(3) 在 Python 下载列表页面中,列出了 Python 提供的各个版本的下载链接,可以根据需要下载。当前 Python 3.x 的最新稳定版本是 3.12.4。

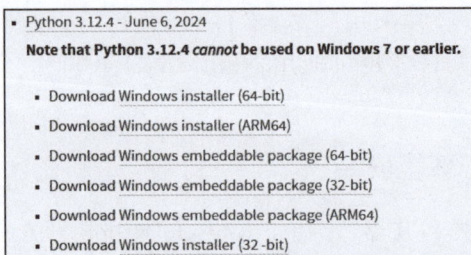

图 1-3　适合 Windows 系统的 Python 下载列表

（4）下载完成后，将得到一个名称为 python-3.12.4-amd64.exe 的安装文件。

2. 在 Windows 的 64 位系统中安装 Python

在 Windows 的 64 位系统上安装 Python 3.x 的步骤如下。

（1）双击下载文件 python-3.12.4-amd64.exe，进入如图 1-4 所示界面。勾选"Add python.exe to PATH"复选框，表示要把 Python 的安装路径添加到系统环境变量的 PATH 变量中，即自动配置环境变量。

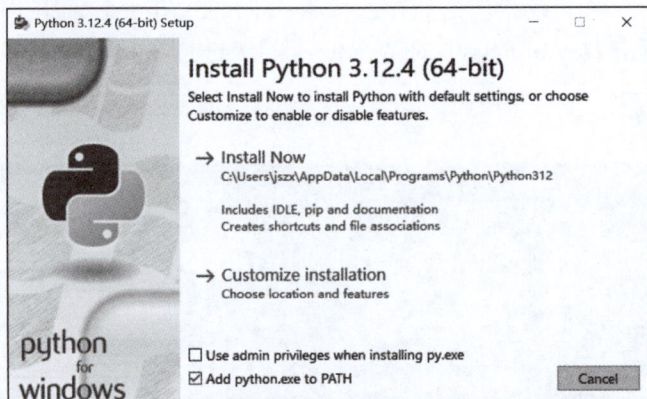

图 1-4　Python 安装向导

（2）单击 Customize installation 按钮，进行自定义安装（自定义安装时可以修改安装路径），在弹出的安装选项窗口中采用默认设置，如图 1-5 所示。

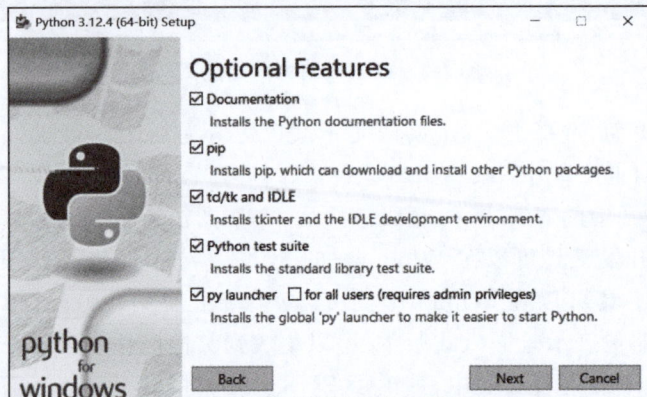

图 1-5　设置安装选项

其中,Documentation 选项表示安装 Python 帮助文档;pip 选项表示安装下载 Python 包的工具 pip,该工具用于下载安装第三方 Python 扩展;tcl/tk and IDLE 选项表示安装 Tkinter 和开发环境工具 IDLE;Python test suite 选项表示安装用于测试的标准库;py launcher 和 for all users 选项表示安装所有用户都可以启动 Python 的发射器。默认情况下,将安装全部工具。作为初学者,pip 工具和测试标准库暂时还用不到,可以先不安装,以后运行安装程序添加即可。

(3) 选择后,单击 Next 按钮,将打开高级选项窗口,如图 1-6 所示,在该窗口中,设置安装路径为"C:\Python\Python312"(读者也可自行设置为其他路径),其他采用默认设置。

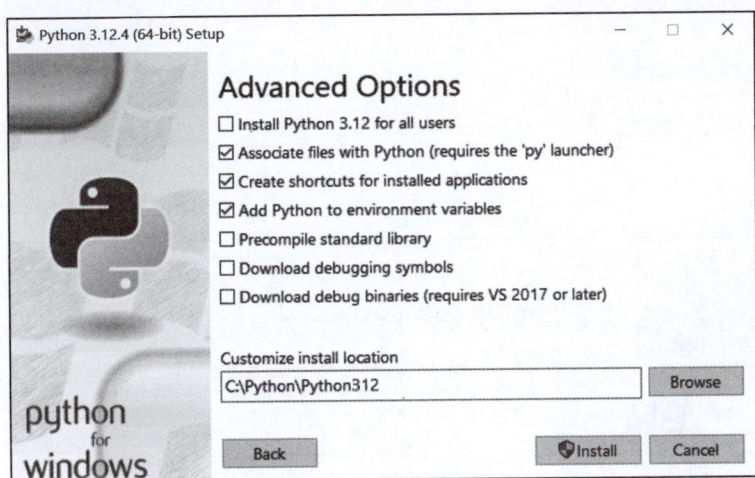

图 1-6　高级选项

其中,Install Python 3.12 for all users 选项表示是否为全部用户安装 Python,不选表示只为当前用户安装,若要允许其他用户使用 Python,可选中该选项。Associate files with Python (requires the 'py' launcher)选项表示安装 Python 相关文件,默认安装。Create shortcuts for installed applications 选项表示为 Python 创建"开始"菜单选项,默认安装。Add Python to environment variables 选项表示为 Python 添加环境变量,默认安装。Precompile standard library 选项表示预编译 Python 标准库,预编译可以提高程序运行效率,可暂时不选该选项。Download debugging symbols 选项表示下载调试标识,可暂时不选该选项。Download debug binaries(requires VS 2017 or later)选项表示下载 Python 可调试二进制代码(用于微软的 Visual Studio 2017 或更新版本)。然后,需要在 Customize install location 文本框中输入 Python 的安装路径,如直接输入"C:\Python\Python312",或单击 Browse 按钮打开对话框选择安装路径。最后,单击 Install 按钮执行安装。

(4) 接下来进入 Python 安装界面,如图 1-7 所示。

(5) 当安装完成时,进入如图 1-8 所示界面,单击 Close 按钮关闭。

3. 测试 Python 是否安装成功

Python 安装完成后,需要检测 Python 是否成功安装。按 Windows+R 组合键,打开计算机终端,输入"cmd"命令后回车。要验证一下安装是否成功,在命令行中输入"python",然后回车,如果出现 Python 的版本号则说明软件安装成功了,如图 1-9 所示。

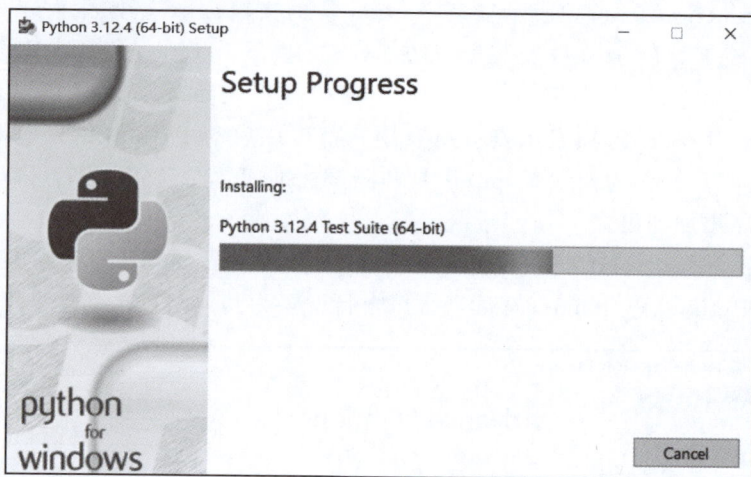

图 1-7　执行 Python 安装

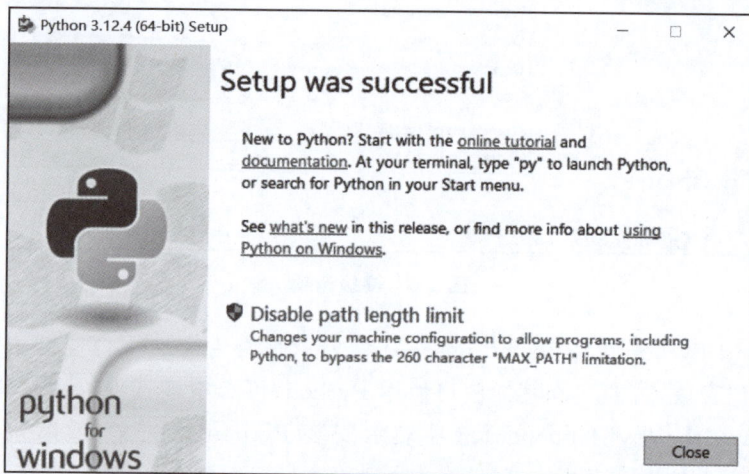

图 1-8　安装完成

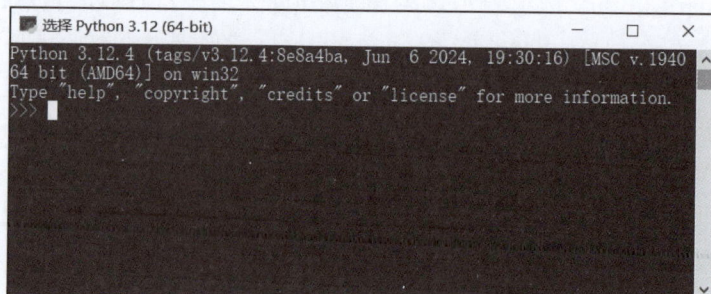

图 1-9　在命令行窗口中运行 Python 解释器

1.2.4　使用 IDLE 编写"I Love Python!"

　　IDLE 是一个 Python 自带的简洁的集成开发环境（IDE），具备基本的 IDE 功能，是非商业 Python 开发的不错选择。其基本功能包括语法加亮、段落缩进、基本文本编辑、Table 键控制、调试程序。

通过"开始"菜单，单击"IDLE（Python 3.12 64-bit）"菜单项，显示如图 1-10 所示的 IDLE 窗口，其中提供了菜单栏、版本相关信息以及 Python 提示符等信息。

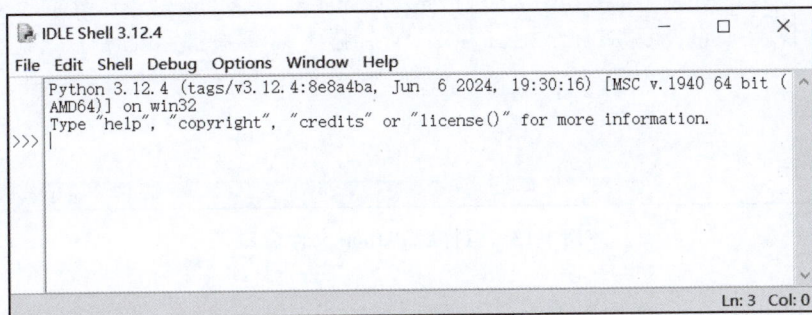

图 1-10　IDLE 主窗口

在实际开发时，通常不只是包含一行代码，如果需要编写多行代码，可以单独创建一个文件保存这些代码，在全部编写完毕后，一起编译执行。具体步骤如下。

（1）在 IDLE 主窗口的菜单上，选择 File→New File 选项，打开一个新窗口，在该窗口中可以直接编写 Python 代码，并且输入一行代码后回车，将换到下一行，等待继续输入，如图 1-11 所示。

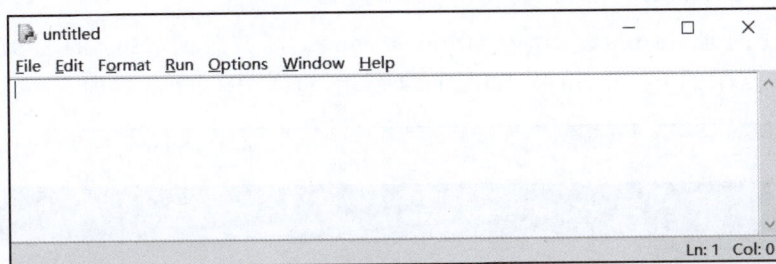

图 1-11　新创建的 Python 文件窗口

（2）在代码编辑区中，编写显示"I Love Python!"的程序，代码如下：

```
print('I Love Python)')
```

（3）编写完成的代码效果如图 1-12 所示，通过快捷键 Ctrl＋S 保存文件，保存的文件名为 firstP.py，其中，.py 是 Python 文件的扩展名。

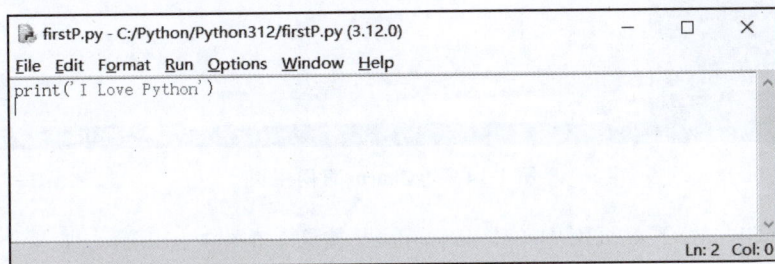

图 1-12　编辑代码后的 Python 文件窗口

（4）运行程序。在菜单栏中选择 Run→Run Module 菜单（或按 F5 键），运行效果如图 1-13 所示。程序运行结果会在 IDLE 中显示，每运行一次程序，就在 IDLE 中显示一次。

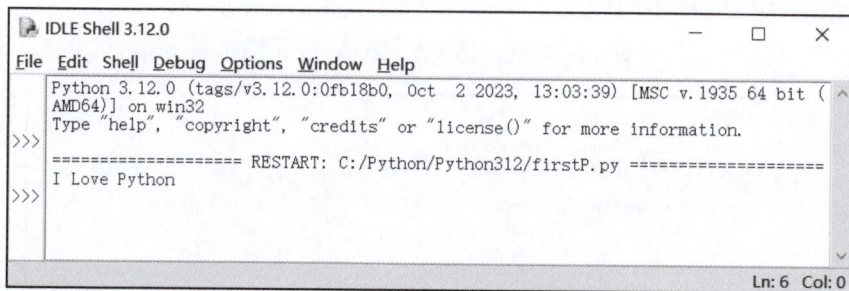

图 1-13　运行后 Python 文件窗口

1.2.5　PyCharm 的安装与使用

PyCharm 是由 JetBrains 公司开发的 Python 集成开发环境（IDE），它配备了许多功能，旨在提高使用 Python 语言的开发效率。它具有多种功能，包括调试、语法高亮、项目管理、代码跳转、智能提示、自动完成、单元测试和版本控制等。此外，PyCharm 还提供了一些高级功能，以支持 Django 框架下的专业 Web 开发。目前，它已成为 Python 专业开发人员和初学者常用的工具。接下来讲解 PyCharm 工具的使用方法。

1. PyCharm 的下载

（1）通过网址 https://www.jetbrains.com/，打开 JetBrains 的官方网站，选择 Developer Tools 下的 PyCharm 项，如图 1-14 所示，进入 PyCharm 界面。

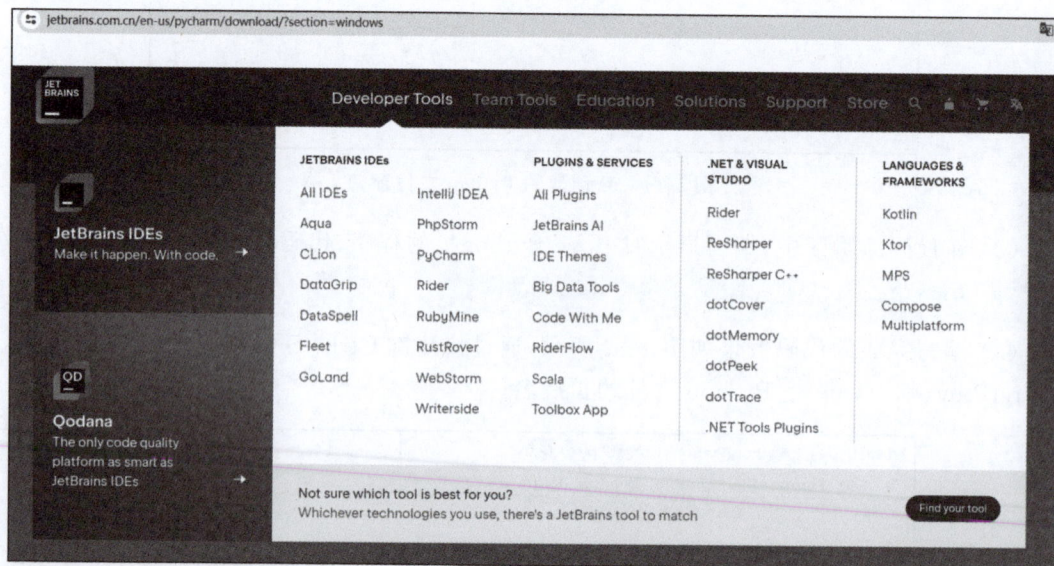

图 1-14　PyCharm 官网主页

（2）在 PyCharm 下载页面中单击 Download 按钮，如图 1-15 所示，进入 PyCharm 环境选择和版本选择界面。

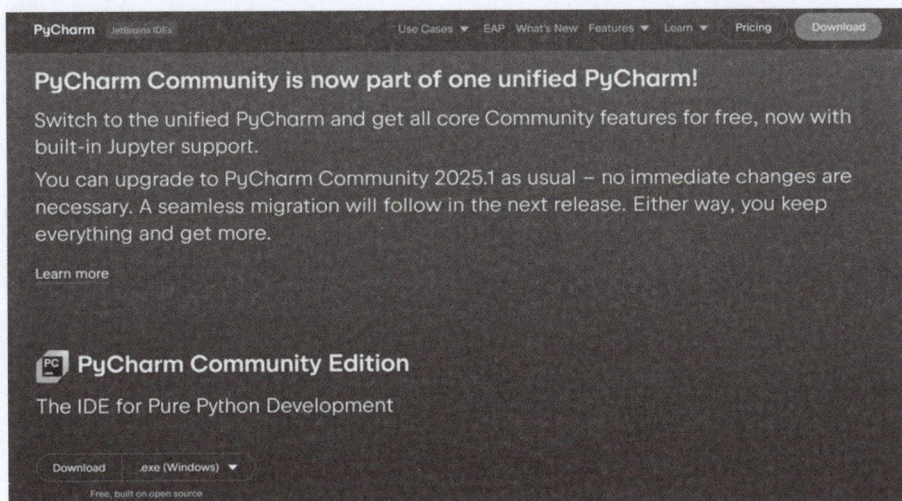

图 1-15　PyCharm 下载页面

（3）选择下载 Windows 操作系统的 PyCharm，如图 1-16 所示。

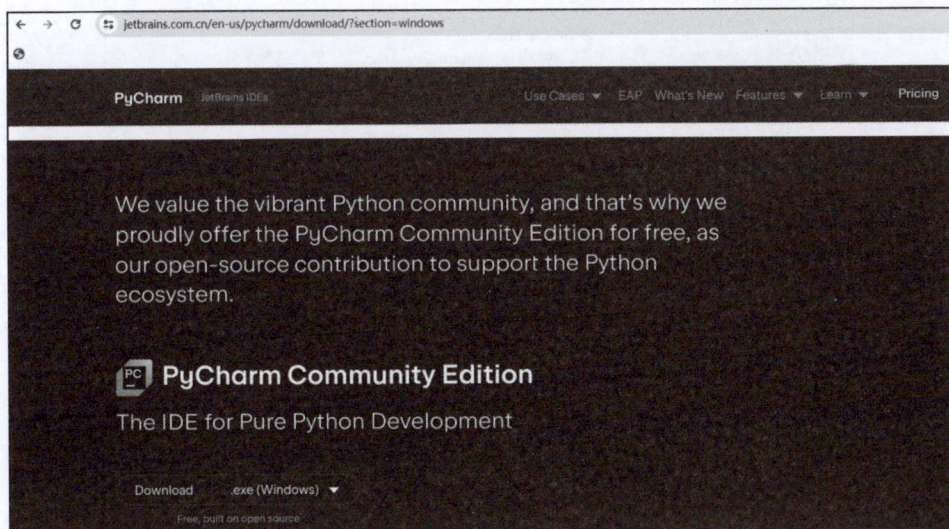

图 1-16　PyCharm 环境与版本下载选择页面

　　PyCharm 专业版是功能最丰富的版本，与社区版相比，PyCharm 专业版增加了 Web 开发、Python Web 框架、Python 分析器、远程开发、支持数据库与 SQL 等更多高级功能。

　　（4）单击 Community 下的 Download 按钮，即可完成下载。

2. PyCharm 的安装

PyCharm 的安装步骤如下。

　　（1）双击 PyCharm 安装包进行安装，进入欢迎界面，如图 1-17 所示。单击"下一步"按钮进入软件安装路径设置界面。

　　（2）如图 1-18 所示，在软件的安装路径设置界面，设置合理的安装路径。默认安装路径较长，可以根据个人喜好进行设置。单击"下一步"按钮进入快捷方式界面。

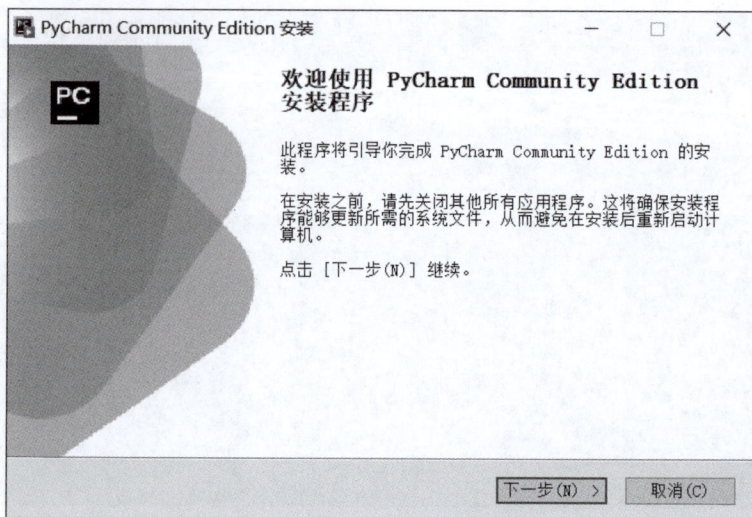

图 1-17　PyCharm 安装欢迎界面

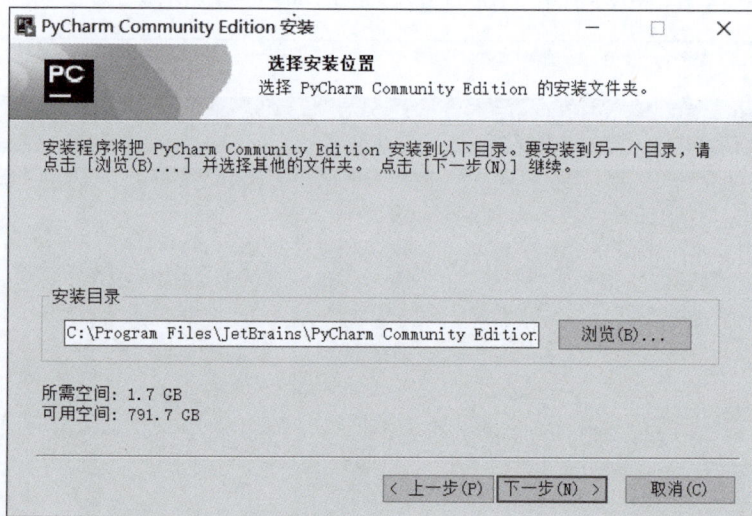

图 1-18　设置 PyCharm 安装路径

（3）如图 1-19 所示，在创建桌面快捷方式界面（Create Desktop Shortcut）中设置 PyCharm 程序启动的快捷方式。建议勾选全部设置，创建关联，勾选".py"复选框，这样以后在打开以.py 为扩展名的文件时，会默认启动 PyCharm 打开。

（4）单击"下一步"按钮，进入选择"开始"菜单文件夹界面，如图 1-20 所示。该界面不用设置，采用默认值即可，单击"安装"按钮，即可进行安装（根据计算机性能，安装过程一般需要 10 分钟左右）。

（5）安装完成后，单击"完成"按钮，完成安装，如图 1-21 所示。

（6）PyCharm 安装完成后，会在"开始"菜单中创建文件夹，单击 JetBrains PyCharm Community Edition 2018.3.5，启动 PyCharm 程序，或通过双击桌面快捷方式 JetBrains PyCharm Community Edition 2018.3.5 x64，直接打开程序。

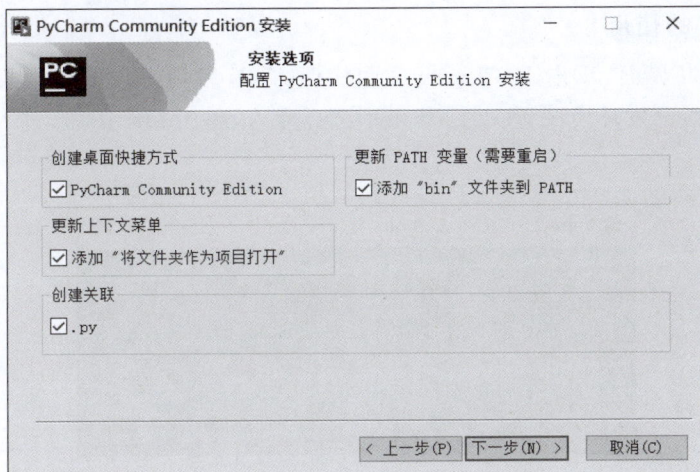

图 1-19　设置快捷方式和关联

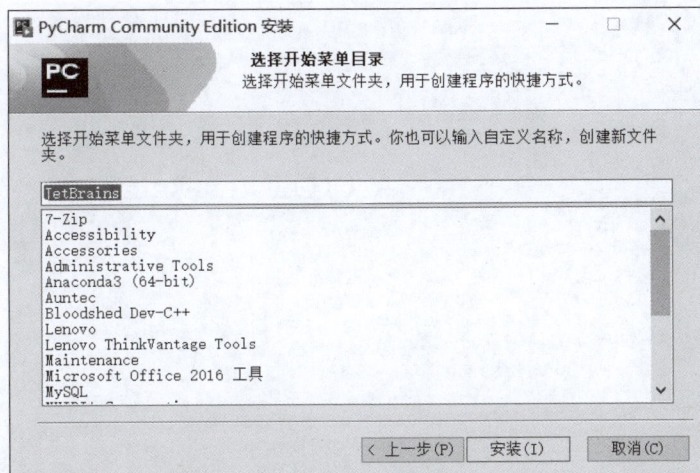

图 1-20　选择"开始"菜单文件夹界面

图 1-21　安装完成

3. PyCharm 的使用

首先进入开发界面，双击 PyCharm 桌面快捷方式，启动 PyCharm 程序，如图 1-22 所示。选择是否导入开发环境配置文件，如果不选择导入，单击 OK 按钮，进入阅读协议界面，如图 1-23 所示。

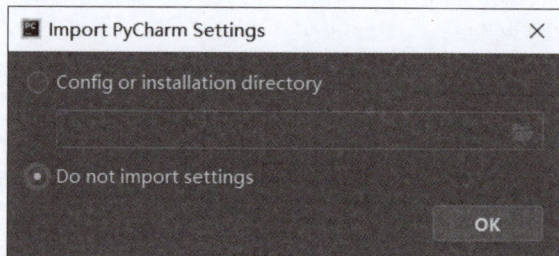

图 1-22   环境配置文件窗体

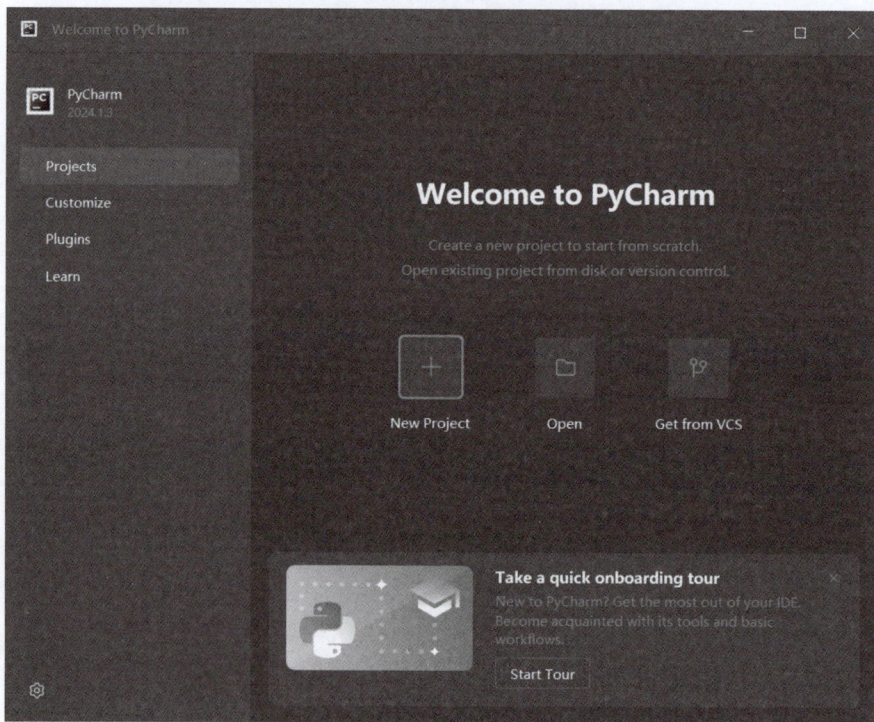

图 1-23   阅读协议界面

进入创建工程界面，如图 1-24 所示。

PyCharm 开发环境的基本设置如下。

（1）基本设置的路径选择 File→Settings→Default Settings。

（2）修改主题选择 Appearance & Behavior→Appearance，其中，

- Theme：修改主题。
- Name：修改主题字体。
- Size：修改主题字号。

创建工程界面

Font,其中,

然后

一定

“设置”→“项目 xxx”下找到 Project Interpreter,
地方一定要注意的是,在选择 Python 解释器时,
on 的安装文件夹。

New Project,创建一个新工程文件,如图 1-25

所示

个存储路径。为了更好地管理工程,最好设置一
入框中直接输入工程文件放置的存储路径,也可
路径选择对话框进行选择(存储路径不能为已经
设置的

5

(1) 右击新建的 pythonProject 项目,在弹出的快捷菜单中选择 New→Python file 选项（一定要选择 Python file 选项,这个至关重要,否则无法进行后续学习),如图 1-26 所示。

(2) 在新建文件对话框中输入要建立的 Python 文件名为 FirstCode。单击 OK 按钮,完成新建 Python 文件工作,选择 Run→Run 选项,运行程序,如图 1-27 所示。

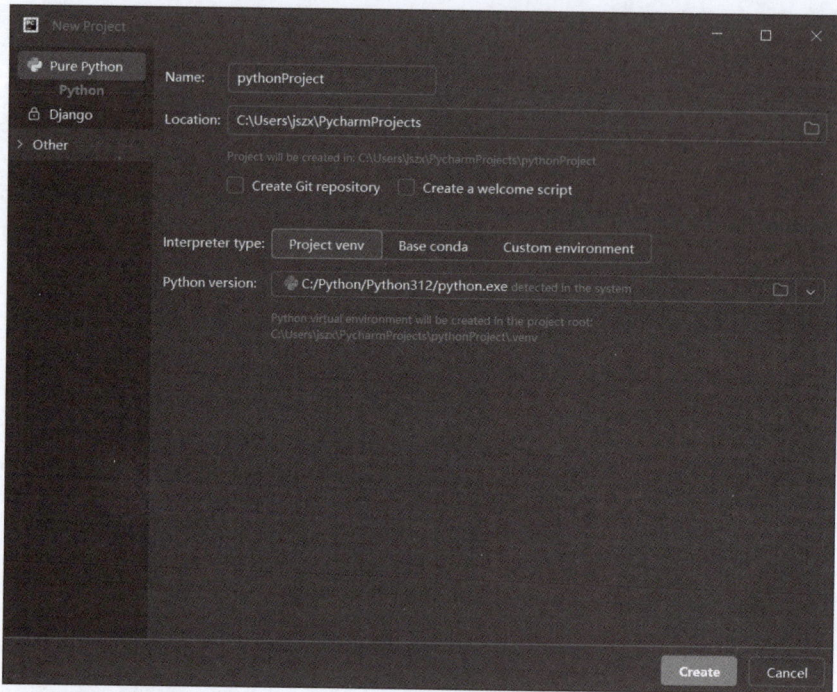

图1-25　创建一个新工程文件

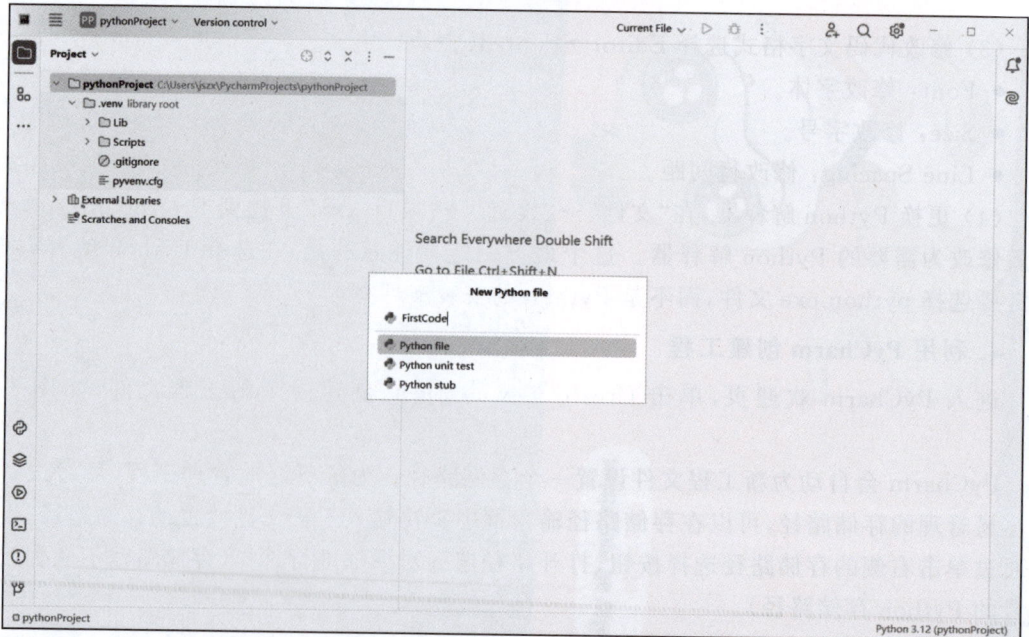

图1-26　新建的Python项目文件

注意：在编写程序时，有时代码下面还会弹出黄色的小灯泡，它是用来干什么的呢？它表示程序没有错误，只是PyCharm对代码提出的一些改进建议或提醒，如添加注释、创建使用源等。显示黄色灯泡不会影响到代码的运行结果。

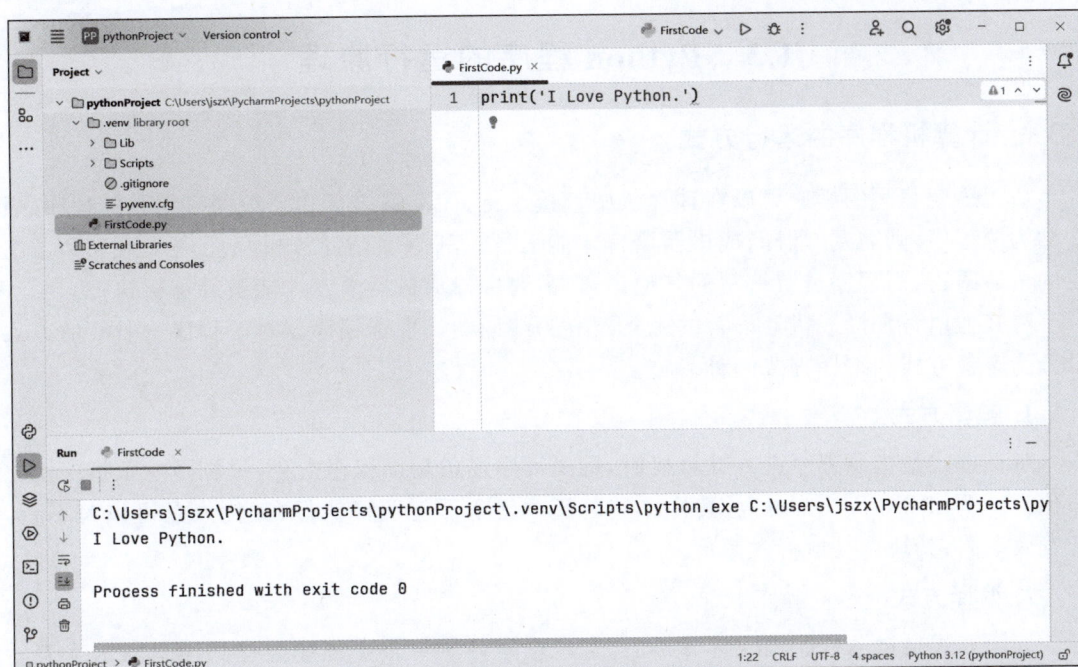

图 1-27　完成输入的新建文件并运行

　　运行 Python 文件时如果出现报错"please select a valid interpreter",原因是没有选择解释器。解决方法是更改 PyCharm 的设置,打开 Settings(Ctrl＋Alt＋S)对话框,在查找框中输入 interpreter,选择一个项目解释器即可。

　　PyCharm 常用的快捷键如下。

- 格式化代码:Ctrl＋Alt＋L。
- 运行:Shift＋Ctrl＋F10。
- 复制行:Ctrl＋D。
- 注释:Ctrl＋。

6. PyCharm 配置问题(项目的解释器配置问题)

　　(1) 设置背景颜色:打开 PyCharm→File→Settings→Editor→Color Scheme,选择右侧的下拉框,即可选择自己喜欢的风格。

　　(2) 增加组件:打开 PyCharm → File → Settings →"Project 项目名",在 Project Interpreter 中默认为项目路径,同时显示已经安装的组件。

　　要增加组件,通过"＋"按钮,调出界面。例如,在搜索框中输入"requests",选中后,单击下方的 Install Package 按钮进行组件安装,成功后将显示已成功安装。

7. 关闭程序或工程

　　关闭程序文件,可以单击程序文件选项卡上程序名称右侧的"关闭"按钮,也可以在菜单中选择 File→Close Project 选项,关闭工程。

1.3 Python 程序的运行原理

1.3.1 计算机程序的运行方式

机器语言编写的程序可以在计算机中直接运行,而汇编语言和高级语言编写的程序(通常称为源程序)则需要"翻译"成机器语言才能运行。其原因是计算机只能理解由 0 和 1 组成的机器语言,而程序员所编写的其他语言,需要翻译成机器语言才能被计算机执行。

将其他语言翻译成机器语言的工具被称为编译器。根据编译器对源程序"翻译"的方式可分为解释方式和编译方式两种。

1. 解释方式

解释方式是指源程序进入计算机时,翻译程序逐条翻译程序指令,每翻译一条指令便立即执行。例如 JavaScript 语言,其特点是运行时逐条语句解释执行;其优点是可以跨平台,开发效率高;其缺点是运行效率低。

2. 编译方式

编译方式是指源程序输入计算机后,翻译程序首先将整个程序翻译为用机器语言表示的目标程序,然后计算机再执行该目标程序,获得计算结果,例如 C 语言,其特点是运行时,计算机可以直接执行;其优点是运行速度快;其缺点是不能跨平台,开发效率低。

为了实现跨平台,部分编程语言如 Java、C♯ 等采用了先编译后解释或二次编译的方式执行,因此不能简单地将它们划分为解释型语言或编译型语言。

1.3.2 Python 程序的运行方式

Python 是一种解释型的语言,但这种说法是不严谨的,实际上,Python 在执行时,首先会将.py 文件中的源代码编译成 Python 的字节码.pyc 文件,然后再由 Python 虚拟机(Python Virtual Machine)来执行这些编译好的字节码。这种机制的基本思想与 Java、.NET 是一致的。然而,Python 虚拟机与 Java 或.NET 的虚拟机不同的是,Python 的虚拟机是一种更高级的虚拟机。这里的高级并不是通常意义上的高级,不是说 Python 的虚拟机比 Java 或.NET 的功能更强大,而是说,与 Java 或.NET 相比,Python 的虚拟机距离真实机器的距离更远。或可以这么说,Python 的虚拟机是一种抽象层次更高的虚拟机。

从计算机的角度看,Python 程序的运行过程包含两个步骤:解释器解释和虚拟机运行,如图 1-28 所示。

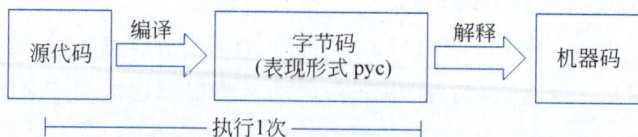

图 1-28 **Python 程序的运行过程**

可将 Python 命令编写到一个源代码文件中,通过执行源代码文件运行程序。Python 程序源代码文件扩展名通常为.py。在执行时,首先由 Python 解释器将.py 文件中的源代码翻译成字节码,再由 Python 虚拟机逐条将字节码翻译成机器指令执行。Python 程序的这种机制与 Java、.NET 类似。

Python 还可以通过交互方式运行。例如,在 UNIX、Linux、macOS、Windows 等系统的命令模式下运行 Python 交互环境,然后输入 Python 指令直接运行。

实际开发中,Python 常被称为"胶水"语言,这不是说它会把你的手指粘住,而是说它能够很轻松地把用其他语言制作的各种模块(尤其是 C、C++)连接在一起。常见的一种应用情形是,使用 Python 快速生成程序的原型(有时甚至是程序的最终界面),然后对其中有特别要求的部分,用更合适的语言改写,例如 3D 游戏中的图形渲染模块,对速度要求非常高,就可以用 C++ 重写。

1.3.3　Python 的解释器类型

Python 解释器是指实现 Python 语法的解释程序。Python 解释器和虚拟机都是 Python 系统的组成部分,在不同平台或系统中,Python 有不同的实现方式。Python 的解释器类型主要包括 CPython、IPython、PyPy、Jython 和 IronPython 等。这些解释器各有其特点和适用场景,下面将分别具体介绍。

1. CPython

(1)定义与应用:CPython 是 Python 的参考实现,也是使用最广泛的 Python 解释器。它使用 C 语言编写,正是因为这种底层实现,CPython 成了 Python 生态系统中的默认解释器。

(2)性能特点:CPython 在执行 Python 代码时,会先将代码编译成字节码,然后由 Python 虚拟机执行这些字节码。这个过程提供了较好的性能和兼容性,但可能在执行速度上不如一些具有即时编译(JIT)功能的解释器。

(3)适用范围:由于 CPython 是与 Python 标准库和大多数第三方库最兼容的解释器,因此它是大多数 Python 开发者和项目的首选。几乎所有的 Python 框架和库都支持 CPython。

2. IPython

(1)定义与应用:IPython 是基于 CPython 核心之上的一种增强型交互式 Python 解释器。它提供了一系列增强的交互功能,如更丰富的提示符、自动补全、历史记录回查等。

(2)性能特点:尽管 IPython 在执行普通的 Python 代码时与 CPython 无异,但其提供的交互性工具可以大大提高数据科学家和研究人员在数据分析和机器学习任务中的效率。

(3)适用范围:IPython 特别适合于进行数据分析、科学计算和机器学习等领域的开发工作,它的交互模式可以极大地提升工作效率和体验。

3. PyPy

(1)定义与应用:PyPy 是用 Python 实现的 Python 解释器,并且使用了 JIT 技术。这种技术可以在运行时动态地编译代码,从而在某些情况下显著提高代码的执行速度。

(2)性能特点:通过 JIT 编译,PyPy 能够在某些类型的应用中,如长时间运行的循环或大量数据处理,比 CPython 提供更快的执行速度。

(3)适用范围:PyPy 适合于那些对执行速度有较高要求的应用,尤其是涉及大量数值计算或数据处理的场景。然而,需要注意的是,并非所有的 Python 代码都能在 PyPy 中以相同的方式运行,特别是那些依赖于 C 语言扩展的代码。

4. Jython

(1)定义与应用:Jython 是一种在 Java 平台上实现的 Python 解释器,它允许用户直接将 Python 代码编译成 Java 字节码并在 Java 虚拟机(JVM)上运行。

(2)性能特点:Jython 可以让开发者利用 Java 的生态系统和库,同时也能使用 Python 的简洁语法和易用性。

(3)适用范围:Jython 适用于需要紧密整合 Java 技术和 Python 技术的应用场景,如在已有的 Java 系统中嵌入 Python 脚本。

5. IronPython

(1)定义与应用:IronPython 是针对微软.NET 框架设计的 Python 实现,它允许 Python 代码访问.NET 库,并能够将 Python 代码编译为.NET 字节码。

(2)性能特点:IronPython 使得 Python 开发者可以利用.NET 框架的强大功能和丰富库,同时也让.NET 开发者可以使用 Python 作为其应用程序的脚本语言。

(3)适用范围:IronPython 适合于需要在.NET 环境中使用 Python 进行开发的场合,比如为.NET 应用添加脚本或使用 Python 进行快速原型开发。

了解各种 Python 解释器的特点和适用场景,对于选择适合特定项目需求的解释器至关重要。例如,如果项目需要高性能的数值计算,考虑使用 PyPy;如果项目需要与 Java 或.NET 平台集成,Jython 和 IronPython 将是更好的选择。

总的来说,不同的 Python 解释器提供了不同的特性和优势,选择合适的解释器可以有效提升开发效率和应用性能。在选择解释器时,应考虑到项目的特定需求、开发环境以及与现有系统的兼容性。

1.3.4 Python 语言的文件类型

Python 语言常用的文件类型有 3 种。

1. 源代码文件

文件以.py 为扩展名,由 Python 程序解释,不需要编译。对于 Python 3 来说,它默认的源文件编码方式是 UTF8 编码,字符串采用 Unicode 编码。这里说的编码是指采用某些基本符号,按照一定的组合原则,来表示大量复杂多样的信息的技术,而字符编码是指采用二进制编码来表示数字、字母和其他符号。

2. 字节代码文件

文件以.pyc 为扩展名,是由.py 源文件编译成的二进制字节码文件,由 Python 加载执行,速度快,能够隐藏源码。可以通过以下代码将.py 文件转换成.pyc 文件。

```
import py_compile
py_compile .compile('文件名.py')
```

3. 优化代码文件

文件以.pyo 为扩展名,是优化编译后的程序,也是二进制文件,适用于嵌入式系统。可以通过以下代码将.py 文件转换成.pyo 文件。

```
importpy_compile
Python -o-m py_compile文件名.py
```

1.4　本 章 小 结

本章首先简单介绍了 Python 的发展历史、特点、应用领域,然后介绍了如何搭建 Python 的开发环境,接下来又介绍了使用两种方法来编写一个 Python 程序,最后介绍了如何使用 Python 自带的 IDLE,以及常用的第三方开发工具 PyCharm 的使用。

1.5　习 　　 题

1. 简述 Python 语言的主要特点。
2. 简述 Python 语言的应用范围。
3. Python 语言主要有哪些解释器?
4. Python 程序的运行方式有哪些?
5. 利用 IDLE 和 PyCharm 编程环境,输出如下信息。

```
            鲜食美美超市购物清单
******************************
单号: DH20240901
日期: 2024-09-01 08:00:00
******************************
名称    数量(斤)   单价   金额
苹果      3         6     18
香蕉      2         5     10
葡萄      3         7     21
******************************
总数: 8      总额: 49
折后总额: 49
实收: 50    找零: 1
收银: 管理员
```

第 2 章

Python 基本语法

所有的编程语言都支持变量，Python 也不例外。变量是编程的起点，程序需要将数据存储到变量中。

变量在 Python 内部是有类型的，比如 int、float 等，但是我们在编程时无须关注变量类型，所有的变量都无须提前声明，赋值后就能使用。另外，可以将不同类型的数据赋值给同一个变量，所以变量的类型是可以改变的。运算符将各种类型的数据连接在一起形成表达式。Python 有丰富的运算符。

本章介绍 Python 语言中的变量、表达式、数据类型、运算符和表达式等基本概念及其使用方法，它们是学习 Python 程序设计的基础。

学习目标：

(1) 熟悉 Python 编程语言的基本语法和结构。

(2) 掌握变量、数据类型、运算符和表达式的使用。

(3) 掌握基本输入和输出的参数和使用注意事项。

(4) 培养良好的编程习惯，如代码规范、注释等。

2.1　Python 程序设计的基本元素

Python 语言程序设计的基本元素包括常量、变量、关键字、运算符、表达式、函数、语句、类、模块与包等。

1. 常量

常量是指初始化（第一次赋予值）后就保持固定不变的值。例如，1、3.14、'Hello!'、False，这 4 个分别是不同类型的常量。关于数据类型会在 2.4 节中详述。

在 Python 中没有命名常量，通常用一个不改变值的变量代替。例如，PI＝3.14，通常用于定义圆周率常量 PI。

2. 变量

变量是指在运行过程中其值可以被修改的量。变量的名称除必须符合标识符的构成规则外，还要尽量遵循一些约定俗成的规范。

(1) 除了循环控制变量可以使用i或x这样的简单字母外，其他变量最好使用有意义的名字，以提高程序的可读性。例如，表示平均分的变量应使用 average_score 或 avg_score，而不建议用 as 或 asd。直接用汉字命名也是可以的，但由于输入烦琐和编程环境对汉字兼容等因素，习惯上很少使用。

（2）用英文名字时，多个单词之间为表示区隔，可以用下画线来连接不同单词，或把每个单词的首字母大写。

（3）用于表示固定不变的常量名称一般用全大写英文字母，例如，PI、MAX_SIZE。变量一般使用大小写混合的方式。

（4）因为以下画线开头的变量在 Python 中有特殊含义，所以，自定义名称时一般不用下画线作为开头字符。应尽量避免变量名使用下列样式。

① 前后有下画线的变量名通常为系统变量，例如_name_、_doc_。

② 以一个下画线开头的变量（如_abc）不能被 from-import 语句从模块导入。

③ 以两个下画线开头、末尾无下画线的变量（如__abc）是类的本地变量。

（5）要注意 Python 标识符是严格区分大小字母的。也就是说，Score 和 score 会被认为是两个不同的名字。

3. 运算符

运算符表示常量与变量之间进行何种运算。Python 有丰富的运算符，例如，赋值、算术、比较、逻辑运算符等。

表达式由常量、变量加运算符构成。一个表达式可能包含多种运算，与数学表达式在形式上很接近。例如，$1+2$、$2*(x+y)$、$0<a=10$ 等。

4. 函数

函数是相对独立的功能单位，可以执行一定的任务。其形式上类似于数学函数，例如，math.sin(math.pi/2)。可以使用 Python 内核提供的各种内置（built-in）函数，也可以使用标准模块（例如数学库 math）中的函数，还可以自定义函数。

5. 语句

语句是由表达式、函数调用组成的，例如，$x=1$、c = math.sqrt(a * a + b * b)、print('Hello world! ')等。另外，各种控制结构也属于语句，例如，if 语句、for 语句。

6. 类

类是同一类事物的抽象。我们所处理的数据都可以看作数据对象。Python 是面向对象的程序设计语言，它把一个事物的静态特征（属性）和动态行为（方法）封装在一个结构中，称为对象。例如，"欣怡"这个学生对象有学号、姓名、专业等属性，也有选课、借阅图书等方法。类是相似对象的抽象，或说是类型。例如，"欣怡""金萍"都是 Student 类的对象，也可以说它们都是 Student 类型的。

7. 模块

模块是把一组相关的名称、函数、类或是它们的组合组织到一个文件中。如果说模块是按照逻辑来组织 Python 代码的方法，那么文件便是物理层上组织模块的方法。因此一个文件被看作一个独立的模块，一个模块也可以被看作一个文件。模块的文件名就是模块的名字加上扩展名.py。

8. 包

包是由一系列模块组成的集合，包是一个有层次的文件目录结构，它定义了一个由模块和子包组成的 Python 应用程序执行环境。

2.2　Python 语法特点

在编写代码时，遵循一定的代码编写规则和命名规范可以使代码更加规范化，并对代码的理解与维护起到至关重要的作用。

Python 中采用 PEP 8 作为编码规范（所谓的编码规范是指一组规则或指导意见，即在使用某种编程语言编写代码时，应该如何写，以及要遵循什么意见或建议），其中 PEP 是 Python Enhancement Proposal 的缩写，中文意思是 Python 增强建议书；而 PEP 8 表示版本，它是 Python 代码的样式指南。下面给出 PEP 8 编码规范中的一些在编程中应该严格遵守的规则。

（1）不要在行尾添加分号"；"，也不要用分号将两条命令放在同一行。

（2）建议每行不超过 80 个字符，如果超过，建议使用小括号"（）"将多行内容隐式地连接起来，而不推荐使用反斜杠"\"进行连接。

（3）关于空行和空格的规定。

- 使用必要的空行可以增加代码的可读性。一般在顶级定义（如函数或类的定义）之间空两行；在方法定义之间空一行；在用于分隔某些功能的位置也可以空一行。
- 通常情况下，运算符两侧、函数参数之间、逗号"，"的两侧建议使用空格进行分隔。

（4）应该避免在循环中使用"＋"和"＋＝"运算符累加字符串。这是因为字符串是不可变的，这样做会创建不必要的临时对象。推荐的做法是将每个子字符串加入列表，然后在循环结束后使用 join() 函数连接列表。

（5）适当使用异常处理结构提高程序容错性，但不能过多依赖异常处理结构，适当的显式判断还是必要的。

（6）命名规范在编写代码中起到很重要的作用，使用命名规范可以更加直观地了解代码所代表的含义。

（7）Python 最具特色的就是使用缩进。所谓缩进是指每行代码前的空白字符宽度来表示代码块（所谓的代码块，也称为复合语句，由多行代码组成，共同完成一个相对复杂的功能），不需要使用大括号{}。

Python 缩进的空格数是可变的（一般为 4 个空格），但是同一个代码块的语句必须包含相同的缩进空格数。缩进可以帮助我们识别代码块的开始和结束。不同层级的代码块应具有不同缩进层次。

【例 2-1】　输入一个整数，判断该数如果是奇数则显示奇数，否则显示偶数。

实现代码如下。

```
number = int(input("请输入整数:"))      #提示"请输入整数:",并将输入结果转换成整数类型
if number % 2 != 0:                      #if - else - 属于条件判断
    print(number,"是奇数")               #print()为输出函数
else:
    print(number,"是偶数")
```

运行结果如下。

```
请输入整数: 6
6是偶数
```

一般来说,在编写代码时尽量不要使用过长的语句,应保证一行代码不超过屏幕宽度。如果语句确实太长,Python 允许在行尾使用续行符"\"表示下一行代码仍属于本条语句,或使用圆括号把多行代码括起来表示是一条语句。

(8)为了提高程序的可读性,程序员需要为代码添加注释。注释可以帮助用户理解代码的功能和作用,同时也便于他人阅读和维护。

Python 注释分为两类:单行注释和多行注释。在 Python 中,注释可以出现在代码的任何位置。

单行注释只能注释一行内容,以"#"符号开头。语法格式如下:

```
#注释内容
```

从"#"开始,直到该行结束的所有内容被视为注释。当 Python 解释器遇到"#"时,会忽略其后面的整行内容。

多行注释允许一次性注释程序中的多行内容(包括一行),在 Python 中,可以使用 3 个连续单引号或 3 个连续的双引号进行注释。多行注释通常用于为 Python 文件、模块、类或函数等添加版权信息或功能描述。语法格式如下:

```
"""
    第一行注释
    第二行注释
    第三行注释
"""
```

和

```
'''
    注释 1
    注释 2
    注释 3
'''
```

注意:解释器不执行任何的注释内容。

2.3　标识符与变量、常量

2.3.1　标识符与保留字

1. 保留字

保留字是 Python 语言中已经被赋予特定意义的一些单词,开发程序时,不可以把这些保留字作为变量、函数、类、模块或其他对象的名称来使用。Python 中的保留字可以通过在 IDLE 中输入以下两行代码查看。

【例 2-2】通过 keyword 查看 Python 中的保留字。

```
import keyword
print(keyword.kwlist)
```

运行结果如下:

```
['False', 'None', 'True', 'and', 'as', 'assert', 'break', 'class', 'continue',
'def', 'del', 'elif', 'else', 'except', 'finally', 'for', 'from', 'global', 'if',
'import', 'in', 'is', 'lambda', 'nonlocal', 'not', 'or', 'pass', 'raise', 'return',
'try', 'while', 'with', 'yield']
```

Python 中所有保留字是区分字母大小写的。例如，True、if 是保留字，但 TURE、IF 就不属于保留字。

如果在开发程序时，使用 Python 中的保留字作为模块、类、函数或变量等的名称，则会提示"invalid syntax"的错误信息。

2. 标识符

现实生活中，每种事物都有自己的名称，从而与其他事物区分开。例如，每种交通工具都用一个名称来标识。在 Python 语言中，同样也需要对程序中各个元素命名加以区分，这种用来标识变量、函数、类等元素的符号称为标识符，通俗地讲就是名字。

Python 合法的标识符必须遵守以下规则。

（1）标识符由一串字符组成，且必须以下画线（_）或字母开头，后面接任意数量的下画线、字母（a～z，A～Z）或数字（0～9）。Python 3.x 支持 Unicode 字符，所以汉字等各种非英文字符也可以作为变量名。例如，_abs、r_1、X、var1、FirstName、高度等，都是合法的标识符。

注意：在 Python 语言中允许使用汉字作为标识符，如"我的大学 = 中国农业大学"，在程序运行时并不会出错误，但不建议读者这么做。

（2）在 Python 中，标识符中的字母是严格区分大小写的，两个同样的单词，如果大小写格式不一样，所代表的意义是完全不同的。例如，Sum 和 sum 是两个不同的标识符。

（3）禁止使用 Python 保留字（或称关键字）。

（4）Python 中以下画线开头的标识符有特殊意义，一般应避免使用相似的标识符。

① 以单下画线开头的标识符（如_width）表示不能直接访问的类属性，也不能通过"from … import *"语句导入。

② 以双下画线开头的标识符（如__add）表示类的私有成员。

③ 以双下画线开头和结尾的是 Python 里专用的标识，例如，"__init__()"表示构造函数。

注意：

（1）开头字符不能是数字。

（2）标识符中唯一能使用的标点符号只有下画线，不能含有其他标点符号（包括空格、括号、引号、逗号、斜线、反斜线、冒号、句号、问号等）以及@、％和 $ 等特殊字符。例如，stu-score、First Name 等都是不合法的标识符。

2.3.2　变量的定义与赋值

在 Python 中，变量严格意义上应该称为"名字"，也可以理解为标签。当把一个值赋给一个名字时（如把值"不忘初心"赋给 strslogan），strslogan 就称为变量。所谓的变量是指在程序执行过程中其值可以变化的量，用于在程序中临时保存数据。

在大多数编程语言中，都称之为"把值存储在变量中"，其意思是在计算机内存中的某个位置,程序执行时字符串序列"不忘初心"已经存在于计算机的内存中。程序员不需要准确地知道它们到底在哪里,只需要告诉 Python 的编译器,字符串序列的名字是 strslogan,然后就可以通过这个名字来引用这个字符串序列了。

结合生活中的实际例子可以这样理解,定义和使用变量的过程就像快递员取快递一样,内存就像一个巨大的货物架,在 Python 中定义变量就如同给快递盒子贴上标签。快递存放在货物架上,上面贴着写有客户名字的标签。当客户来取快递时,并不需知道它们存放在这个大型货架的具体位置,只需要提供自己的名字,快递员就会把快递交给客户。变量也一样,不需要准确地知道信息存储在内存中的位置,只需要记住存储变量时所用的名字,使用这个名字就可以了,然后就能够取到数据。

1. 变量的赋值和存储

在 Python 中,不需要先声明变量名及其类型,直接赋值即可创建各种类型的变量。但变量的命名并不是任意的,应遵循以下 4 条规则。

（1）变量名必须是一个有效的标识符。

（2）变量名不能使用 Python 中的保留字。

（3）慎用小写字母 l 和大写字母 O。

（4）应选择有意义的单词作为变量名,即见名知意。

为变量赋值可以通过等号（=）来实现,变量赋值有如下三种方式。

（1）单个变量赋值:

```
变量名 = 数据
```

（2）多个变量赋值:

```
变量名 1,变量名 2,…,变量名 n = 数据 1,数据 2,…,数据 n
```

（3）多个变量赋相同值:

```
变量名 1,变量名 2,…,变量名 n = 数据
```

注意:"="是赋值运算符,即把"="后面的值赋值给"="前面的变量名。

在执行了赋值语句之后,变量中存储的其实是数据的内存地址的引用。等到对变量进行操作时,Python 解释器会根据变量中存储的地址引用找到真实的数据。

变量必须定义之后才能访问。Python 中的变量比较灵活,同一个变量名称可以先后被赋予不同类型的值,定义为不同的变量对象参与计算。

例如 myvalue = 123 这样创建的变量就是数值型的变量。如果直接为变量赋予一个字符串值,那么该变量即为字符串类型。例如,下面的语句:

```
myvalue='学习强国'
```

在 Python 中,允许同时为多个变量赋值,例如 a=b=c=1,表示创建一个整型对象,三个变量被分配到相同的内存空间上。还可以同时为多个对象指定多个变量,例如:

```
a,b,c=11,23,'python'
```

在 Python 语言中,数据表示为对象。对象本质上是一个内存块,拥有特定的值,支持特定类型的运算操作。

在 Python 3 中，一切皆为对象。Python 语言中的每个对象由标识（identity）、类型（type）和值（value）标识。

（1）标识用于唯一地表示一个对象，通常对应对象在计算机内存中的位置，换句话说，变量是存放变量位置的标识符。使用内置函数 id(obj) 可以返回对象 obj 的标识。

变量赋值对于内存的使用情况如下。

给变量 fruit_01 赋值"苹果"，代码如下：

```
fruit_01 = '苹果'
```

其内存的分配情况如图 2-1 所示。

给变量 fruit_01 赋值"苹果"，变量 fruit_02 赋值"香蕉"，代码如下：

```
fruit_01 = '苹果'
fruit_02 = '香蕉'
```

其内存的分配情况如图 2-2 所示。

图 2-1　变量赋值内存分配情况（1）　　　　图 2-2　变量赋值内存分配情况（2）

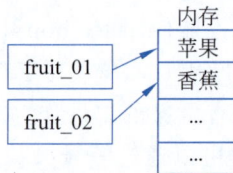

给变量 fruit_01 赋值"苹果"，变量 fruit_02 的值等于 fruit_01，代码如下：

```
fruit_01 = '苹果'
fruit_02 = fruit_01
```

其内存的分配情况如图 2-3 所示。

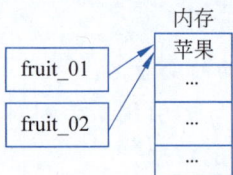

图 2-3　变量赋值内存分配情况（3）

（2）类型用于标识对象所属的数据类型（类），数据类型用于限定对象的取值范围以及允许执行的处理操作。使用内置函数 type(obj) 可以返回对象 obj 所属的数据类型。

（3）值用于表示对象的数据类型的值。使用内置函数 print(obj) 可以返回对象 obj 的值。

在 Python 中，不需要先声明变量名以及类型，直接赋值即可创建各种类型的变量，其数据类型和值在赋值的那一刻被初始化。因此 Python 是一种动态类型的语言，也就是说，变量的类型可以随时变化。在 Python 语言中，使用内置函数 type() 可以返回变量类型。

【例 2-3】　使用内置函数 type()、id() 和 print() 查看对象。

```
myvalue = '学习强国'
print('myvalue 的 id: ',id(myvalue))
print('myvalue 的类型: ',type(myvalue))
print('myvalue 的值: ',myvalue)
myvalue = 123
print('myvalue 新值的 id: ',id(myvalue))
```

```
print('myvalue 新值的类型: ',type(myvalue))
print('myvalue 新的值: ',myvalue)
```

运行结果如下：

```
myvalue 的 id: 2468651064480
myvalue 的类型: <class 'str'>
myvalue 的值: 学习强国
myvalue 新值的 id: 140728401713400
myvalue 新值的类型: <class 'int'>
myvalue 新的值: 123
```

上述例子中，创建变量 myvalue，并赋值为字符串"学习强国"，然后输出该变量的类型，可以看到该变量为字符串类型，再将变量赋值为数值 123，并输出该变量的类型，可以看到该变量为整型。

Python 也是一种强类型语言，每个变量指向的对象均属于某个数据类型，即支持该类型运行的操作运算。当允许多个变量指向同一个值时，使用内置函数 id() 可以返回变量所指的内存地址。例如，将两个变量都赋值为数字 2048，再分别应用内置函数 id() 获取变量的内存地址，将得到相同的结果。

【例 2-4】　两个变量赋同样的值，验证指向的地址。

```
game=number=2048
print(id(game))
print(id(number))
```

运行结果如下：

```
5240240
5240240
```

特别提醒：不同的机器，运行时显示的 id 值有可能不同。

使用 del 命令可以删除一个对象（包括变量、函数等），删除之后就不能再访问这个对象了，因为它已经不存在了。当然，也可以通过再次赋值重新定义变量。

变量是否存在，取决于变量是否占据一定的内存空间。当定义变量时，操作系统将内存空间分配给变量，该变量就存在了。当使用 del 命令删除变量后，操作系统释放了变量的内存空间，该变量也就不存在了。

当对象绑定给变量时，计数增加 1，当变量解除绑定时，计数减少 1。待计数为 0 时，对象自动释放。Python 具有垃圾回收机制，当一个对象的内存空间不再使用（引用计数为 0）后，这个内存空间就会被自动释放。所以 Python 不会像 C 那样发生内存泄漏而导致内存不足甚至系统死机的现象。Python 的垃圾空间回收是系统自动完成的，而 del 命令相当于程序主动地进行空间释放，将其归还给操作系统。

Python 的变量实质是引用，其逻辑如图 2-4 所示。

Python 变量可以通过赋值来修改变量的"值"，但并不是修改原地址。例如，变量 x 先被赋值为 1，然后又被赋值为 1.5，其逻辑如图 2-5 所示。

由图 2-5 可见，并不是 x 的值由 1 变成了 1.5，而

图 2-4　变量引用的逻辑示意图

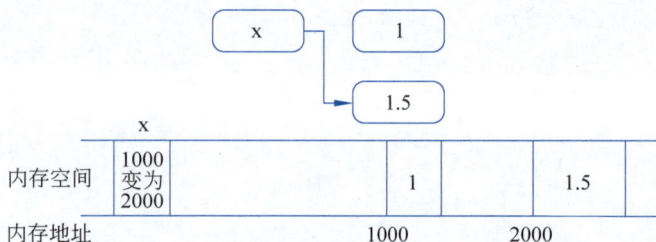

图 2-5　变量修改赋值的逻辑示意图

是另外开辟了一个地址空间存储对象，让 x 指向它。变量的值并不是直接存储在变量里，而是以"值"对象的形式存储在内存某地址中。我们可以说变量指向那个"值"对象。因此，Python 变量里存放的实际是"值"对象的位置信息（内存地址）。这种通过地址间接访问对象数据的方式，称为引用。

使用 id()函数可以确切地知道变量引用的内存地址，使用运算符 is 可以判断两个变量是否引用同一个对象。

【例 2-5】　运算符 is 可以判断两个变量是否引用同一个对象。

```
a=3
b=3
print(a is b)
str1='hello'
str2='hello'
print(str1 is str2)
```

运行结果如下：

```
True
True
```

显然，a 和 b 都赋值为相同的小整数或短字符串时，两个变量所引用的是同一个对象，这也被称为"驻留机制"。这是 Python 为提高效率所做的优化，节省了频繁创建和销毁对象的时间，也节省了存储空间。但是，当两个变量赋值为相同的大整数或长字符串时，默认引用的是两个不同的对象，不过可以利用变量之间的赋值来让两个变量引用相同的对象。

2. 变量值的比较和应用判断

在 Python 语言中，通过"=="运算符可以判断两个变量指向的对象值是否相同，通过 is 运算符可以判断两个变量是否指向同一对象。

2.3.3　常量的定义

常量就是程序运行过程中其值不能改变的量，例如，现实生活中的居民身份证号码、数学运算中的圆周率等，这些都是不会发生改变的，它们都可以定义为常量。

在 Python 中，并没有提供定义常量的保留字。不过在 PEP 8 规范中规定了常量由大写字母和下画线组成，但是在实际项目中，常量首次赋值后，还是可以被其他代码修改的，例如，PI=3.14。

2.4　基本数据类型

在内存存储的数据可以有多种类型。例如,一个人的姓名可以使用字符型存储,年龄可以使用数值型存储,而婚否可以使用布尔类型存储。这些都是 Python 中提供的基本数据类型。

Python 数据类型可以分为数字型和非数字型。其中数字型包括整型、浮点型、布尔型和复数型;非数字型主要包括字符串、列表、元组和字典等。数据类型由存储内容的形式加以区分,比如 6、6.0、'6'、6＋0j、[6]、(6,)和{6:0}分别为整型、浮点型、字符串型、复数型、列表、元组和字典。一个数据可以有多种形式存储,形成了不同的数据类型。

2.4.1　数值类型

在程序开发时,经常使用数字记录游戏的得分、网站的销售数据和网站的访问量等信息。在 Python 中,提供了数值类型(Numeric Type)用于保存这些数值,并且它们是不可改变的数据类型。如果要修改数值类型变量的值,那么会先把该值存放到内容中,然后修改变量让其指向新的内存地址。

在 Python 中,数值类型主要包括 3 种数据类型:整型(int)、浮点型(float)、复数型(complex)。使用内置函数 type(object)可以返回 object 的数据类型。内置函数 isinstance(obj,class)可以用来测试对象 obj 是否为指定类型 class 的实例。

【例 2-6】　内置函数 isinstance()测定对象是否为指定类型的实例。

```
n=10
print(isinstance(n,int))
```

运行结果如下:

```
True
```

1. 整型

整型用来表示整数数值,即没有小数部分的数值,如 200、0、－173。在 Python 中,整型包括正整数、负整数和 0,并且它的位数是任意的(Python 的整型数没有长度限制,当超过计算机自身的计算功能时,会自动转用高精度计算),如果要指定一个非常大的整数,只需要写出其所有位数即可。整型数包括十进制整数、八进制整数、十六进制整数和二进制整数。

(1) 十进制整数。十进制整数的表现形式大家都很熟悉,例如,10、－9。

(2) 八进制整数。由 0～7 组成,进位规则是"逢八进一",并且以 0o 开头的数,如 0o23(转换成十进制数为 19)。在 Python 3.x 中,八进制数必须以 0o 或 0O 开头。

(3) 十六进制整数。由 0～9 和 A～F 组成,进位规则是"逢十六进一",并且以 0x 或 0X 开头的数,如 0x27(转换成十进制数为 39)、0X1b(转换成十进制数为 27)。

【例 2-7】　根据身高、体重计算 BMI 指数。定义两个变量:一个用于记录身高(单位:m),另一个用于记录体重(单位:kg),根据公式"BMI＝体重/(身高×身高)",计算 BMI 指数。

实现代码如下。

```
height = 1.80
print("您的身高: ",height)
weight = 75.5
print("您的体重: ",weight)
bmi=weight/(height * height)
print("您的 BMI 指数为: ",bmi)
```

运行结果如下：

```
您的身高: 1.8
您的体重: 75.5
您的 BMI 指数为: 23.30246913580247
```

2. 浮点型

浮点型是带小数的数值的数据类型，由整数部分和小数部分组成，主要用于处理包括小数的数，如 4.、.5、−2.7315e2。其中，4.相当于 4.0，.5 相当于 0.5，−2.7315e2 是科学记数法（浮点数也可以使用科学记数法表示），相当于 −2.7315×10^2，即 −273.15。

"浮点"（floating point）是相对于"定点"（fixed point）而言的，即小数点不再固定于某个位置，而是可以浮动的。在数据存储长度有限的情况下，采用浮点表示方法，有利于在数值变动范围很大或数值很接近 0 时，仍能保证一定长度的有效数字。

与整数不同，浮点数存在上限和下限。计算结果超出上限和下限的范围时会导致溢出错误。

注意：浮点数只能以十进制数形式书写。

需要说明的是，在使用浮点数进行计算时，可能会出现小数位数不确定的情况。计算机不一定能够精确地表示程序中书写或计算的实数，有以下两个原因。

（1）因为存储有限，计算机不能精确显示无限小数，会产生误差。

（2）计算机内部采用二进制数表示，但是，不是所有的十进制实数都可以用二进制数精确表示。

由于浮点数在计算机内部表示时存在精度问题，因此在进行浮点数比较时一般通过比较两个数值之差与一个较小的值比较来判断是否相等。

3. 复数型

Python 中的复数与数学中的复数的形式完全一致，都是由实部和虚部组成，并且使用 j 或 J 表示虚部。当表示一个复数时，可以将其实部和虚部相加，例如，一个复数，实部为 3.14，虚部为 12j，则这个复数为 3.14＋12j。复数是 Python 内置的数据类型，使用 1j 表示 −1 的平方根。复数对象有两个属性：real 和 imag，用于查看实部和虚部。

2.4.2　布尔类型

布尔类型（Bool Type）主要用来表示真或假的值，用于逻辑运算。在 Python 中，标识符 True 和 False 被解释为布尔值。另外，Python 中的布尔值可以转换为数值，其中，True 表示 1，False 表示 0。Python 中的布尔类型的值可以进行数值运算，例如，"False＋1"的结果为 1。但不建议对布尔类型的值进行数值运算。

在 Python 中，所有的对象都可以进行真值测试。其中，只有下面列出的几种情况得到的值为假,其他对象在 if 或 while 语句中都表现为真。

(1) False 或 None。

(2) 数值中的零,包括 0、0.0、虚数 0。

(3) 空序列,包括空字符串、空元组、空列表、空字典。

(4) 自定义对象的实例,该对象的__bool__()方法返回 False,或__len__()方法返回 0。

2.4.3　字符串类型

字符串就是由符号或数值组成的一个连续序列,用来表示文本的数据类型,可以是计算机所能表示的一切字符的集合。在 Python 中,字符串属于不可变序列,通常使用单引号"' "、双引号"" ""、三引号"''' "或""" """括起来。这三种引号形式在语义上没有差别,只是在形式上有些差别。其中,单引号和双引号中的字符序列必须在一行上,而三引号内的字符序列可以分布在连续的多行上。

注意:Python 中没有字符的概念,即使只有一个字母,也属于字符串类型。

1. 字符串

字符串(String)是由字符(例如字母、数字、汉字和符号)组成的序列,如'Python is wonderful! '、'16300240001'、'郑能量'、' '等,其中,' '表示空字符串。字符串与数字一样,都是不可变对象。所谓不可变,是指不能原地修改对象的内容。

2. 字符串界定符

字符串界定符用来区分字符串和其他词法单位,有以下三种形式。

(1) 单引号,如' '、'1+1=2'、'How are you'。当字符串中含有双引号时,最好使用单引号作为界定符,即单引号内的双引号不算结束符。

(2) 双引号,如"中国"、"It's my book."。当字符串中含有单引号时,最好使用双引号作为界定符,即双引号内的单引号不算结束符。

(3) 三引号,可以是连续三个单引号,也可以是连续三个双引号,如'''Hello'''、"""您好"""。其常用于多行字符串,可以包含单双引号,可见即所得,常常作为文档注释。与普通的注释相比,使用三引号标注的注释会作为函数的一个默认属性,可以通过"函数名._doc_"进行访问。

字符串开始和结尾使用的引号形式必须一致。另外,当需要表示复杂的字符串时,还可以进行引号的嵌套,其规则是在单引号表示的字符串中允许嵌套双引号,但不允许嵌套单引号;使用双引号表示的字符串中允许嵌入单引号,但不允许包含双引号。

3. 转义符

Python 中的字符串还支持转义字符。转义字符是指使用反斜杠"\"对一些特殊字符进行转义,即改变原有字符含义的特殊字符。常用的转义字符及其说明如表 2-1 所示。

表 2-1　常用的转义字符及其说明

转义字符	说明	转义字符	说明
\n	换行	\"	双引号
\\	反斜杠	\t	制表符

Python 允许用 r""或 r'的方式表示引号内部的字符串，默认不转义。

（1）转义字符"\n"的使用。

```
s = 'Hello\nJack\nGood\nMorning'
print(s)
```

运行结果如下：

```
Hello
Jack
Good
Morning
```

（2）使用制表符分隔字符串。

```
s2 = '商品名\t 单价\t 数量\t 总价'
s3 = '苹果\t9\t\t8\t\t72'
print(s2)
print(s3)
```

运行结果如下：

商品名	单价	数量	总价
苹果	9	8	72

4. 原始字符串

原始字符串用于显示字符串原来的意思，不让转义字符生效。这就要用 r 或 R 来定义原始字符串，例如

```
r' C:\PythonPracticen\HelloPython.py'
```

5. 字符串的索引

字符串中的每个字符所处的位置都是固定的，是有顺序的。字符串的每个字符都对应着一个位置编号，从 0 开始，然后依次递增 1，这个位置编号就是索引或下标。字符串的索引分为正向索引（从左向右的顺序排列，如图 2-6 所示）和反向索引（从右向左排列，如图 2-7所示）。

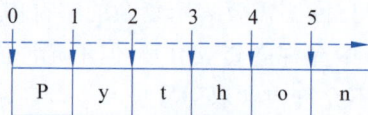

图 2-6　字符串的索引（正向）

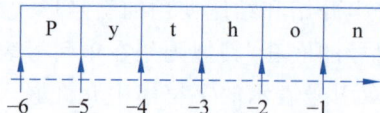

图 2-7　字符串的索引（反向）

字符串中的字符是根据索引标记的，如果希望获取字符串的任意字符，可以使用索引来获取。其语法格式为

```
字符串[索引]
```

需要注意的是，当使用索引访问字符串值时，索引值的范围不能越界，否则程序会报索引越界的异常。

与 C 语言不同的是，Python 中的字符串是不能改变的。如果试图对某个索引位置赋值，会导致错误。当对字符串做追加、修改、截取等操作时，Python 会在内存中新建一个字符串。

2.4.4　NoneType 类型

在 Python 中,有一个特殊的常量 None(N 必须大写)。与 False 不同,它不表示 0,也不表示空字符串,而表示没有值,也就是空值。这里的空值并不代表空对象,即 None 和[]、" "不同。

None 有自己的数据类型,可以在 IDLE 中使用 type() 函数查看其类型,执行代码 type(None),结果为 class 'NoneType'。由此可以看到,它属于 NoneType 类型。

需要注意的是,None 是 NoneType 类型的唯一值(其他编程语言可能称这个值为 null 或 undefined),也就是说,不能再创建其他 NoneType 类型的变量,但可以将 None 赋值给任何变量。如果希望变量中存储的内容不与任何其他值混淆,就可以使用 None。

2.4.5　数据类型转换

Python 是强类型语言。当一个变量被赋值为一个对象后,这个对象的类型就固定了,不能隐式转换成另一种类型。当运算需要时,必须使用显式的变量类型转换。例如,input() 函数所获得的输入值总是字符串,有时需要将其转换为数值类型,才能进行算术运算。例如

```
score = int(input('请输入一个整数的成绩 '))
```

变量的类型转换并不是对变量原地进行修改,而是产生一个新的预期类型的对象。

Python 为转换目标类型名称提供以下类型转换内置函数。

(1) float() 函数:将其他类型数据转换为浮点数。

(2) str() 函数:将其他类型数据转换为字符串。

(3) int() 函数:将其他类型数据转换为整型。

(4) round() 函数:将浮点型数值圆整为整型。所谓的圆整计算总是"四舍",但并不一定总是"五入"。因为总是逢五向上圆整会带来计算概率的偏差。所以,Python 采用的是"银行家圆整",即将小数部分为 0.5 的数字圆整到最接近的偶数,即"四舍六入五留双"。

(5) bool() 函数:将其他类型数据转换为布尔类型。

(6) chr() 和 ord() 函数:进行整数和字符之间的相互转换,其中 chr() 函数将一个整数按 ASCII 码转换为对应的字符;ord() 函数 chr() 函数的逆运算,即把字符转换成对应的 ASCII 码或 Unicode 值。

(7) eval() 函数:将字符串中的数据转换成 Python 表达式原本类型。通常情况下,将 eval() 函数和 input() 函数相结合,可以获取用户输入的值,并转换为合适的数据类型。

【例 2-8】　数据类型转换常见函数的应用示例。

```
str1 = '3.14'
f = float(str1)
print(type(f))


a = 100
str1 = str(a)
print(type(str1))
```

```
str2 = '1234'
n = int(str2)
print(type(n))

n = 1
b = bool(n)
print(type(b))

n = 0
b = bool(n)
print(type(b))

str1 = '10'
print(type(eval(str1)))

c = 'a'
n = ord(c)
print(n)

n = 65
c = chr(n)
print(n)

f = 3.16
n = round(f)
print(n)
```

运行结果如下：

```
class 'float'
class 'str'
class 'int'
class 'bool'
class 'bool'
class 'int'
97
65
3
```

在进行数据类型转换时，如果把一个非数字字符串转换为整型，将产生错误。

【例 2-9】 模拟超市抹零结账行为。要求：先将各个商品金额累加，计算出商品总金额，并转换为字符串输出，然后再应用 int()函数将浮点型的变量转换为整型，从而实现抹零，并转换为字符串进行输出。

```
money_total = 23.2+7.9+8.7+32.65
money_total_str = str(money_total)
print(商品总额为+money_total_str)
money_real = int(money_total)
money_real_str = str(money_real)
print(实收金额为+money_real_str)
```

2.4.6　对象和引用

1. 对象

在 Python 中定义的数据一般称为对象（Object）。计算机中的数据是按块存储,可以简单地把计算机的内存空间视为等分为多个格子的储物柜,并按照顺序为这些格子编码,当有对象被定义时,Python 将对象的数值放到储物柜的某个格子中,并在该格子上贴上带编号的标签,由此完成了对象的定义。

上述过程中,标签可视为“对象名（name）”,存储到格子中的内容视为对象的“值（value）”,而对象所在的格子的编号则可视为对象在内存中的地址,Python 中将对象的内存地址称为“身份编号（id）”。值和身份编号是 Python 中对象的重要特性。此外,对象还有一个特性类型（type）,其类型决定了对象在“储物柜”中占据“格子”的数量。

Python 对象的身份可唯一表示一个变量,任何对象的身份编号都可以使用 Python 的内置函数 id() 获取,例如:

```
num = 8
print(id(num))
```

运行结果如下:

```
8791092094000
```

注意：不同的计算机,每次运行的值不一样。

2. 引用

Python 对象的身份编号 id 是只读的,用户不能直接更改对象的身份编号 id。Python 中部分对象的值也是不可以改变的。值不能被改变的对象称为不可变对象,Python 的数值类型就是不可变对象。

往往大家对上述的说法会产生疑问,在对一个已经定义好的数值类型对象重新赋值时,明明可以操作成功,也不报错,例如:

```
num_01 = 6
num_01 = 8
print(num_01)
```

运行结果如下:

```
8
```

对象 num_01 的值也确实从 6 改为 8,为什么说数值类型是不可改变的？ 这与 Python 中变量的赋值方式有关。实际上,上述操作改变的并非对象 num_01 的值,而是对象 num_01 的引用。

Python 中的赋值是通过引用实现的。当用户在定义对象时,解释器对象的值放入内存地址,并将该内存块地址的引用赋给对象,经此过程,对象名便等同于内存地址的别名,用户可以通过变量名获取对象的值。在对对象进行修改时,解释器实际上会将新数值放入新内存地址,再将新内存地址的引用赋给待修改对象。

```
num_01 = 6
print(id(num_01))
```

```
num_01 = 8
print(id(num_01))
```

由上述运行结果可以看出，重新赋值后对象的身份编号 id 发生了改变。

在 Python 中的身份编号 id 运算符为 is 和 is not，用于判断两个对象是否相同。Python 中对象的唯一标识即为身份编号 id，因此身份运算符的运算过程即对象身份编号 id 的比较过程。

2.5 基本输入/输出

数据的输入/输出操作是计算机最基本的操作。本节主要介绍基本的输入/输出。基本输入是指从键盘上输入数据的操作，基本输出是指在屏幕上显示输出结果的操作。

常用的输入/输出设备有很多，例如，摄像机、扫描仪、话筒、键盘等都是输入设备，经过计算机解码后在显示器或打印机等终端进行输出显示。而基本的输入/输出是指我们平时从键盘上输入字符，然后在屏幕上显示。

通常，一个程序都会有输入/输出，Python 可以用 input() 函数进行输入，用 print() 函数进行输出。

2.5.1 基于 input() 函数输入

输入语句可以在程序运行时从输入设备获得数据。标准输入设备就是键盘。在 Python 中，可以通过 input() 函数接收用户从键盘输入的字符串，并以字符串的形式存储到变量中。

一般语法格式为：

```
variable = input(<提示字符串>)
```

其中，variable 是存储数据的变量名。当程序运行到 input() 函数时，程序暂停运行，等待用户从键盘输入，直到用户按回车键结束，input() 函数返回用户输入的字符串（不包括最后的回车符），保存于变量中，系统继续执行 input() 函数后面的语句。例如：

```
name=input('请输入您的专业')
```

系统会弹出字符串"请输入您的专业"，等待用户输入，用户输入相应的内容并按回车键后，输入内容将保存到 name 变量中。

在 Python 3.x 中，无论输入的是数字还是字符都将被作为字符串。如果想要接收数值，需要把接收到的字符串进行类型转换。例如，想要接收整型的数字并保存到变量 num 中，可以使用下面的代码：

```
num=int(input('请输入您的应收金额'))
```

因此，如果需要将输入的字符串转换为其他类型（如整型、浮点型等），调用对应的转换函数即可。

【例 2-10】 根据输入的出生年份，计算年龄大小。

实现根据输入的出生年份（4 位数字，如 2000）计算目前的年龄，程序中使用 input() 函数输入年份,使用 datetime 模块获取当前年份,然后用获取的当前年份减去输入的出生年份,其结果就是计算的年龄。

```
import datetime
birthyear = input('请输入您的出生年份：')
nowyear = datetime.datetime.now().year
age = nowyear - int(birthyear)
print('您的年龄为' + str(age) + '岁')
```

运行程序,提示输入出生年份,出生年份必须是 4 位,如 2000。输入出生年份,如输入 1978,按回车键后,运行结果如下:

```
请输入您的出生年份：1978
您的年龄为 46 岁
```

在 Python 中,其输入主要有以下特点。

(1) 当程序执行到 input()函数时,等待用户输入,输入完成之后才继续向下执行。

(2) 在 Python 中,input()函数接收用户输入后,一般存储到变量中,方便使用。

(3) 在 Python 中,input()函数会把接收到的任意用户输入的数据都当作字符串处理。

2.5.2　基于 print()函数输出

数据的输出形式有多种,其中标准的输出是输出到显示器。在 Python 中,print()函数就是用于将要显示的内容输出到显示器显示。

1. print()函数的基本语法

在 Python 中,使用内置的 print()函数可以将结果输出到 IDLE 或标准控制台上。一般格式为:

```
print(输出值 1[,输出值 2, …, 输出值 n, sep=',', end='n', file=sys.stdout, flush=
False])
```

通过 print()函数可以将多个输出值转换为字符串并且输出,这些值之间以 sep 分隔,最后以 end 结束。sep 默认为空格,end 默认为换行符\n。其中,输出内容可以是数字和字符串(字符串需要使用引号括起来),此类内容将直接输出;也可以是包含运算符的表达式,此类内容将计算结果输出。file 是要写入的文件对象。flush 是一个布尔参数,用于控制输出缓冲的刷新行为。

输出缓冲是指将文本内容暂时存储在内存中,然后一次性写入输出设备(通常是终端或文件)的过程。如果 flush 参数设置为 False(默认值),则输出根据系统的规则进行缓冲,一般情况下会在输出后自动刷新缓冲,以提升性能。若 flush 参数设置为 True,则会强制刷新输出缓冲,使文本立刻被写入输出设备。

在 Python 中,默认情况下,一条 print 语句输出后会自动换行;如果想要一次输出多个内容,而且不换行,可以将要输出的内容使用英文半角的逗号分隔。

【例 2-11】　输出语句示例。

```
print('abc',123)
print('abc',123,sep=',')
```

运行结果如下：

```
abc 123
abc,123
```

上述两行输出是两个 print( ) 函数执行的结果。'abc 123'是由本例代码第 1 条语句 print('abc',123)输出的。可以看出，两个输出项之间自动添加了空格，这是因为 print( ) 函数的参数 sep 默认值为空格。如果希望输出项之间是逗号，则可以采用下面的输出方式。

2. print( ) 函数的格式化输出

Python 的 print( ) 函数中还可以使用字符串格式化控制输出形式。

在 Python 中，要实现格式化字符串，可以使用"%"操作符。语法格式如下：

```
'%[-][+][0][m][n]格式化字符'%exp
```

参数说明：

- −：可选参数，用于指定左对齐，正数前方无符号，负数前面加负号。
- ＋：可选参数，用于指定右对齐，正数前方加正号，负数前方加负号。
- 0：可选参数，表示右对齐，正数前方无符号，负数前方加负号，用 0 填充空白处（一般与 m 参数一起使用）。
- m：可选参数，表示占有宽度。
- n：可选参数，表示小数点后保留的位数。
- 格式化字符：用于指定类型。
- exp：要转换的项。如果要转换的项有多个，需要通过元组的形式进行指定，但不能使用列表。

3. print( ) 函数输出到文件

使用 print( ) 函数，不但可以将内容输出到屏幕，还可以输出到指定文件。

【例 2-12】 将一个字符串"生活就像一盒巧克力 你永远不知道下一颗是什么味道。"输出到 C:\pythonpractice\data.txt 文件中。

```
fp=open(r'C:\pythonpractice\data.txt','a+')        #打开文件
print('生活就像一盒巧克力 你永远不知道下一颗是什么味道。',file=fp)   #输出到文件
fp.close()                                          #关闭文件
```

执行上面的代码后，将在 pythonpractice 目录下生成一个名称为 data.txt 的文件，该文件的内容为文字"生活就像一盒巧克力 你永远不知道下一颗是什么味道。"，如图 2-8 所示。

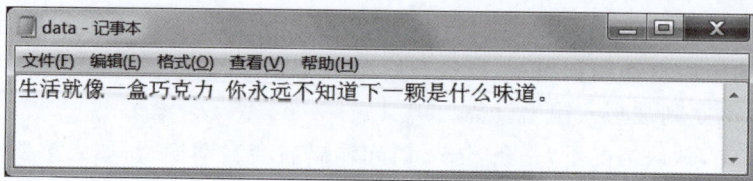

图 2-8   data.txt 文件的内容

4. 输出 ASCII 码字符

在编程时，输入的符号可以使用 ASCII 码的形式输入。ASCII 码最早只有 127 个字母

被编码到计算机里,也就是英文大小写字母、数字和一些符号,这个编码表被称为 ASCII 编码。例如,大写字母 A 的编码是 65,小写字母 a 的编码是 97。通过 ASCII 码表示字符,需要使用 chr() 函数进行转换。例如,print(chr(65)) 显示内容为 A。如果字符显示 ASCII 值,需要使用 ord() 函数进行转换。例如,print(ord('a')) 显示内容为 97。

【例 2-13】 编写程序,实现在键盘输入相应字母、数字或符号后,输出其 ASCII 的值,即十进制的数字值。例如,输入 B,则输出显示为 66;输入 *,则输出显示为 42。

```
c=input('请输入单个字符: ')
print(c + '的 ASCII 值为 ' , ord(c))
```

运行结果如下:

```
请输入单个字符: a
a 的 ASCII 值为 97
```

2.5.3 字符串的格式化输出

Python 中的字符串格式化是一种用于将变量值插入字符串中的方法。它使得我们能够创建动态的、格式化良好的字符串,以便更好地呈现数据和信息。Python 提供了多种字符串格式化方法,包括使用百分号(%)、.format() 方法和 f-strings。这些方法都可以用来将变量值插入字符串中,并根据需要格式化其输出。

1. "%"格式化字符串

百分号(%)格式化字符串是 Python 中最早、最常用的字符串格式化方法之一。Python 使用百分号(%)作为定界符,并使用特定的字符来指示应该插入哪种类型的变量。例如:

```
print('我正在学习%s编程语言'%'Python')
```

运行结果如下:

```
我正在学习 Python 编程语言
```

示例中,%s 指示应该插入一个字符串,%d 指示应该插入一个整数。在字符串的末尾,我们使用一个元组来传递要插入的变量值。Python 提供了很多字符串格式化符号用以格式生成不同类型的数据。

在实际开发中,数值类型有多种显示方式,例如,货币形式、百分比形式等,使用 format() 方法可以将数值格式化为不同的形式。常见格式字符如表 2-2 所示。

表 2-2 常见格式字符

格 式 字 符	含　　义	示　　例
%s	输出字符串	'Gradeis%s'%'A-',返回'GradeisA-'
%d	输出整数	'Scoreis%d'%90,返回'Scoreis90'
%c	输出字符	'%c'%65,返回'A'
%(widrh).[precision]f	输出浮点数,长度为 widh,小数点后 precision 位,widhh 默认为 0,precision 默认为 6	'%f'%123456,返回'123456' '%.4f'%123456,返回'1.2346' '%7.3f'%123456,返回' 1.235' '%4.3f'%123456,返回'1.235'

续表

格 式 字 符	含 义	示 例
%o	以无符号的八进制格式输出	'%o'%10，返回'12'
%x 或 %X	以无符号的十六进制格式输出	'%x'%10，返回'a'
%e 或 %E	以科学计数法格式输出	'%e'%10，返回'1.000000e+01'

例如，语句

```
print('我的名字是%s'%'李二毛')
```

运行结果如下：

```
我的名字是李二毛
```

即%s的位置使用"李二毛"代替。

如果需要在字符串中通过格式化字符输出多个值，则将每个对应值存放在一对圆括号()中，值与值之间使用英文逗号分隔开。例如

```
print('A %s has %d legs'%('monkey',4))
```

运行结果如下：

```
A monkey has 4 legs
```

表2-3中列出了一些格式化辅助指令，可进一步规范输出的格式。

表2-3　格式化辅助指令

符号	作 用
m	定义输出的宽度，如果变量值的输出宽度超过m，则按实际宽度输出
—	在指定的宽度内输出值左对齐（默认为右对齐）
+	在输出的正数前面显示"+"号（默认为不输出"+"号）
#	在输出的八进制数前面添加"0o"，在输出的十六进制数前面添加"0x"或"0X"
0	在指定的宽度内输出值时，左边的空格位置以0填充
.n	对于浮点数，指输出时小数点后保留的位数（四舍五入）；对于字符串，指输出字符串的前n位

m.n格式常用于浮点数格式、科学记数法格式以及字符串格式的输出。对于前两种格式而言，%m.nf、%m.nx或%m.nX指输出的总宽度为m（可以省略），小数点后面保留n位（四舍五入）。如果变量值的总宽度超出m，则按实际输出。%m.ns指输出字符串的总宽度为m，输出前n个字符，前面补m-n个空格。

2. str.format()字符串格式化

Python 3还支持使用格式化字符串的函数str.format()进行字符串格式化。该函数在形式上相当于利用{}来代替%，{}的作用是占位符，功能更加强大。

str.format()格式化字符串非常灵活，可以用于格式化各种类型的数据，包括字符串、整数、浮点数等。它还支持更复杂的格式化选项，例如指定字段的宽度、精度、对齐方式等，参数位置可以不按显示顺序，参数也可以不用或用多次。

【例 2-14】　格式化输出字符串示例。

```
print('%.2f' % 3.1415)
print('%5.2f' % 3.1415)
print('{0}的年龄是{1}'.format('李二毛', 7))
print('{name}的年龄是{age}'.format(age=7, name='李二毛'))
```

运行结果如下：

```
3.14
 3.14
李二毛的年龄是 7
李二毛的年龄是 7
```

3. f-strings 格式化输出

f-strings 是 Python 3.6 增加的一种字符串格式化方法，它使用一对花括号（{}）作为占位符，并在字符串前面添加"f"或"F"。在 f-string 中，可以直接使用变量名，而无须使用 format()等方法插入变量值，这个格式化输出比之前的％s 或 format 效率高并且更加简化。

【例 2-15】　使用 f-strings 格式化输出。

```
name = '毛毛'
age = 7
sex = '男'
msg_f = f'我的名字叫{name},我今年{age}岁,我是{sex}生'
msg_F = F'我的名字叫{name},我今年{age}岁,我是{sex}生'
print(msg_f)
print(msg_F)
```

运行结果如下：

```
我的名字叫毛毛,我今年 7 岁,我是男生
我的名字叫毛毛,我今年 7 岁,我是男生
```

【例 2-16】　结合表达式，使用 f-strings 格式化输出。

```
name = 'maomao'
age = 6
sex = '男'
res = f'我的名字叫{name.upper()},我今年{age + 1}岁,我是{sex}生'
print(res)
```

运行结果如下：

```
我的名字叫 MAOMAO,我今年 7 岁,我是男生
```

2.6　常见的运算符与表达式

2.6.1　运算符与表达式

1. 运算符

运算符是用于表示不同运算类型的符号，主要用于数学计算、比较大小和逻辑运算等。

Python 的运算符主要包括算术运算符、赋值运算符、比较（关系）运算符、逻辑运算符和位运算符。

按照运算所需要的操作数目，可以分为单目、双目、三目运算符。

（1）单目运算符只需要一个操作数。例如，单目减（－）、逻辑非（not）。

（2）双目运算符需要两个操作数。Python 中大多数运算符是双目运算符。

（3）三目运算符需要三个操作数。条件运算是三目运算符，例如 b if a else c。

运算符具有不同的优先级（所谓优先级就是当多个运算符同时出现在一个表达式中时，先执行哪个运算符）。我们熟知的"先乘除后加减"就是优先级的体现。只不过 Python 运算符种类很多，优先级也分成高低不同的多个层次。当一个表达式中有多个运算符时，按优先级从高到低依次运算。

运算符还具有不同的结合性：左结合或右结合。当一个表达式中有多个运算符，且优先级都相同时，就根据结合性来判断运算的先后顺序。

（1）左结合就是自左至右依次计算。Python 运算符大多是左结合的。

（2）右结合就是自右至左依次计算。所有的单目运算符和圆括号（）是右结合的。实际上，圆括号是自右向左依次运算的，即内层的圆括号更优先，由内向外运算。

以上所说的通过优先级、结合性来决定运算次序，只在没有圆括号的情况下成立。使用圆括号就可以改变运算符的运算次序。

2. 表达式

使用运算符将不同类型的数据按照一定的规则连接起来的式子，称为表达式。例如，使用算术运算符连接起来的式子称为算术表达式，使用逻辑运算符连接起来的式子称为逻辑表达式。

表达式由运算符和参与运算的数（操作数）组成。操作数可以是常量、变量，也可以是函数的返回值。

按照运算符的种类，表达式可以分成算术表达式、关系表达式、逻辑表达式、测试表达式等。

多种运算符混合运算形成复合表达式，按照运算符的优先级和结合性依次进行运算。当存在圆括号时，运算次序会发生变化。

很多运算对操作数的类型有要求，例如，加法"＋"运算要求两个操作数类型一致，当操作数类型不一致时，可能发生隐式类型转换。

例如：

```
a=True
b=10
print(a+h)
```

运行结果如下：

```
11
```

差别较大的数据类型之间可能不会进行隐式类型转换，此时需要进行显式类型转换。

例如：

```
str1='10'
n=20
print(str1+n)
```

将出现错误提醒：

TypeError: can only concatenate str (not "int") to str print(int(str1)+n)

运行结果如下：

30

2.6.2　算术运算符

算术运算符号是处理四则运算的符号,在数字的处理中应用得最多。Python 的常用算术运算符如表 2-4 所示。

表 2-4　Python 的常用算术运算符

运算符	描　　述	示　　例
＋	加法	5＋2 返回 7;5.5＋2.0 返回 7.5
－	减法	5－2 返回 3;5.5－2.0 返回 3.5
＊	乘法	5 ＊ 2 返回 10;5.5 ＊ 2.0 返回 11.0
/	浮点除法	5/2 返回 2.5;5.5/2.0 返回 2.75
//	整除运算,返回商	5//2 返回 2;5.5//2.0 返回 2.0
%	整除运算,返回余数,也叫取模	5％2 返回 1;5.5％2.0 返回 1.5
**	幂运算	5**2 返回 25;5.5**2.0 返回 30.25

在算术运算符中,使用"％"求余,如果除数(第二个操作数)是负数,那么取得的结果也是一个负值。使用除法(/或//)运算符和求余运算符时,除数不能为 0,否则将会出现异常。

注意:在 Python 中不支持 C 语言中的自增 1(＋＋)和自减 1(－－)运算符,这是因为＋和－也是单目运算符,Python 会将－－n 理解为－(－n)从而得到 n,同样,＋＋n 的结果也是 n。

在 Python 中,"＊"运算符还可以用于字符串中,计算结果就是字符串重复指定次数的结果。例如,print(@ ＊ 10),将输出 10 个@字符。而"＋"运算符则可以用于字符串的连接。

算术运算符可以直接对数字进行运算,也可以对变量进行运算。

在 Python 中进行数学计算时,与数学中运算符优先级是一致的:先乘除后加减,同级运算符是从左至右计算,可以使用圆括号调整计算的优先级。混合运算优先级顺序是:()高于**,高于 ＊ 、/、//和％,高于＋和－。

在相同类型之间的数据运算,算术运算符优先级由高到最低顺序排列如下。

第一级:**。

第二级:＊ 、/、％、//。

第三级:＋、－。

如果是不同类型之间的数据运算，会发生隐式类型转换。转换规则是由低类型往高类型转换。可以进行算术运算的各种数据类型，从低到高排列为：bool ＜ int ＜ float ＜ complex。

【例 2-17】 计算学生三门计算机类课的成绩平均分。某同学有三门课程成绩分别为：数据库原理 89 分，Python 程序设计 96 分，Web 技术 90 分。编程实现计算这三门课程的平均分。

```
database_grade = 89
python_grade = 96
web_grade = 90
avg = (database_grade + python_grade + web_grade)/3
print(三门计算机类课程平均成绩为 + str(avg) + 分)
```

运行结果如下：

三门计算机类课程平均成绩为 91.66666666666667 分

常用的 Python 数学运算类的内置函数如表 2-5 所示。

表 2-5　常用的 Python 数学运算类的内置函数

函数名	描　　述	示　　例
abs	绝对值	abs(－5)返回 5；abs(－5.0)返回 5.0
divmod	取模，返回商和余数	divmod(5,2)；返回(2,1)
pow	乘方	pow(5,2)返回 25；pow(5.0,2.0)返回 25.0
round	四舍五入取整	round(1.5)返回 2；round(2.4)返回 2
sum	可迭代对象求和	sum([1,2,3,4]返回 10
max	求最大值	max(3,1,5,2,4)返回 5
min	求最小值	min(3,1,5,2,.4)返回 1

math 模块中的函数如表 2-6 所示。

表 2-6　math 模块中的函数

函数名	描　　述	示　　例
fabs	绝对值，返回浮点数	fabs(－5)返回 5.0
ceil	大于或等于 x 的最小整数	ceil(2.2)返回 3；ceil(－5.5)返回－5
floor	小于或等于 x 的最大整数	floor(2.2)返回 2；floor(－5.5)返回－6
trunc	截取为最接近的整数	trunc(2.2)返回 2；trunc(－5.5)返回－5
factorial	整数的阶乘	factorial(5)返回 120
sqrt	平方根	sqrt(5)返回 2.23606797749979
exp	以 e 为底的指数运算	exp(2)返回 7.38905609893065
log	对数	log(math.e)返回 1.0；log(8,2)返回 3.0

math 模块中还定义了以下两个常量。

（1）math.pi：数学常量 π，math.pi＝3.141592653589793。

（2）math.e：数学常量 e，math.e＝2.718281828459045。

使用 math 模块前要先导入，使用函数时要在函数名前面加上"math."，例如 math.log
(10)。如果要频繁使用某单一模块中的函数，为避免每次写模块名的麻烦，也可以按下面方式导入

```
from 模块 import 函数
```

这样就可以像内置函数那样来使用模块函数了。但是多个模块中可能有同名函数，如果都按这种方式导入，会产生名字冲突的问题。

2.6.3　赋值运算符

赋值运算符主要用来为变量赋值，即把赋值运算符右侧的值传递给左侧的变量。使用时，可以直接把基本赋值运算符"＝"右边的值赋给左边的变量，也可以进行某些运算后再赋值给左边的变量。

1. 赋值运算符

赋值运算符用"＝"表示，一般有以下三种形式。

```
变量名＝表达式(或变量值)
变量名 1＝变量名 2＝表达式(或变量值)
变量名 1,变量名 2＝表达式 1(或变量值 1),表达式 2(或变量值 2)
```

其左边只能是变量，不能是常量或表达式。例如，5＝x 或 5＝2＋3 都是错误的。

注意：

（1）Python 的赋值运算是没有返回值的。也就是说，赋值没有运算结果，且变量的值将被改变。

（2）混淆"＝"和"＝＝"是编程中最常见的错误之一。"＝"是赋值运算符，"＝＝"是比较运算符。

（3）程序语句中的 y＝x 不是数学中的方程等式，不代表 y 恒等于 x。赋值是一个瞬间动作。

【例 2-18】　输入两个数，交换两个变量的值。

```
str_number01 = input(请输入第一个变量)
str_number02 = input(请输入第二个变量)
#方式 1 利用临时变量交换
temp = str_number01
str_number01 = str_number02
str_number02 = temp
#方式 2 原地交换
str_number01, str_number02 = str_number02, str_number01
print(变量一是 + str_number01)
print(变量二是 + str_number02)
```

2. 复合赋值运算符

复合赋值运算符是将赋值运算符与算术运算符组合，以便在赋值的同时执行运算。

所有复合赋值运算符的优先级和赋值运算符的一样。＋＝（加等于）、－＝（减等于）、＊＝（乘等于）、/＝（除等于）、％＝（取余等于）、＊＊＝（幂等于）、//＝（整除等于）为算术复合运算符，如表 2-7 所示。

表 2-7　算术复合赋值运算

运算符	描　　述	示　　例
＋＝	加法赋值运算符	a＋＝b 等价于 a＝a＋b
－＝	减法赋值运算符	a－＝b 等价于 a＝a－b
＊＝	乘法赋值运算符	a＊＝b 等价于 a＝a＊b
/＝	浮点除法赋值运算符	a/＝b 等价于 a＝a/b
//＝	整除赋值运算符	a//＝b 等价于 a＝a//b
％＝	取模赋值运算符	a％＝b 等价于 a＝a％b
＊＊＝	幂赋值运算符	a＊＊＝b 等价于 a＝a＊＊b

复合赋值运算是算术运算操作与赋值操作的组合。这种运算符可以让代码更简洁，而且在某些情况下还可以提高代码的执行效率。

2.6.4　关系运算符

关系运算符也称为比较运算符，用于对两个数值型或字符串型数据、变量或表达式的结果进行大小、真假等比较，返回一个"真"或"假"的布尔值。

如果比较结果为真，则返回 True；如果为假，则返回 False。比较运算符通常用在条件语句或循环中作为判断的依据，如表 2-8 所示。

表 2-8　关系运算符

运算符	描　　述	示　　例
＞	大于	5＞2 返回 Tue；'5'＞'12'返回 True
＞＝	大于或等于	'a'＞＝'A'返回 True；'ab'＞＝'a'返回 True
＜	小于	5＜2 返回 False；'5'＜'12'返回 False
＜＝	小于或等于	'a'＜＝'A'返回 False；'ab'＜＝'a'返回 False
＝＝	等于	5＝＝2 返回 False；'5'＝＝5 返回 False
!＝	不等于	5!＝2 返回 True；'5'!＝5 返回 True
is	等于	5 is 2 返回 False；'5' is 5 返回 False
is not	不等于	5 is not 2 返回 True；'5' is not 5 返回 True

一定要注意，比较是否相等时要用双等号"＝＝"，而不是"＝"，这是初学者常犯的错误。在比较过程中，遵循以下规则。

（1）若两个操作数是数值型，则按大小进行比较。

（2）若两个操作数是字符串型，则按"字典顺序"进行比较，即首先取两个字符串的第一个字符进行比较,较大的字符所在字符串更大;如果相同,则再取两个字符串的第二个字符进行比较,以此类推。结果有三种情况:第一种,某次比较分出大小,较大的字符所在字符串更大;第二种,始终不分大小,并且两个字符串同时取完所有字符,那么这两个字符串相等;第三种,在分出大小前,一个字符串已经取完所有字符,那么这个较短的字符串较小。第三种情况也可以认为是空字符和其他字符比较,空字符总是最小。

常用字符的大小关系为空字符<空格<'0'~'9'<'A'~'Z'<'a'~'z'<汉字。可以利用 ord(字符)函数查看字符的 Unicode 码;相反,可以利用 chr(Unicode 码)函数查看对应的字符。

比较浮点数是否相等时要注意,因为有精度误差,所以可能产生本应相等但比较结果却不相等的情况。

可以用两个浮点数的差是否小于一个极小值来判定是否"应该相等",这个"极小值"可以根据需要自行指定。例如:

```
from math import fabs
precision=0.000001
f1=3.1415926
f2=3.1415927
if fabs(f1-f2)<=precision:
    print('f1=f2')
else
    print('f1!=f2')
```

注意:复数不能比较大小,只能比较是否相等。

在 Python 中,当需要判断一个变量是否介于两个值之间时,可以采用"值1<变量<值2"的形式,如"0<a<10"。Python 允许 x<y<z 这样的链式比较,相当于 x<y 且 y<z;也允许 x<y>z,相当于 x<y 且 y>z。

所有关系运算符的优先级相同。

"is"和"=="操作符的区别是,"is"是用来比较两个对象是否是同一个对象,而"=="是用来比较两个对象的值是否相等。Python 中的变量有三个属性 name、id 和 value,其中,name 是变量的名字,id 是内存地址,value 是变量的值。is 运算符就是通过 id 来判断的,如果 id 是一样的返回 True,否则返回 False。

Python 对小的整数和字符串做了处理,不管是使用==操作符还是 is 操作符进行比较,最终的结果都是 True。

【例 2-19】 is 与==的应用示例。

```
word_01 = 'abc'
word_02 = 'abc'
print(word_01 == word_02)
print(word_01 is word_02)
```

运行结果如下:

```
True
True
```

2.6.5　逻辑运算符

逻辑运算符是用于逻辑判断的运算符,常用于条件判断和控制流程语句中。逻辑运算

符是对真和假两种布尔值进行运算，运算后的结果仍是一个布尔值（True 或 False），Python
中的逻辑运算符主要包括 and（逻辑与）、or（逻辑或）、not（逻辑非）。

　　例如判断闰年的标准是年份能被 4 整除且不能被 100 整除或能被 400 整除，这里就用
到了逻辑关系：

```
((year %4 == 0 and year %100 != 0) or year % 400 ==0)
```

逻辑运算符如表 2-9 所示。

表 2-9　逻辑运算符

运算符	描　　述	例　　子
and	逻辑与运算符。只有两个操作数都为真，其结果才为真	True and True 返回 True
or	逻辑或运算符。只要有一个操作数为真，其结果就为真	False or False 返回 False
not	逻辑非运算符。单目运算，反转操作数的逻辑状态	not True 返回 False

　　逻辑运算符的优先级低于算术运算符和比较运算符，但高于赋值运算符。在使用逻辑
运算符时需要注意其短路特性，即在某些情况下，只需要计算表达式的一部分就能够得到
结果。

　　逻辑运算符的短路特性指的是，在使用逻辑与（and）或逻辑或（or）运算符时，如果其中
一个表达式已经能够确定整个表达式的结果，则不会继续计算剩下的表达式。具体来说：

　　（1）or 是一个短路运算符，如果左操作数为 True，则跳过右操作数的计算，直接得出结
果为 True。只有在左操作数为 False 时才会计算右操作数的值。

　　（2）and 也是一个短路运算符，如果左操作数为 False，则跳过右操作数的计算，直接得
出结果为 False。只有在左操作数为 True 时，才会计算右操作数的值。

　　短路运算可以节省不必要的计算时间和计算资源，而且 Python 会按照"最贪婪"的方
式进行短路，以至于看上去违反了优先级次序。

　　例如：

```
a=1
b=2
c=3
print(a==1 or b==2 and c==3)
```

　　在这个例子中，b==2 and c==3 整个被短路，并不会因为优先级高而先计算 and。其
证明方法是，把上面的例子改写成下面的形式。

```
def equal(a,b):
    print('equal',a,b)
    return a==b
a=1
b=2
c=3
print(equal(a,1) or equal(b,2) and equal(c,3))
```

　　运行结果如下：

```
equal 1 1
True
```

后面两个 equal() 函数并没有被执行,说明 equal(b,2) and equal(c,3) 语句全都被短路了。

逻辑运算符的优先级,按照从低到高的顺序排列为 or<and<not。

2.6.6　条件(三目)运算符

运算符(三元、三目运算符)语法格式如下:

```
语句 1 if 条件表达式 else 语句 2
```

执行流程:条件运算符在执行时,会先对条件表达式进行求值判断。如果判断结果为True,则执行语句 1,并返回执行结果;如果判断结果为 False,则执行语句 2,并返回执行结果。例如:

```
x = '正数' if c  0 else '非正数'
```

【例 2-20】　有两个变量,比较大小。如果变量 1 大于变量 2,执行变量 1 减去变量 2;否则变量 2 减去变量 1。

```
aa = 10
bb = 6
cc = aa - bb if aa>bb else bb - aa
print(cc)
```

运行结果如下:

```
4
```

2.6.7　位运算符

Python 的位运算符主要用于对整数类型的数据进行操作,首先需要把要运算的整数类型的数据转换为二进制形式,然后按位进行相关运算。

Python 中的位运算符有位与(&)、位或(|)、位异或(^)、位取反(~)、左移位(<<)和右移位(>>)运算符,如表 2-10 所示。

表 2-10　位运算符

运　算　符	说　　　　明
按位与(&)	对应位都为 1 时,结果位才为 1,否则为 0
按位或(|)	对应位只要有 1,结果位就为 1,否则为 0
按位异或(^)	对应位不相同时为 1,相同时为 0
按位取反(~)	对整数的二进制位取反,即 0 变为 1,1 变为 0
左移(<<)	将数字的二进制表示向左移动指定的位数,右边用 0 填充
右移(>>)	将数字的二进制表示向右移动指定的位数,左边根据符号位填充(正数填充 0,负数填充 1)

位运算符在 Python 编程中不常用,但在某些特定场景下(如底层系统编程、算法优化等)非常有用。通过掌握位运算符,可以更深入地理解计算机底层的数据表示和操作方式,提高编程能力和算法效率。

2.6.8　成员运算符

Python 的成员运算符主要用于判断一个成员是否在容器类型对象中,包括以下两种运算符。

（1）包含运算符 in：如果在指定的序列中找到元素,就会返回 True,否则返回 False。

（2）非包含运算符 not in：如果在指定的序列中找到元素,就会返回 False,否则就会返回 True。

成员运算符常用于条件语句和循环语句中,用来判断一个元素是否存在于容器类型对象中,例如列表、元组和集合等。

2.6.9　运算符的优先级

表达式是由变量、运算符、常量等组成的,可以通过计算得到一个值。在表达式中,运算级的优先级会影响计算的结果,因此需要了解 Python 中各个运算符的优先级规则。

运算符的优先级是指在应用中哪一个运算符先计算,哪一个后计算,与数学中的四则运算应遵循的"先乘除,后加减"是一个道理。Python 运算符的运算规则是优先级高的运算先执行,优先级低的运算后执行,同一优先级的操作按照从左到右的顺序进行。还可以像四则运算那样使用圆括号,圆括号内的运算最先执行。

常见运算符的优先级,按照从低到高的顺序排列(同一行优先级相同)总结如下。

- 逻辑运算符：or。
- 逻辑运算符：and。
- 逻辑运算符：not。
- 成员运算符：in、not in。
- 同一性测试：is、is not。
- 比较：<、<=、>、>=、!=、==。
- 按位或：|。
- 按位异或：^。
- 按位与：&。
- 移位：<<、>>。
- 加法与减法：+、−。
- 乘法、除法与取余：*、/、%。
- 正负号：+x、−x。

表达式结果类型由操作数和运算符共同决定。

（1）关系、逻辑和测试运算的结果一定是逻辑值。

（2）字符串进行连接(+)和重复(*)的结果还是字符串。

（3）两个整型操作数进行算术运算的结果大多还是整型的。浮点数除法(/)的结果是浮点型的。

（4）幂运算的结果可能是整型的也可能是浮点型的，例如，5 ** －2 返回 0.04。

（5）浮点型操作数进行算术运算的结果还是浮点型的。

在编写程序时应尽量使用圆括号"()"来限定运算次序，以免运算次序发生错误。

2.7　本 章 小 结

首先对 Python 的语法特点进行了介绍，主要包括注释、代码缩进和编码规范，介绍了 Python 中的保留字、标识符，以及如何定义变量，介绍了 Python 中的基本数据类型，介绍了基本输入和输出函数的使用。

接下来主要介绍了 Python 中的运算符和表达式。与其他语言类似，最常用的运算符有算术运算符、赋值运算符、比较运算符、逻辑运算符、条件运算符和位运算符。另外，如果在一个表达式中需要同时使用多个运算符，那么必须考虑运算符的优先级，优先级高的要比优先级低的先被执行。

2.8　习　　　题

1. 录入学生信息（姓名、年龄、性别、成绩），在一行输出：

我的姓名是 xxx，年龄是 xxx，性别是 xxx，成绩是 xxx

2. 输入一个商品单价、商品数量、收到的金额，计算应该找回的金额。

3. 输入一个总秒数，计算是几小时几分几秒。

4. 古代的称是一斤为 16 两，输入两个数，换算出是现代的几斤几两。

5. 输入一个 4 位整数，例如 1234，计算每位数相加之和，例如 1＋2＋3＋4＝10。

6. 输入年份，判断是否为闰年（条件 1 是年份能被 4 整除但不能被 100 整除；条件 2 是年份能被 400 整除）。如果是显示 True，否则显示 False。

7. 输入三个数，利用条件运算符获取三个数中的最大数，并输出它。

8. 计算汽车平均油耗及费用。小明的汽车里程表显示百公里的油耗最近比平常低很多，他怀疑数据不准，想编写一个程序，输入加油的钱数以及加油后行驶的公里数，计算出车辆的油耗；再输入一年行驶的公里数，可以计算出一年的用油钱数（假设一年中 95 号汽油的价格始终为 8 元）。

9. 华氏温度转换成摄氏温度。我们国家采用的是摄氏温度进行表示，而西欧、英国、美国等其他国家或地区普遍使用华氏温度进行表示。将华氏温度（F）换算为摄氏温度（C）的计算公式为 C＝（F-32）÷1.8；将摄氏温度（C）换算为华氏温度（F）的计算公式为 F＝C×1.8＋32。请编写一个程序，将用户输入的华氏温度转换成摄氏温度（结果保留整数）。

第3章

Python 的基本流程控制

程序从主体上说都是顺序执行的,例如前面章节中的程序都是按照语句的先后顺序依次执行的。但现实世界中的处理逻辑会更加复杂,因此在多数情况下,需要让程序在总体顺序执行的基础上,根据所要实现的功能选择执行一些语句而不执行另外一些语句,或反复执行某些语句。程序设计时,通常有顺序结构、选择结构和循环结构3种基本结构。

Python 顺序结构就是让程序按照从头到尾的顺序依次执行每一条 Python 代码,不重复执行任何代码,也不跳过任何代码。前面编写的程序都是顺序结构,此处不再展开。

本章学习编程中常用的选择结构和循环结构,从而实现较为复杂的程序逻辑。

学习目标:

(1)理解程序流程控制的概念和作用:程序流程控制是指在程序运行过程中,根据不同的条件和需求,控制程序执行的顺序、循环和跳转等操作。

(2)掌握分支结构:分支结构根据条件判断结果选择执行不同的代码块,主要包括 if 语句、if-else 语句和多分支结构。

(3)掌握循环结构:循环结构用于重复执行某段代码,直到满足特定条件,主要包括 for 循环和 while 循环。

(4)理解循环控制语句:循环控制语句用于改变循环的执行顺序,包括 break(跳出循环)和 continue(跳过本次循环)。

(5)掌握异常处理:异常处理用于捕获程序运行过程中出现的错误,并进行相应的处理,以保证程序的正常运行,主要包括 try-except 语句、raise 语句等。

(6)能够使用流程控制语句解决实际问题:通过实际编程练习,熟练掌握各种流程控制语句的使用,提高解决问题的能力。

3.1　基本语句及顺序结构

语句是 Python 程序的过程构造块,用于定义函数、定义类、创建对象、赋值变量、调用函数、控制分支、创建循环等。Python 语句分为简单语句和复合语句。简单语句包括表达式语句、赋值语句、assert 语句、pass 语句、return 语句、break 语句、continue 语句、import 语句等。

复合语句包括 if 语句、while 语句、for 语句、try 语句、函数定义、类定义等。

计算机在解决某个具体问题时,主要有3种情形,分别是顺序执行所有的语句、选择执行部分语句和循环执行部分语句。对应程序设计中的3种基本结构是顺序结构、选择结构和循环结构。

3.1.1　基本语句

1. 赋值语句

使用赋值符（＝）将右边的值（表达式）赋给左边变量的语句称为赋值语句。例如：

```
name='李福'
age=18
score=82.5
value=3+2j
```

上述 4 条赋值语句分别实现：为变量 name 赋予一个字符串，为变量 age 赋予一个整数，为变量 score 赋予一个浮点数，为变量 value 赋予一个复数。

2. 复合型赋值语句

复合型赋值语句是用复合运算符（包括算术复合运算符和位复合运算符）的赋值语句，包括序列赋值、多目标赋值和复合赋值等。

（1）序列赋值，例如：

```
x,y=10,20
```

序列赋值可以为多个变量分别赋予不同的值，变量之间用英文逗号分隔开，这实际上是利用元组和序列解包（sequence unpacking）实现的。例如：

```
a,b,c,d,e='hello'
```

上述语句的功能是分别将 5 个字符依次赋给 5 个变量，a 的值为"h"，b 的值为"e"其余类推。

又如：

```
name,age,addr,tel=['李四',20,'北京','18601001234']
```

上述语句的功能是分别将右侧的 4 个值赋给左边的 4 个变量，name 的值为"李四"，age 的值为 20，其余类推。

Python 可以通过序列赋值语句实现两个变量值的交换。例如：

```
math=80
english=75
math,english = english,math
```

执行以上两条语句之后，math 与 english 的值发生了互换，math 的值为 75，english 的值为 80。

（2）多目标赋值。多目标赋值就是将同一个值赋给多个变量。例如：

```
x=y=z=20
```

多目标赋值通常只用于赋予数值或字符串这种不可变类型，如果要赋予可变类型（如列表类型），则可能会出现问题。

（3）复合赋值如下。

- ＋＝：加法赋值运算符，例如 c＋＝ a 等效于 c＝c＋a。
- －＝：减法赋值运算符，例如 c－＝ a 等效于 c＝c－a。

- *＝：乘法赋值运算符，例如 c *＝ a 等效于 c ＝ c * a。
- /＝：除法赋值运算符，例如 c/＝ a 等效于 c ＝ c / a。
- %＝：取模赋值运算符，例如 c%＝ a 等效于 c ＝ c % a。
- **＝：幂赋值运算符，例如 c**＝ a 等效于 c ＝ c ** a。
- //＝：取整除赋值运算符，例如 c //＝ a 等效于 c ＝ c// a。

Python 语句涉及许多程序构造要素，将在本书后续章节陆续介绍。

3.1.2   顺序结构

```
语句A
   ↓
语句B
   ↓
语句C
```

图 3-1   顺序结构流程

程序工作的一般流程为：数据输入、运算处理、结果输出。顺序结构是按照从上到下的线性顺序执行的一种结构，程序依次执行，中间没有任何跳转。顺序结构通常用于为了解决某些实际问题，自上而下依次执行各条语句，其流程如图 3-1 所示。

下面通过几个例子学习使用顺序结构解决各种常见问题。

【例 3-1】   编写程序，从键盘输入语文、数学、英语三门功课的成绩，计算并输出平均成绩，要求平均成绩的小数点后保留 1 位。

分析：程序的执行流程为：输入三门功课成绩；计算平均成绩；输出平均成绩。输入时使用转换函数将字符串转换为浮点数，输出时采用格式输出方式控制小数点的位数。

```python
chinese=float(input("请输入您的语文成绩："))
math=float(input("请输入您的数学成绩："))
english=float(input("请输入您的英语成绩："))
average=( chinese + math + english)/3
print("您的平均成绩为：%.1f" % average)
```

运行结果如下：

```
请输入您的语文成绩：80
请输入您的数学成绩：87
请输入您的英语成绩：98
您的平均成绩为：88.3
```

【例 3-2】   编写程序，从键盘输入圆的半径，计算并输出圆的周长和面积。

分析：在计算圆的周长和面积时需要使用 π 的值，Python 的 math 模块中包含常量 pi，通过导入 math 模块可以直接使用该值，然后使用周长和面积公式进行计算即可。

```python
import math
radius=float(input("请输入圆的半径："))
circumference=2 * math.pi * radius
area=math.pi * radius * radius
print("圆的周长为：%.2f" % circumference)
print("圆的面积为：%.2f" % area)
```

运行结果如下：

```
请输入圆的半径：5
圆的周长为：31.42
圆的面积为：78.54
```

3.2　选择结构语句

选择结构就是程序中用来根据条件选择程序走向的结果,又称为分支结构。根据分支数的不同,分支结果可以分为单分支结构和多分支结构,用于解决生活中形形色色的选择问题。

选择结构语句,也称为条件判断语句,即按照条件选择执行不同的代码片段。Python中选择语句主要有 3 种形式,分别为 if 语句、if-else 语句和 if-elif-else 多分支语句。

Python 3.10 中引入了 match case 语法,也称为模式匹配(pattern matching)。match case 语法是一种新的条件分支结构,可以让我们更简捷、更灵活地处理不同类型和形式的数据。

3.2.1　if 语句

Python 中使用 if 保留字来组成选择语句。if 语句仅处理条件成立的情况,其流程如图 3-2 所示。从图中可以看出,当表达式的值为 True 时,执行相应的语句块(一条或多条语句);当表达式的值为 False 时,直接跳出 if 语句,执行其后面的语句。语法格式:

```
if 条件表达式:
    语句块
```

其中,条件表达式可以是一个单纯的布尔值或变量,也可以是比较表达式或逻辑表达式(例如,a＞b and a!＝c),如果表达式为真,则执行“语句块”;如果表达式为假,就跳过“语句块”,继续执行后面的语句。这种形式的 if 语句相当于汉语中的关联词语“如果……就……”。

关键字 if 与表达式之间用空格分隔开,表达式后接英文冒号,语句块中的全部语句均缩进 4 个空格,如图 3-3 所示。

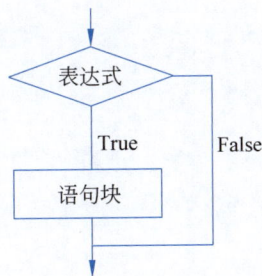

图 3-2　单分支结构流程

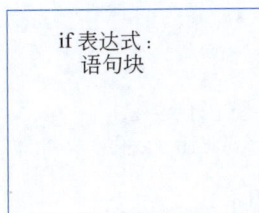

图 3-3　单分支结构书写格式

【例 3-3】　输入姓名和年龄,判断是否成年。

```
name=input("请输入您的姓名: ")
age=int(input("请输入您的年龄: "))
if age>=18:
    print(name,"已经成年")
print("符合驾照考试规定")
```

运行结果如下：

```
请输入您的姓名：李福
请输入您的年龄：20
李福已经成年
符合驾照考试规定
```

使用 if 语句时，如果只有一条语句，语句块可以直接写在冒号"："的右侧，例如，"if a>b：max ＝ a"。但是，为了程序代码的可读性，建议不要这么做。

if 语句使用过程中的常见错误：

（1）if 语句后面未加冒号。

（2）使用 if 语句时，如果在符合条件时，需要执行多个语句，但是，在第二条输出语句的位置没有缩进。

3.2.2　if-else 语句

if-else 语句增加了不符合条件表达式时应执行的语句，即语句产生了分支，可以根据条件表达式的判断结果选择执行哪个语句块，此语句适合于只能二选一的条件。例如，大学毕业是直接就业，还是考研深造。Python 中提供了 if-else 语句解决类似问题，其语法格式如下：

```
if 表达式：
    语句块 1
else：
    语句块 2
```

使用 if-else 语句时，表达式可以是一个单纯的布尔值或变量，也可以是比较表达式或逻辑表达式，如果满足条件，则执行 if 后面的语句块，否则，执行 else 后面的语句块。这种形式的选择语句相当于汉语中的关联词语"如果……否则……"。

【例 3-4】　询问你的年龄，如果年龄大于或等于 18 岁，输出"恭喜！你成年了"，如果小于 18 岁，输出"要满 18 岁才成年，你还差几岁"。

```
age = int(input("你的年龄是: "))
if age >= 18:
    print("恭喜！你成年了")
else:
    diff = str(18 - age)
    print("要年满 18 岁才成年,你还差 " + diff + " 岁")
```

运行结果如下：

```
第一种情况：
你的年龄是：20
恭喜！你成年了
第二种情况：
你的年龄是：15
要年满 18 岁才成年,你还差 3 岁
```

【例 3-5】　编写程序，从键盘输入三条边，判断这三条边是否能够构成一个三角形。如果能，则提示可以构成三角形；如果不能，则提示不能构成三角形。

　　分析：组成三角形的条件是任意两边之和大于第三边，如果条件成立，则能构成三角形；当条件表达式中的多个条件必须全部成立时，条件之间可用 and 运算符连接起来。

```
side1 = float(input("请输入三角形第一条边: "))
side2 = float(input("请输入三角形第二条边: "))
side3 = float(input("请输入三角形第三条边: "))
if (side1 + side2 > side3) and (side2 + side3 > side1)
                       and (side1 + side3 > side2):
    print(side1,side2,side3,"可以构成三角形")
else:
    print(side1,side2,side3,"不能构成三角形")
```

运行结果如下：

```
请输入三角形第一条边: 3
请输入三角形第二条边: 4
请输入三角形第三条边: 5
3.0 4.0 5.0 可以构成三角形
```

3.2.3　if-elif-else 语句

　　if-elif-else 语句主要用于处理多种条件复杂问题判断的情况，从而解决现实生活中复杂的多重选择问题，其流程如图 3-4 所示。

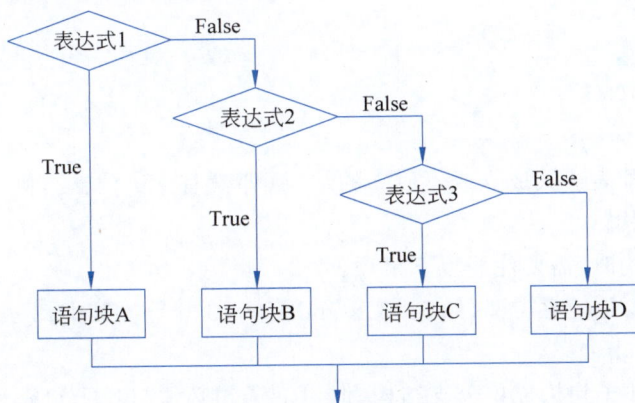

图 3-4　多分支结构流程

　　使用 if-elif-else 语句时，表达式可以是一个单纯的布尔值或变量，也可以是比较表达式或逻辑表达式。如果表达式为 True，执行语句；如果表达式为 False，则跳过该语句，进行下一个 elif 的判断。只有在所有表达式都为 False 的情况下，才会执行 else 中的语句。

　　在图 3-4 中，如果表达式 1 的值为 True，则执行相应的语句块 A；如果表达式 1 的值为 False，则继续判断表达式 2 的值，如果表达式 2 的值为 False，则执行语句块 B；如果表达式 2 的值也为 False，则继续判断表达式 3 的值；其余类推，直到所有的表达式都不满足（条件表达式的个数为 1 个或多个）为止，然后执行 else 后面的语句块。

　　书写格式：关键字 if 与表达式 1 之间用空格分隔开，表达式 1 后接英文冒号；所有关键字 elif 均与关键字 if 左对齐，elif 与后面的各个表达式之间用空格分隔开，表达式后接英文冒号；关键字 else 与关键字 if 左对齐，后接英文冒号；所有语句块左对齐，即所有语句块中的全部语句均缩进 4 个空格，如图 3-5 所示。

```
if 表达式 1：
    语句块 A
elif 表达式 2：
    语句块 B
elif 表达式 3：
    语句块 C
else：
    语句块 D
```

图 3-5   多分支结构书写格式

【例 3-6】   输入两个整数，比较它们的大小并输出其中较大数。

```
x = int(input("请输入第一个整数："))
y = int(input("请输入第二个整数："))
if (x == y):
    print("两数相同!")
elif (x > y):
    print("较大数为: ",x)
else:
    print("较大数为: ",y)
```

运行结果如下：

```
请输入第一个整数：2
请输入第二个整数：3
较大数为：3
```

如果只考虑一种表达式成立或不成立的结果（即没有 elif 分支），则多分支的 if 结构转化为双分支的 if 结构。

在使用分支结构时，需要注意以下事项：

（1）表达式可以是任意类型，如 5＞3、x and y＞z、3、0 等。其中，3 表示恒真（即 True），而 0 表示恒假（即 False）。

（2）可以仅有 if 子句构成单分支结构，但 else 子句必须与 if 子句成对出现，不能出现仅有 else 子句没有 if 子句的情况。

（3）各语句块可以是一条或多条语句，如果是多条语句，则所有语句必须左对齐。

【例 3-7】   编写程序，判断中国合法工作年龄为 18～60 岁，即如果年龄小于 18 的情况为童工，不合法；如果年龄在 18～60 岁为合法工龄；大于 60 岁为法定退休年龄。

```
age = int(input('请输入您的年龄：'))
if age < 18:
    print(f'您的年龄是{age},童工一枚')
elif (age >= 18) and (age <= 60):
    print(f'您的年龄是{age},合法工龄')
elif age > 60:
    print(f'您的年龄是{age},可以退休')
```

运行结果如下：

请输入您的年龄：20
您的年龄是 20，合法工龄

【例 3-8】　编写程序，调用随机函数生成一个 1～100 的随机整数，从键盘输入数字进行猜谜，给出猜测结果(太大、太小、成功)的提示。

　　分析：通过引入 random 模块，可以调用其中的 randint(a,b) 函数产生介于 a 和 b 之间的随机整数(即产生的随机数大于等于 a 且小于等于 b)，然后从键盘输入一个数字与该随机数进行比较，并输出判断结果。

```python
import random
randnumber=random.randint(1,100)
guess=int(input("请输入您的猜测: "))
if guess>randnumber:
    print("您的猜测太大")
elif guess<randnumber:
    print("您的猜测太小")
else:
    print("恭喜您猜对了")
```

运行结果如下：

请输入您的猜测：20
您的猜测太小

3.2.4　if 分支语句嵌套

　　分支嵌套是指某个分支结构中嵌套另一个分支结构。if 嵌套语句是指 if 语句中还可以包含一个或多个 if 语句。当有多个条件需要满足并且条件之间有递进关系时，可以使用分支语句的嵌套。其中，if 子句、elif 子句以及 else 子句中都可以嵌套 if 子句或 if-elif-else 子句。

　　书写格式：嵌套的 if 语句要求以锯齿形缩进格式书写，以便分清层次关系。

【例 3-9】　我国的婚姻法规定，男性 22 岁为合法结婚年龄，女性 20 岁为合法结婚年龄。因此如果要判断一个人是否到了合法结婚年龄，首先需要使用双分支结构判断性别，再用递进的双分支结构判断年龄，并输出判断结果。

```python
sex=input("请输入您的性别(M 或 F): ")
age=int(input("请输入您的年龄: "))
if sex=='M':
    if age>=22:
        print("达到合法结婚年龄")
    else:
        print("未到合法结婚年龄")
else:
    if age>=20:
        print("达到合法结婚年龄")
    else:
        print("未到合法结婚年龄")
```

运行结果如下：

```
请输入您的性别(M 或 F)：F
请输入您的年龄：28
到达合法结婚年龄
```

【例 3-10】 编写程序,从键盘输入用户名和密码,要求先判断用户名再判断密码,如果用户名不正确,则直接提示用户名输入有误;如果用户名正确,则进一步判断密码,并给出判断结果的提示。

分析: 因为要求先判断用户名再判断密码,所以本程序的一种做法是使用 if 语句的嵌套,外层 if 语句用于判断用户名,用户名正确时进入内层 if 语句判断密码并给出判断结果,如果用户名不正确,则直接给出错误提示。

```
username=input("请输入您的用户名: ")
password=input("请输入您的密码: ")
if username=="admin":
    if password=="123456":
        print("输入正确,恭喜进入!")
    else:
        print("密码有误,请重试!")
else:
    print("用户名有误,请重试!")
```

运行结果如下:

```
请输入您的用户名：admin
请输入您的密码：123456
输入正确,恭喜进入!
```

【例 3-11】 编写程序,开发一个小型计算器,从键盘输入两个数字和一个运算符,根据运算符(＋、－、＊、/)进行相应的数学运算,如果不是这 4 种运算符,则给出错误提示。

分析: 因为需要根据 4 种运算符号的类别执行相应的运算,所以使用多分支 if-elif-else 语句;对于除法运算而言,由于除数不能为 0,因此需要使用嵌套的 if 语句来判断除数是否为 0,并执行相应的运算。

```
first=float(input("请输入第一个数字: "))
second=float(input("请输入第二个数字: "))
sign=input("请输入运算符号: ")
if sign=='+':
    print("两数之和为: ",first+second)
elif sign=='-':
    print("两数之差为: ",first-second)
elif sign=='*':
    print("两数之积为: ",first*second)
elif sign=='/':
    if second!=0:
        print("两数之商为: ",first/second)
    else:
        print("除数为 0 错误!")
else:
    print("符号输入有误!")
```

运行结果如下:

```
请输入第一个数字:2
请输入第二个数字:3
请输入运算符号:+
两数之和为:5.0
```

if 选择语句可以有多种嵌套方式,开发程序时可以根据自身需要选择合适的嵌套方式,但一定要严格控制好不同级别代码块的缩进量。

3.3 循 环 结 构

循环问题体现在日常生活的方方面面,例如,学生上学,每天从宿舍到教室,往返于这两个点。类似这样反复做同一件事的情况,称为循环。循环结构是指程序执行过程中根据条件反复执行某个语句块的结果。构造循环需要四要素,分别为初始状态、循环条件、要重复做的事情和循环控制。

循环主要有两种类型:重复一定次数的循环,称为计次循环,如 for 循环;一直重复,直到条件不满足时才结束的循环,称为条件循环,只要条件为真,这种循环会一直持续下去,如 while 循环。因此,for 循环用于已知循环次数的场合,程序通过循环将所有满足条件的元素依次"遍历"全部;而 while 循环适合于循环次数未知的场合,通过判断条件是否成立,让某个语句块反复执行。

3.3.1 while 循环语句

while 循环语句是 Python 的一种循环语句,它可以控制一条或多条语句在指定的条件下进行循环操作,直到条件不满足为止。while 语句用于在满足循环条件时重复执行某件事情,其流程如图 3-6 所示。

从图中可以看出,当表达式的值为真(True)时,执行相应的语句块(循环体),然后再次判断表达式的值,如果为真,则继续执行语句块;当表达式的值为假(False)时,检查其后面是否有 else 子句(因为该语句为可选的,所以图 3-6 中未画出),如果有,则执行 else 子句;如果没有,则直接跳出 while 语句,执行其后面的语句。

图 3-6 while 循环结构流程

while 循环语句的语法格式:

```
while 条件表达式:
    循环体
```

其中,条件表达式可以是任何表达式,根据表达式的值(True 或 False),决定是否执行循环体。循环体是指一组被重复执行的语句。

【例 3-12】 将"不忘初心"输出 3 次。

```
i=1
while i <= 3:
    print("不忘初心")
    i=i+1
```

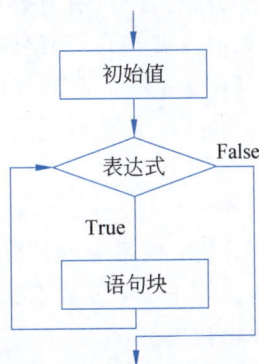

运行结果如下:

```
不忘初心
不忘初心
不忘初心
```

在使用 while 语句时,需要注意以下事项。

(1) 与 if 语句类似,while 语句的表达式可以是任意类型,如 x!=y、x>3 or x<5、−5 等。

(2) 循环体中的语句块有可能一次也不执行,例 3-12 中若初始值 i=4,则语句块一次也不会执行。

(3) 语句块可以是一条或多条语句,例 3-12 中 while 子句中的语句块为两条语句,else 子句中的语句块为一条语句。

(4) 程序中需要包含使循环结束的语句,例 3-12 中若缺少语句 i=i+1,则程序无法终止,形成死循环。在 while 循环中,如果表达式的值恒为真,循环将一直执行下去,无法靠自身终止,从而产生死循环。例如:

```
while 1:
    print("Python 是一门编程语言")
```

书写程序时,有时要尽量避免死循环,但在某些特定场合中死循环却具有十分重要的作用,如嵌入式编程、网络编程等。

【例 3-13】 编写程序,利用下列公式计算 π 的近似值,直到最后一项的绝对值小于 10^{-6} 为止。

$$\frac{\pi}{4} \approx 1 - \frac{1}{3} + \frac{1}{5} - \frac{1}{7} + \frac{1}{9} - \cdots$$

分析:观察 π 的计算公式可知,循环变量的初始值为 1,循环条件为循环变量的绝对值大于或等于 10^{-6},循环变量值的变化规律如上式所示,每项的分母比上一项增加 2,符号与上一项相反。

```
import math
n=1                          #变量自增值
t=1                          #每项值
total=0                      #用于记录 π/4 的过程值
flag=1                       #标记位
while math.fabs(t)>=1e-6:     #当每项值的绝对值大于或等于 1e-6 时进行计算
    total=total+t
    flag=-flag
    n=n+2
    t=flag * 1.0/n
print("π=%f" % (total * 4))
```

运行结果如下:

```
π=3.141591
```

【例 3-14】 取款机输入密码模拟。一般在取款机上取款时需要输入 6 位银行卡密码,接下来我们模拟一个简单的取款机(只有一位密码),每次要求用户输入一位数字密码,如果密码正确就输出"密码正确,正进入系统!";如果输入错误则输出"密码错误,已经输错 * 次",连续错误输入 6 次后输出"密码已经错误 6 次,请与发卡行联系!"。

　　分析:默认密码为 0,每次输入一个字符,连续错误输入 6 次后提醒,并退出。

```
password=0
i = 1
while i < 7:
    num = input("请输入一位数字密码: ")
    num = int(num)
    if num == password:
        print("密码正确,正在进入系统!")
        i=7
    else:
        print("密码错误,已经输错",i,"次")
    i += 1
if i == 7:
    print("密码已经错误 6 次,请与发卡行联系!")
```

运行结果如下:

```
请输入一位数字密码: 6
密码错误,已经输错 1 次
请输入一位数字密码: 2
密码错误,已经输错 2 次
请输入一位数字密码: 0
密码正确,正在进入系统!
```

3.3.2　for 语句和内置函数 range()

　　for 循环语句是一个计次循环,通常适用于枚举或遍历序列,以及迭代对象中的元素。一般应用在循环次数已知的情况下。基本语法格式如下:

```
for 迭代变量 in 对象:
    循环体
```

其中,迭代变量(一般为临时变量)用于保存读取出的值;对象为要遍历或迭代的对象,该对象可以是任何有序的序列对象,如字符串、列表和元组等;循环体为一组被重复执行的语句。

1. 进行数值循环

　　在使用 for 循环时,最基本的应用就是进行数值循环。循环可以帮助我们解决很多重复的输入或计算问题。例如,利用数值循环输出 3 遍"不忘初心"的代码如下:

```
for i in [1,2,3]:
    print("不忘初心")
```

　　【例 3-15】　利用数值循环输出列表["pku"、"tsinghua"、"fudan"、"sjtu"、"nju"、"zju"、"ustc"]中的值。

```
for i in ["pku","tsinghua","fudan","sjtu","nju","zju","ustc",
        "hit", xjtu]:
    print(i)
```

运行结果如下：

```
pku
tsinghua
fudan
sjtu
nju
zju
ustc
```

利用列表可以输出一些简单重复的内容，但如果循环次数过多，如要实现 1～100 的整数累加，可以使用 range() 函数。

range() 是 Python 的内置函数，用于生成一系列连续增加的整数，可以生成一个整数序列，多用于 for 循环语句中。其语法格式如下：

```
range(start, end, step)
```

参数说明如下。

- start：用于指定计数的起始值，可以省略，如果省略，则默认值为 0。
- end：用于指定计数的结束值（但不包括该值，如 range(7) 得到的值为 0～6，不包括 7），不能省略。当 range() 函数中只有一个参数时，即表示指定计数的结束值。
- step：用于指定步长，即两个数之间的间隔，可以省略，如果省略则表示步长为 1。例如，rang(1,7) 将得到 1～6。

若指定 step 为 0，则抛出 ValueError 异常。

- 当 step 为正时，range 的值由公式 $r[i]=start+step * i$ 得出，而 $i>=0$ 并且 $r[i]<step$。
- 当 step 为负时，range 的值由公式 $r[i]=start+step * i$ 得出，而 $i>=0$ 并且 $r[i]>step$。

在使用 range() 函数时，如果只有一个参数，那么表示指定的是 end；如果是两个参数，则表示指定的是 start 和 end；只有三个参数都有时，最后一个表示步长。

【例 3-16】 计算 $1+2+3+4+\cdots+100$ 的结果。

```
print("计算 1+2+3+4+…+100 的结果为：")
result=0
for i in range(1,101,1):
    result += i
print(result)
```

运行结果如下：

```
计算 1+2+3+4+…+100 的结果为：
5050
```

上述代码中，range(1,101,1) 函数得到数字 1～100 的有序数列，循环变量 i 每遍历序列中的一个值，循环语句 result += i 就执行一次，遍历完序列后退出循环，输出结果。

2. 遍历字符串

使用 for 循环语句除了可以循环数值，还可以逐个遍历字符串。

【例 3-17】　以遍历方式计算出字符串"黑化肥发灰会挥发;灰化肥挥发会发黑"中"发"在该字符串中出现的次数。

```
word = '黑化肥发灰会挥发;灰化肥挥发会发黑'
sum = 0
for letter in word:
    if letter == '发':
        sum += 1
print(sum)
```

运行结果如下：

```
4
```

【例 3-18】　编写程序,解决以下问题。

4 个人中有一人做了好事,已知有 3 个人说了真话,根据下面对话判断是谁做的好事。

A 说：不是我；

B 说：是 C；

C 说：是 D；

D 说：C 胡说。

分析：做好事的人是 4 个人其中之一,因此可以将 4 个人的编号存入列表中,然后使用 for 循环依次判断；有 3 个人说了真话,将编号依次代入,使用 if 语句判断是否满足"三人说了真话"(3 个逻辑表达式的值为真)的条件,如果满足,则输出结果。

```
for iNum in ['A', 'B', 'C', 'D']:
    if (iNum != 'A')+ (iNum == 'C') + ( iNum== 'D')+ (iNum != 'D') == 3:
        print(iNum, "做了好事!")
```

运行结果如下：

```
C 做了好事!
```

3. 迭代对象

从理论上来说,循环对象和 for 循环调用之间还有一个中间层,该层将循环对象转换可迭代对象。这一转换通过使用 iter() 函数实现。但从逻辑层面上,常常可以忽略这一层,所以循环对象和可迭代对象常常相互指代对方。

后续章节所要讲述的列表、元组、字符串、集合等都是可迭代对象。所谓可迭代对象,指的是可以返回一个迭代器的对象。如果不清楚哪个是可迭代对象,可以通过 Python 的 iter() 内置函数测试。比如 print(iter(range(1,100,1))),运行后显示"＜range_iterator object at 0x000000000209F750＞",即 iter() 函数为 range 返回了 range_iterator 对象。

3.3.3　循环语句嵌套

在 Python 中,允许在一个循环体中嵌入另一个循环,这称为循环嵌套。Python 中的 for 循环和 while 循环都可以进行相互循环嵌套,即 for 循环中还可嵌套有 for 循环或 while 循环,while 循环中也可嵌套有 for 循环或 while 循环。

为了解决复杂的问题,可以使用循环语句的嵌套,虽然嵌套层数不限,但一般情况下,循环嵌套最多到 3 层，且循环的内外层之间不能交叉。其中，双层循环是一种常用的循环嵌套，循环的总次数等于内外层次数之积。例如：

```
for i in range(1,3):
    for j in range(1,4):
        print (i*j,end=" ")
```

当外层循环变量 i 的值为 1 时，内层循环 j 的值从 1 开始，输出 i*j 的值并依次递增，因此输出"1 2 3"，内层循环执行结束；然后回到外层循环，i 的值递增为 2，内层循环变量 i 的值重新从 1 开始，输出 i*j 的值，并依次递增，输出"2 4 6"。因此，程序的最终运行结果为"1 2 3 2 4 6"。

【例 3-19】　编写程序，使用双重循环输出九九乘法表。

分析：由于需要输出 9 行 9 列的二维数据，因此需要使用双重循环，外层循环用于控制行数，内层循环用于控制列数。为了规范输出格式，可以使用 print 语句的格式控制输出方式，其中，"\t"的作用是跳到下一个制表位。

```
for i in range(1,10):
    for j in range(1,i+1):
        d = i * j
        print('%d*%d=%-2d'%(j,i,d),end = ' ')
    print()
```

运行结果如下：

```
1*1=1
1*2=2 2*2=4
1*3=3 2*3=6  3*3=9
1*4=4 2*4=8  3*4=12 4*4=16
1*5=5 2*5=10 3*5=15 4*5=20 5*5=25
1*6=6 2*6=12 3*6=18 4*6=24 5*6=30 6*6=36
1*7=7 2*7=14 3*7=21 4*7=28 5*7=35 6*7=42 7*7=49
1*8=8 2*8=16 3*8=24 4*8=32 5*8=40 6*8=48 7*8=56 8*8=64
1*9=9 2*9=18 3*9=27 4*9=36 5*9=45 6*9=54 7*9=63 8*9=72 9*9=81
```

【例 3-20】　编写程序，使用双重循环输出如图 3-7 所示三角形图案。

```
        *
       ***
      *****
     *******
    *********
```

图 3-7　三角形图案

分析：观察可知，图形包含 5 行，因此外层循环执行 5 次；每行内容由三部分组成，第一部分为输出空格，第二部分为输出星号，第三部分为输出回车符，可以分别通过两个 for 循环和一条 print 语句实现。

```
for i in range(1,6):
    for j in range(5-i):
        print(" ",end=" ")
```

```
        for j in range(1,2 * i):
            print("* ",end=" ")
    print("\n")
```

3.4　转移和中断语句

当循环条件一直满足时,程序将会一直执行下去。如果希望在中途离开循环,也就是在 for 循环结束计数之前,或 while 循环找到结束条件之前离开循环,有两种途径来做到:

(1) 使用 break 语句完全中止循环。

(2) 使用 continue 语句直接跳到下一次循环。

3.4.1　break 语句

break 语句可以终止当前离它最近一级的循环,包括 while 和 for 在内的所有控制语句。以独自一人沿着操场跑步为例,原计划跑 10 圈,可是在跑到第 3 圈时,感觉身体不适,于是果断停下来,终止跑步,这就相当于使用了 break 语句提前终止了循环。

break 语句的语法比较简单,只需要在相应的 while 或 for 语句中加入即可。break 语句一般会结合 if 语句进行使用,表示在某种条件下,跳出循环。如果使用嵌套循环,break 语句将跳出最内层的循环。

1. 在 while 语句中使用 break 语句

一般语法格式:

```
while 条件表达式 1:
    执行代码
    if 条件表达式 2:
        break
```

其中,条件表达式 2 用于判断何时调用 break 语句跳出循环。

【例 3-21】 输出字母或数字的 ASCII 值。编写一个程序,用户输入字母和数字时,输出该字母或数字的 ASCII 值。当用户输入某个数字或字母时,退出程序(数字 0～9 的 ASCII 值为 48～57,字母 A～Z 和 a～z 的 ASCII 值分别为 65～90 和 97～122)。

分析:通过 ord() 函数判断字符的 ASCII 码值,如果输入字母或数字,输出 ASCII 值;如果遇到 7 退出。

```
strnum="0"
while ord(strnum) != 55:         #输入数字 7,输出 7 的 ASCII 值,然后退出程序
    strnum = input("请输入一个字母或数字: ")
    if len(strnum) == 1:
        if ord(strnum) in range(65,91) or ord(strnum) in range(97,123)
                or ord(strnum) in range(48,58):
            print(ord(strnum))
        else:
            print("输入字符不合法,退出程序!")
            break
```

```
else:
    print("输入长度超过一个字符,请重新输入")
    strnum="0"
```

【例 3-22】 编写重复猜数游戏。要求：如果没有猜对,提示是猜大了或小了;如果猜对了,提示正确,并显示猜了多少次。

```
import random
#生成随机数(包含两端)
random_number = random.randint(1, 100)


count = 0
while True:
    count+=1
    input_number = int(input("请输入: "))
    if input_number > random_number:
        print("大了")
    elif input_number < random_number:
        print("小了")
    else:
        print("正确,猜了"+str(count)+"次")
        break
```

运行结果如下：

```
请输入: 68
小了
请输入: 98
大了
请输入:
```

由于是随机产生的数,每次运行的判断是不同的。

2. 在 for 语句中使用 break 语句

一般语法格式：

```
for 迭代变量 in 对象:
    if 条件表达式:
        break
```

其中,条件表达式用于判断何时调用 break 语句跳出循环。

【例 3-23】 输入一个整数,判断是否为素数。只能被 1 和自身整除的数称为素数。例如,要判断 9 是否为素数,可判断 9 能否被 2~8 的数整除：如果能,说明不是素数;如果都不能,说明是素数。

```
number = int(input("请输入整数:"))
if number < 2:
    print(f"{number}不是素数")
else:
    for i in range(2, number):        #9    2~8
        if number % i == 0:
            print(f"{number}不是素数")
```

```
        break    #如果有结论了,就不需要再与后面的数字比较了
    else:
        print(f"{number}是素数")
```

运行结果如下:

```
请输入整数:8
8 不是素数
```

3. 半路循环

前面介绍过死循环的概念。在死循环程序中,通过添加 break 语句终止程序的执行,称为半路循环。

【例 3-24】　通过输入一行字符,演示半路循环的使用。

```
number=1
while 1:
    print("Python 是一门编程语言")
    if number>=5:
        break
    number=number+1
```

运行结果如下:

```
Python 是一门编程语言
Python 是一门编程语言
Python 是一门编程语言
Python 是一门编程语言
Python 是一门编程语言
```

3.4.2　continue 语句

continue 语句的作用没有 break 语句强大,它只能终止本次循环而提前进入到下一次循环中。

continue 语句的语法比较简单,只需在相应的 while 或 for 语句中加入即可。continue 语句一般会结合 if 语句进行使用,表示在某种条件下,跳过当前循环的剩余语句,然后继续进行下一轮循环。如果使用嵌套循环,continue 语句将只跳过最内层循环中的剩余语句。

1. 在 while 语句中使用 continue 语句

一般语法格式如下:

```
while 条件表达式 1:
    执行代码
    if 条件表达式 2:
        continue
```

其中,条件表达式 2 用于判断何时调用 continue 语句跳出循环,开始下一次循环。

【例 3-25】　编写程序,从键盘输入密码,如果密码长度小于 6,则要求重新输入;如果长度等于 6,则判断密码是否正确,如果正确则中断循环,否则提示错误并要求继续输入。

分析:因为程序没有规定执行次数,所以循环条件设置为恒真,首先判断输入长度,如

果输入长度过短，则直接使用 continue 语句中断本轮循环并进入下一轮输入；如果输入长度正确，则进行密码判断，如果正确，则使用 break 语句中断循环，否则提示错误并进入下一轮输入。

```
while True:
    password=input("请输入密码：")
    if len(password)<6:
        print("长度为 6 位，请重试！")
        continue
    if password=="123456":
        print("恭喜您，密码正确！")
        break
    else:
        print("密码有误，请重试！")
```

运行结果如下：

```
请输入密码：123
长度为 6 位，请重试！
请输入密码：123456
恭喜您，密码正确！
```

2. 在 for 语句中使用 continue 语句

一般语法格式如下：

```
for 迭代变量 in 对象:
    if 条件表达式:
        continue
```

其中，条件表达式用于判断何时调用 continue 语句跳出循环。

【例 3-26】　编写程序，从键盘输入一段文字，如果其中包括"色"字（可能出现 0 次、1 次或多次），则输出时过滤掉该字，其他内容原样输出。

分析：从键盘输入的一段文字为字符串，可以使用 for 循环依次取出其中的每个字，然后通过 if 语句进行判断，如果有"色"字，则使用 continue 语句跳出本次循环（不输出该字），进入下一轮循环条件的判断。

```
sentence=input("请输入一段文字：")
for word in sentence:
    if word=="色":
        continue
    print(word,end="")
```

运行结果如下：

```
请输入一段文字：谈虎色变
谈虎变
```

【例 3-27】　"逢七拍腿"游戏。几个朋友一起玩"逢七拍腿"游戏，即从 1 开始依次数数，当数到 7（包括尾数是 7 的情况）或 7 的倍数时，则不说出该数，而是拍一下腿。现在编写程序，计算从 1 数到 99，一共要拍多少次腿（前提是每个人都没有出错的情况下）？

解题思路：通过在 for 循环中使用 continue 语句实现"逢七拍腿"游戏，即计算从 1 数到

100(不包括 100)，一共要拍多少次腿？

```
total=99
for num in range(1,100):
    if num % 7 == 0:
        continue
    else:
        strnum =str(num)
        if strnum.endswith('7'):     #判断是否 7 为尾数
            continue
    total -= 1
print("从 1 数到 99 共拍腿",total,"次")
```

运行结果如下：

从 1 数到 99 共拍腿 22 次

3.4.3　pass 语句

在 Python 中还有 pass 语句，表示空语句。即，它不做任何事情，一般只起到占位作用，目的是保持程序结构的完整性。

【例 3-28】　应用 for 循环输出 10～20(不包括 20)的偶数，当不是偶数时，应用 pass 语句占个位置，方便以后对不是偶数的数进行处理。

```
for i in range(10,20):
    if i%2 == 0:
        print(i,end=' ')
    else:
        pass
```

运行结果如下：

10 12 14 16 18

3.5　while-else 与 for-else 语句

与其他编程语言不一样的是，Python 还支持这样的语法：while-else 与 for-else 语句。当 while-else 和 for-else 中有 break 或 return 时，会跳出 while 语句块，又因为 while 和 else 是一个整体，所以会跳出 else 语句，不执行 else 语句，因此，只要没有 break 或 return，不管 while 是否执行，都会执行 else 语句(有 continue 也可以执行 else 语句)。

3.5.1　while-else 语句

while-else 有点类似于 if-else，在 Python 中 while 只要遇到了 else 就意味着这个条件已经不在 while 循环中了。

【例 3-29】　编写程序，随机产生骰子的一面(数字 1～6)，给用户三次猜测机会，程序给出猜测提示(偏大或偏小)。如果某次猜测正确，则提示正确并中断循环；如果三次均猜错，则提示机会用完。

分析：使用随机函数产生随机整数，设置循环初值为 1，循环次数为 3，在循环体中输入猜测并进行判断，如果密码正确则使用 break 语句中断当前循环。

```python
import random
point=random.randint(1,6)
count=1
while count<=3:
    guess=int(input("请输入您的猜测："))
    if guess>point:
        print("您的猜测偏大")
    elif guess<point:
        print("您的猜测偏小")
    else:
        print("恭喜您猜对了")
        break
    count=count+1
else:
    print("很遗憾,三次全猜错了!")
```

运行结果如下：

```
请输入您的猜测：6
您的猜测偏大
请输入您的猜测：1
您的猜测偏小
请输入您的猜测：3
您的猜测偏小
很遗憾,三次全猜错了!
```

3.5.2　for-else 语句

在 Python 中的 for 循环之后还可以有 else 语句，其作用是当 for 循环中的 if 条件一直不满足时，最后就执行 else 语句。在 for 循环中如果有 break，循环会在 if 条件满足时退出，后面的 else 语句就不执行。

【例 3-30】　for-else 语句应用示例——猜年龄游戏，通过输入一个年龄，然后判断是猜大了还是猜小了。若超过 3 次，则提示"对不起，次数到了！"。

```python
age_old_boy = 60
for i in range(3):
    guess_age = int(input("请输入年龄："))
    if guess_age == age_old_boy:
        print("猜对了!")
        break
    elif guess_age > age_old_boy:
        print("猜大了!")
    else:
        print("猜小了!")
else:
    print("对不起,次数到了!")
```

运行结果如下：

```
请输入年龄：28
猜小了！
请输入年龄：56
猜小了！
对不起，次数到了！
```

3.6 程序的错误与异常处理

3.6.1 程序的错误与处理

Python 程序的错误通常可以分为三种类型，即语法错误、运行时错误和逻辑错误。

1. 语法错误

Python 程序的语法错误是指其源代码中拼写语法错误，这些错误导致 Python 编译器无法把 Python 源代码转换为字节码，故也称之为编译错误。程序中包含语法错误时，编译器将显示 SyntaxError 错误信息。

通过分析编译器抛出的语法错误信息，仔细分析相关位置的代码，可以定位并修改程序错误。

2. 运行时错误

Python 程序的运行时错误是指在解释执行过程中产生的错误。例如，如果程序中没有导入相关的模块（例如，import random）时，解释器将在运行时抛出 NameError 错误信息；如果程序中包括零除运算，解释器将在运行时抛出 ZeroDivisionError 错误信息；如果程序中试图打开不存在的文件，解释器将在运行时抛出 FileNotFoundError 错误信息。

通过分析解释器抛出的运行时错误信息，仔细分析相关位置的代码，可以定位并修改程序错误。

3. 逻辑错误

Python 程序的逻辑错误是程序可以执行（程序运行本身不报错），但运行结果不正确。对于逻辑错误，Python 解释器无能为力，需要编程人员根据结果来调试判断。

3.6.2 程序的异常与处理

Python 语言采用结构化的异常处理机制。

在程序运行过程中，如果出现错误，Python 解释器会创建一个异常对象，并抛给系统运行时（runtime）处理，即程序终止正常执行流程，转而执行异常处理流程。

在某种特殊条件下，代码中也可以创建一个异常对象，并通过 raise 语句，抛给系统运行时处理。异常对象是异常类的对象实例。Python 异常类均派生于 BaseException。常见的异常包括 NameError、SyntaxErr、AttributeError、TypeError、ValueError、ZeroDivisionError、IndexError、KeyError 等。在应用程序开发过程中，有时候需要定义应用程序的特定异常类，表示应用程序的一些错误类型。

当程序中引发异常后，Python 虚拟机通过调用堆栈查找相应的异常捕获程序：通过 try 语句来定义代码块，以运行可能抛出异常的代码；通过 except 语句，可以捕获特定的异常并执行相应的处理；通过 finally 语句，可以保证即使产生异常（处理失败），也可以在事后清理资源等。

try-except-else-finally 语法格式如下。

```
try:
    可能产生异常的语句
except Exception1:                    #捕获异常 Exception1
    发生异常时执行的语句
except (Exception2, Exception3):      #捕获异常 Exception2、Exception3
    发生异常时执行的语句
except Exception4 as e:               #捕获异常 Exception4,实例为 e
    发生异常时执行的语句
except:                               #捕获其他所有异常。
    发生异常时执行的语句
else:                                 #无异常
    无异常时执行的语句
finally:                              #不管发生异常与否,保证都将执行
    不管发生异常与否,保证都将执行的语句
```

【例 3-33】 通过两个数相除，演示 try-except-else-finally 的应用示例。
实现代码如下。

```
try:
    num1 = int(input('请输第一个数字：'))
    num2 = int(input('请输入第二个数：'))
    if num1 <= 10:
        raise Exception('输入的值太小了,有可能不够除！')
    result=num1/num2
    print('计算结果：', result)
except ZeroDivisionError:
    print('出错了,除数不能为零!!! ')
except ValueError as e:
    print('输入错误,只能是整数：', e)
else:
    print('计算完成…')
finally:
    print('程序运行结束。')
```

运行结果如下：

```
请输第一个数字：15
请输入第二个数：0
出错了,除数不能为零!!!
程序运行结束
```

由上述例子可以看出，Python 提供了 try-except 语句捕获并处理异常。在使用时，把可能产生异常的代码放在 try 语句块中，把处理结果放在 except 语句块中，这样当 try 语句块中的代码出现错误时，就会执行 except 语句块中的代码，如果 try 语句块中的代码没有错误，那么 except 语句块将不会被执行。

3.7   循环与选择结构综合应用案例

借助用 for 循环实现 ATM 系统登录,首先,输入用户名和密码,然后判断用户名和密码是否正确(username='admin',userpwd='abc'),其中,登录仅有三次机会,超过 3 次会报错,并提示将吞卡。

用户登录情况有 3 种:

- 用户名错误(此时无须判断密码是否正确):登录失败。
- 用户名正确、密码错误:登录失败。
- 用户名正确、密码正确:登录成功。

具体实现:

```python
print('欢迎使用 ATM 系统'.center(20,'*'))
#记录登录次数
count = 0
for i in range(3):
    #接收用户输入的用户名和密码
    print("请输入用户名和密码: ")
    username = input('用户名:')
    userpwd = input('密码:')
    #每输入一次登录次数便加 1
    count += 1
    #判断用户名是否正确
    if username == 'admin':
        #判断密码是否正确
        if userpwd == 'abc':
            print('登录系统成功! ')
            #登录成功则退出系统
            break
        else:
            print('登录失败,密码错误!')
            #总的次数为 3,剩余次数即为(3-登录次数)
            print('你还有%s 次机会' %(3-count))
    else:
        print('登录失败,该用户不存在!')
        print('你还有%s 次机会' %(3-count))
else:
    print('很抱歉,已吞卡。请联系管理员。')
```

运行结果如下:

```
*****欢迎使用 ATM 系统******
请输入用户名和密码:
用户名:admin
密码:123
登录失败,密码错误!
你还有 2 次机会
```

```
请输入用户名和密码：
用户名：root
密码：abc
登录失败，该用户不存在！
你还有 1 次机会
请输入用户名和密码：
用户名：admin
密码：abc
登录系统成功！
```

3.8   本 章 小 结

本章详细介绍了选择结构语句、循环结构语句、break 和 continue 语句以及 pass 语句、match-case 语句、程序错误与异常处理的概念及用法。

在程序中，语句是程序完成一次操作的基本单位，而流程控制语句是用于控制语句的执行顺序。本章要重点掌握 if 语句、while 语句、for 语句和 match-case 语句的用法。

3.9   习   题

1. 有一个三位整数，请逆序输出其各位数字。比如有 123，输出为 321。

2. 设计一个温度换算器，实现华氏度、摄氏度、开氏度之间的相互转换。其中，摄氏度＝(华氏度－32)/1.8；华氏度＝摄氏度×1.8＋32；开氏度＝摄氏度＋273.15。

3. 输入一个整数，判断如果是奇数则显示奇数，否则显示偶数。

4. 输入一个整数，如果是整数则打印"正数"；如果是负数则打印"负数"；如果是零则打印"零"。

5. 输入出生年和月，然后计算下一个生日距离今天还有多少天。

6. 输入一个年份，如果是闰年则显示闰年，否则显示平年。

7. 设计一个收款程序，如果金额不足，提示还差多少钱；如果金额够，提示应找回多少钱。其中，如果总金额达到 100 元，打九折。

8. 输入一个季度，首先判断是否是 1～4，然后判断该季度有哪几个月份，并显示该季度中的月份。

9. 输入一个月份，首先判断是否是 1～12，然后判断返回该月份的天数。

10. 输入两个整数，一个作为开始值，一个作为结束值，然后输出中间的数字。

11. 编写随机加法考试程序。要求是随机产生两个数字，相加结果，总共 10 道题。如果输入正确成绩累加 2 分；如果输入错误成绩扣除 5 分。

12. 应用 continue 语句，计算累加 1～100 中能被 3 整除的整数和。

13. 编写一个程序，找出所有的水仙花数（所谓水仙花数，就是一个 3 位数等于各位数字的立方和，则称这个数为水仙花数）。

14. 爱因斯坦曾出过这样一道有趣的数学题：有一个长阶梯，若每步上 2 阶，最后剩 1 阶；若每步上 3 阶，最后剩 2 阶；若每步上 5 阶，最后剩 4 阶；若每步上 6 阶，最后剩 5 阶；只有每步上 7 阶,最后刚好一阶也不剩。请编程求解该阶梯至少有多少阶。

15. 设计一个验证用户密码程序,用户只有三次机会输入错误,不过如果用户输入的内容中包含"＊"则不计算在内。

16. 利用 match-case 语句判断本月有几天。编写程序,输入年份和月份,输出本月有多少天。合理选择分支语句完成设计任务。

样例输入 1:

2004 2

输出结果 1:

本月 29 天

样例输入 2:

2010 4

输出结果 2:

本月 30 天

第 4 章

Python 的 4 种典型序列结构

在数学里,序列也称为数列,是指按照一定顺序排列的数。在程序设计中,序列是一种常用的数据存储方式,几乎每一种程序设计语言都提供了类似的数据结构,例如,C 语言或 Java 中的数组等。

在 Python 中,序列是最基本的数据结构,是一块用于存放多个值的连续内存空间。Python 中内置了 4 个常用的序列结构,分别是列表、元组、集合和字典。

学习目标:

(1) 理解序列的基本概念:序列是一种线性的数据结构,元素之间有固定的顺序。每个元素都有一个位置索引,第一个元素的索引是 0,第二个是 1,以此类推。

(2) 掌握列表(List)的使用:了解列表的基本概念、创建方法、常用操作(如添加、删除、修改元素等)以及列表推导式。

(3) 掌握元组(Tuple)的使用:了解元组的基本概念、创建方法、常用操作以及与列表的区别。

(4) 掌握字典(Dictionary)的使用:了解字典的基本概念、创建方法、常用操作(如添加、删除、修改键值对等)以及字典的常用方法。

(5) 掌握集合(Set)的使用:了解集合的基本概念、创建方法、常用操作(如添加、删除、交集、并集等)以及与列表的区别。

(6) 掌握列表推导式、字典推导式、集合推导式等表达式的使用。

(7) 掌握字符串(String)的使用:了解字符串的基本概念、创建方法、常用操作(如拼接、分割、替换等)以及字符串的常用方法。

4.1 序　　列

4.1.1　序列概述

序列是一块用于存放多个值的连续内存空间,并且按一定顺序排列,每一个值(称为元素)都分配一个数字,称为索引或位置。通过该索引可以取出相应的值。例如,我们可以把一家酒店看作一个序列,那么酒店里的每个房间都可以看作这个序列的元素,而房间号就相当于索引,可以通过房间号找到对应的房间。

4.1.2　序列的基本操作

1. 索引

序列中的每一个元素都有一个编号,也称为索引。这个索引是从 0 开始递增的,即下标为 0 表示第一个元素,下标为 1 表示第 2 个元素,以此类推。所谓"下标"又叫"索引",就是编号。比如火车座位号,座位号的作用是按照编号快速找到对应的座位。同理,下标的作用即是通过下标快速找到对应的数据,如图 4-1 所示。

元素1	元素2	元素3	元素4	元素…	元素n
0	1	2	3	…	n-1

图 4-1 序列的正数索引

Python 比较神奇,它的索引可以是负数。这种索引从右向左计数,也就是从最后一个元素开始计数,即最后一个元素的索引值是−1,倒数第二个元素的索引值为−2,以此类推,如图 4-2 所示。

元素1	元素2	元素3	元素4	元素…	元素n-1	元素n
−n	−(n−1)	−(n−2)	−(n−3)	…	−2	−1

图 4-2 序列的负数索引

在采用负数作为索引值时,是从−1 开始的,而不是从 0 开始的,即最后一个元素的下标为−1,这是为了防止与第一个元素重合。

通过索引可以访问序列中的任何元素。

例如,定义一个包括 9 个元素的列表,要访问它的第 3 个元素和最后一个元素。

```
c=["pku","tsinghua","fudan","sjtu","nju","zju","ustc","hit","xjtu"]
print(c[2])
print(c[-1])
```

运行结果如下:

```
fudan
xjtu
```

2. 切片

切片是指对所操作的对象截取其中一部分的操作,即从容器中取出相应的元素重新组成一个容器。切片操作是访问序列中元素的另一种方法,它可以访问一定范围内的元素。通过切片操作可以生成一个新的序列。

其语法格式如下。

```
sname[start : end : step]
```

参数说明如下。

- sname:表示序列的名称。
- start:表示切片的开始位置(包括该位置),如果不指定,则默认为 0。
- end:表示切片的截止位置(不包括该位置),如果不指定则默认为序列的长度。
- step:表示切片的步长,如果省略,则默认为 1;如果省略,则最后一个冒号也可以省略。步长值不能为 0。

切片选取的区间属于左闭右开型,即从"起始"位开始,到"结束"位的前一位结束(不包括结束位本身）为止。根据步长的取值，可以分为如下两种情况。

（1）步长大于 0。按照从左到右的顺序，每隔"步长-1"（索引间的差值仍为步长值）个字符进行一次截取。此时，"起始"指向的位置应该在"结束"指向的位置的左边，否则返回值为空。

若程序使用下标太大的索引（即下标值大于字符串实际的长度）获取字符时，会发生越界异常。如果上边界比下边界大时（即切片起始的值大于结束的值），则会返回空字符串。

（2）步长小于 0。按照从右到左的顺序，每隔"步长-1"（索引间的差值仍为步长值）个字符进行一次截取。此时，"起始"指向的位置应该在"结束"指向的位置的右边，即起始位置的索引必须大于结束位置的索引，否则返回值为空。

利用下标的组合可以截取原字符串的全部字符或部分字符。如果截取的是字符串的部分字符，则会开辟新的空间来临时存放这个截取后的字符串。

【例 4-1】 在 C9 高校联盟中的列表中通过切片获取第 2～5 个元素。

```
c=["pku","tsinghua","fudan","sjtu","nju","zju","ustc","hit","xjtu"]
print(c[1:6])
```

运行结果如下：

在进行切片操作时，如果指定了步长，那么将按照该步长遍历序列的元素，否则将一个一个遍历序列。如果想要复制整个序列，可以将 start 和 end 参数都省略，但中间的冒号需要保留。

利用切片从中取出一部分使用的方法如下。

（1）切片使用第一个元素和最后一个元素的索引，中间使用冒号分隔，并使用中括号[]包起来，形成切片。

（2）如果要从列表第一个元素开始，切片中第一个元素的索引可以省略，如 c[:9]。

（3）如果要切片到最后一个元素结束，切片中最后一个元素的索引可以省略，如 c[9:]。

（4）切片可以使用 for 循环进行遍历。

3. 序列相加（连接）

在 Python 中，支持两种相同类型的序列进行相加操作，即将两个序列进行连接，使用加（+）运算符实现。

【例 4-2】 将如下两个列表相加。

```
c1=["fudan","sjtu","nju","zju","ustc"]
c2=["pku","tsinghua","fudan","xjtu"]
print(c1+c2)
```

运行结果如下：

```
['fudan', 'sjtu', 'nju', 'zju', 'ustc', 'pku', 'tsinghua', 'fudan', 'xjtu']
```

从上面的输出结果中可以看出，两个列表被合为一个列表了。

在进行序列相加时，相同类型的序列是指同为列表、元组或集合等，而序列中的元素类型可以不同，即，不能是列表与元组相加，或列表与字符串相加。

【例 4-3】　两个不同元素类型的序列相加。

```
year=[1898,1911,1905,1896,1902,1897,1958,1920,1896]
c=["pku","tsinghua","fudan","sjtu","nju","zju","ustc","hit","xjtu"]
print(year+c)
```

运行结果如下：

```
[1898, 1911, 1905, 1896, 1902, 1897, 1958, 1920, 1896, 'pku', 'tsinghua', 'fudan', '
sjtu', 'nju', 'zju', 'ustc', 'hit', 'xjtu']
```

4. 序列乘法

在 Python 中，使用数字 n 乘以一个序列会生成新的序列，新序列的内容为原来序列被重复 n 次的结果。

【例 4-4】　将一个序列乘以 3 生成一个新的序列并输出，从而达到"重要事情说三遍"的效果。

```
love=["我是爱你的"]
print(love * 3)
```

运行结果如下：

```
['我是爱你的', '我是爱你的', '我是爱你的']
```

在进行序列的乘法运算时，还可以实现初始化指定长度列表的功能。例如下面的代码，将创建一个长度为 5 的列表，该列表的每个元素都是 None，表示什么都没有。

```
emptylist=[None] * 5
```

5. 检查某个元素是否是序列的成员（元素）

在 Python 中，可以使用 in 关键字检查某个元素是否是序列的成员，即检查某个元素是否包含在该序列中。其语法格式如下：

```
value in sequence
```

其中，value 表示要检查的元素，sequence 表示指定的序列。

【例 4-5】　检查在名称为 c 的序列中，是否包含元素"hit"。

```
c=["pku","tsinghua","fudan","sjtu","nju","zju","ustc","hit","xjtu"]
print("hit" in c)
```

运行结果如下：

```
True
```

在 Python 中，也可以使用 not in 关键字实现检查某个元素是否没有包含在指定的序列中。

6. 计算序列的长度、最大值和最小值

在 Python 中，提供了内置函数计算序列的长度、最大值和最小值，分别是使用 len() 函数计算序列的长度，返回序列有多少个元素；使用 max() 函数返回序列中的最大元素；使用 min() 函数返回序列中的最小元素。

【例 4-6】 定义一个包括 9 个元素的列表，并通过 len()函数计算列表的长度、最大元素和最小元素。

```
year=[1898,1911,1905,1896,1902,1897,1958,1920,1896]
print("在 year 序列的长度：",len(year),"，其中，最大值为：",max(year),"最小值为：",
min(year))
```

运行结果如下：

```
在 year 序列的长度：9，其中，最大值为：1958 最小值为：1896
```

除了上面介绍的 3 个内置函数，Python 还提供了如表 4-1 所示的内置函数。

表 4-1　Python 提供的序列内置函数及其功能

内 置 函 数	功　　能
list()	将序列转换为列表
str()	将序列转换为字符串
sum()	计算元素和
sorted()	对元素进行排序
reversed()	使序列中的元素反向排列
enumerate()	将序列组合为一个索引序列，多用在 for 循环中
zip()	返回由几个列表压缩成的新列表

4.2　列　　表

Python 中的列表是由一系列按特定顺序排列的元素组成的。它是 Python 中内置的可变序列。在形式上，列表的所有元素都放在一对中括号"[]"中，两个相邻元素间使用逗号"，"分隔；在内容上，可以将整数、实数、字符串、列表、元组等任何类型的内容放入到列表中，并且同一个列表中，元素的类型可以不同，因为它们之间没有任何关系。列表的每个数据项称为一个元素。列表可以通过索引和切片对列表的元素进行修改。由此可见，Python 中的列表是非常灵活的，这一点与其他语言是不同的。

4.2.1　列表的创建与删除

1. 创建列表

创建列表的最简单的方法是将各个元素放到一对中括号内并以逗号加以分隔。创建列表时，也可以使用赋值运算符"＝"直接把变量赋给列表，其语法格式如下：

```
listname=[元素 1,元素 2,元素 3,…,元素 n]
```

参数说明如下：

- listname：表示列表的名称，可以是任何符合 Python 命名规则的标识符。
- "元素 1,元素 2,元素 3,…,元素 n"：表示列表中的元素，其个数没有限制，并且只要是 Python 支持的数据类型就可以。

例如：

```
list1 = ['physics', 'chemistry', 1997, 2000]
list2 = [1, 2, 3, 4, 5 ]
list3 = ["a", "b", "c", "d"]
```

2. 创建空列表

在 Python 中,也可以创建空列表。例如,要创建一个名称为 emptylist 的空列表,可以使用如下代码：

```
emptylist=[]
```

3. 创建数值列表

在 Python 中,数值列表很常用。例如,在考试系统中记录学生的成绩,在游戏中记录每个角色的位置,以及各个玩家的得分情况等都可应用数值列表。

列表是通过 Python 内置的 list 类定义的,可以使用 list 类的构造函数来创建列表。如果未给出参数,则创建一个新的空列表；如果指定了参数,则必须是可迭代对象,比如字符串、列表、元组等可迭代对象类型。list()函数可以直接将 range()函数循环出来的结果转换为列表。

其语法格式如下：

```
list(data)
```

参数说明如下：

● data：表示可以转换为列表的数据,其类型可以是 range 对象、字符串、元组或其他可迭代类型的数据。

例如,要创建一个 10～20(不包括 20)中所有偶数的列表,可以使用下面的代码：

```
list(range(10, 20, 2))
```

使用 list()函数时,不仅能通过 range 对象创建列表,还可以通过其他对象创建列表。

4. 删除列表

对于已经创建的列表,当不再使用时,可以使用 del 语句将其删除。其语法格式如下：

```
del listname
```

参数说明如下。

● listname：为要删除列表的名称。

del 语句在实际开发时并不常用,因为 Python 自带的垃圾回收机制会自动销毁不用的列表,所以即使我们不手动将其删除,Python 也会自动将其回收。在删除列表前,一定要保证输入的列表名称是已经存在的,否则将出现错误。

4.2.2　列表元素的访问与遍历

1. 采用下标法访问列表元素

在 Python 中,如果想将列表的内容输出也是比较简单的,可以直接使用 print()函数。在输出列表时,是包括左右两侧的中括号的。如果不想输出全部的元素,也可以通过列表的索引获取指定的元素，即使用下标索引来访问列表中的值，同样也可以使用中括号的形式截取字符。在输出单个列表元素时，不包括中括号，如果是字符串，不包括左右引号。

【例 4-7】 下标法访问列表元素示例。

```
list1 = ["高铁","扫码支付","共享单车","网购"];
list2 = ["pku","tsinghua","fudan","sjtu","nju","zju",
        "ustc","hit","xjtu" ];

print ("list1[0]: ", list1[0])
print ("list2[1:5]: ", list2[1:5])
```

运行结果如下：

```
list1[0]：高铁
list2[1:5]：['tsinghua', 'fudan', 'sjtu', 'nju']
```

2. 遍历列表

列表的循环遍历是指依次打印列表中的各个数据。在 Python 中遍历列表的方法有多种，下面介绍 5 种常用的方法。

（1）直接使用 for 循环实现。直接使用 for 循环遍历列表，只能输出元素的值。其语法格式如下：

```
for item in listname
    输出语句
```

参考说明如下。

- item：用于保存获取到的元素值，要输出元素内容时，直接输出该变量即可。
- listname 为列表名称。

【例 4-8】 用 for 语句遍历列表。

```
modern = ["高铁","扫码支付","共享单车","网购"]
for item in modern:
    print(item)
```

运行结果如下：

```
高铁
扫码支付
共享单车
网购
```

（2）使用 for 循环和 enumerate()函数实现。使用 for 循环和 enumerate()函数可以实现同时输出索引值和元素的内容。其语法格式如下：

```
for index,item in enumerate(listname)
    输出列表的 index 和 item
```

参数说明如下。

- index：用于保存元素的索引。
- item：用于保存获取到的元素值，要输出元素内容时，直接输出该变量即可。
- Listname：列表名称。

enumerate()函数用于将一个可遍历的数据对象（如列表、元组或字符串）组合为一个索引序列，同时列出数据和数据下标，一般用在 for 循环当中。其语法格式如下：

```
enumerate(sequence, [start=0]),
```

参数说明如下。

- sequence：一个序列、迭代器或其他支持迭代对象。
- start：下标起始位置。

【例 4-9】 请用 enumerate()函数遍历列表。

```
modern = ["高铁","扫码支付","共享单车","网购"]
for index,item in enumerate(modern):
    print(index,item)
```

运行结果如下：

```
0 高铁
1 扫码支付
2 共享单车
3 网购
```

（3）利用 while 语句输出列表的各个元素。

【例 4-10】 用 while 语句遍历列表。

```
modern = ["高铁","扫码支付","共享单车","网购"]
i = 0
while i < len(modern):
    print(modern[i])
    i += 1
```

运行结果同例 4-8。

（4）利用索引遍历。

【例 4-11】 用索引遍历列表。

```
modern = ["高铁","扫码支付","共享单车","网购"]
for index in range(len(modern)):
    print(modern[index])
```

运行结果同例 4-8。

（5）利用 iter()函数生成迭代器遍历。其语法格式如下：

```
iter(object[, sentinel])
```

参数说明如下。

- object：支持迭代的集合对象。
- sentinel：如果传递了第二个参数，则参数 object 必须是一个可调用的对象（如函数），此时，iter()函数创建了一个迭代器对象，每次调用这个迭代器对象的__next__()方法时，都会调用 object。

【例 4-12】 用 iter()函数遍历列表。

```
modern = ["高铁","扫码支付","共享单车","网购"]
for val in iter(modern):
    print(val)
```

运行结果同例 4-8。

4.2.3　列表元素的常用操作（增加、删除、修改、查找）

列表属于序列类型，具有序列类型的共性，因此可以对列表对象进行适用于所有序列的通用操作，还可以有仅适用于列表的专有操作。由于列表可以一次性存储多个数据，可以对这些数据进行的操作有增加、删除、修改、查找。其中，增加、修改和删除列表元素也称为更新列表。在实际开发时，经常需要对列表进行更新。

1. 增加元素的方法

在 4.1.2 节序列的基本操作中介绍了可以通过"＋"号将两个序列连接，通过该方法也可以实现为列表增加元素。但这种方法的执行速度要比直接使用列表对象的 append()方法慢，所以建议在实现增加元素时，使用列表对象的 append()方法实现。

（1）append()方法。append()方法用于在列表末尾添加新的对象。其语法格式如下：

```
listname.append(obj)
```

参数说明如下。

- listname：要添加元素的列表名称。
- obj：要添加到列表末尾的对象。

返回值：该方法无返回值。

【例 4-13】　append()方法的应用。

```
modern = ["高铁","扫码支付","共享单车","网购"]
modern.append("科技改变了生活方式")
print(modern)
```

运行结果如下：

```
['高铁', '扫码支付', '共享单车', '网购', '科技改变了生活方式']
```

由上述例子，可以看出：

- 列表追加数据时，直接在原列表中追加了指定数据，即修改了原列表，故列表为可变类型数据。
- 列表可包含任何数据类型的元素，单个列表中的元素无须全为同一种类型。
- 列表是以类的形式实现的。"创建"列表实际上是将一个类实例化，因此，列表有多种方法可以操作。
- 如果 append()追加的数据是一个序列，则追加整个序列到列表。

（2）extend()方法。extend()方法用于在列表末尾一次性追加另一个序列中的多个值（用新列表扩展原来的列表），如果数据是一个序列，则将这个序列的数据逐一添加到列表。其语法格式如下：

```
list.extend(seq)
```

参数说明如下。

- seq：元素列表，可以是列表、元组、集合、字典，若为字典，则仅会将键（key）作为元素依次添加至原列表的末尾。

返回值：该方法没有返回值。

【例 4-14】　extend()方法的应用。

```
modern = ["高铁","扫码支付","共享单车","网购"]
modern.extend("科技改变未来")
print(modern)
```

运行结果如下：

```
['高铁', '扫码支付', '共享单车', '网购', '科', '技', '改', '变', '未', '来']
```

extend()方法也可以给列表添加不同数据类型。

【例 4-15】　extend()方法给列表添加不同数据类型示例。

```
#语言列表
language = ['French', 'English', 'German']
#列表
language_list = ['Spanish', 'Roman']
#元组
language_tuple = ('Canadian', 'Indian')
#集合
language_set = {'Chinese', 'Japanese'}
#添加列表元素到列表末尾
language.extend(language_list)
print('添加列表元素新列表: ', language)
#添加元组元素到列表末尾
language.extend(language_tuple)
print('添加元组元素新列表: ', language)
#添加集合元素到列表末尾
language.extend(language_set)
print('添加集合元素新列表: ', language)
```

运行结果如下：

```
添加列表元素新列表: ['French', 'English', 'German', 'Spanish', 'Roman']
添加元组元素新列表: ['French', 'English', 'German', 'Spanish', 'Roman', 'Canadian', 'Indian']
添加集合元素新列表: ['French', 'English', 'German', 'Spanish', 'Roman', 'Canadian', 'Indian', 'Chinese', 'Japanese']
```

（3）insert()方法。insert()方法用于将指定对象插入列表的指定位置。其语法格式如下：

```
list.insert(index, obj)
```

参数说明如下。

- index：对象 obj 需要插入的索引位置。
- obj：要插入列表中的对象。

返回值：该方法没有返回值。

【例 4-16】　insert()方法的应用。

```
name_list = ['Tom', 'Lily', 'Rose']
name_list.insert(1, 'Maomao')
print(name_list)
```

运行结果如下：

```
['Tom', 'Maomao', 'Lily', 'Rose']
```

2. 删除元素的方法

删除元素主要有两种情况，一种是根据索引删除，另一种是根据元素值删除。下面分别进行介绍。

（1）根据索引删除元素。删除列表中的指定元素与删除列表类似，也可以使用 del 语句实现，所不同的就是在指定列表名称时，换为列表元素。

【例 4-17】 定义一个保存 4 个元素的列表，删除最后一个元素。

```
modern = ["高铁","扫码支付","共享单车","网购"]
del modern[-1]
print(modern)
```

运行结果如下：

```
['高铁', '扫码支付', '共享单车']
```

（2）根据元素值删除元素。如果想要删除一个不确定其位置的元素（即根据元素值删除），可以使用列表对象的 remove()方法实现。该方法没有返回值，但会移除列表中的某个值的第一个匹配项。

【例 4-18】 定义一个保存 4 个元素的列表，删除"共享单车"元素。

```
modern = ["高铁","扫码支付","共享单车","网购"]
modern.remove("共享单车")
print(modern)
```

运行结果如下：

```
['高铁', '扫码支付', '网购']
```

使用列表对象的 remove()方法删除元素时，如果指定的元素不存在，将显示异常信息。所以在使用 remove()方法删除元素前，最好先判断该元素是否存在，改进后的代码如下：

```
modern = ["高铁","扫码支付","共享单车","网购"]
pay="扫码支付"
if pay in modern :
    modern.remove(pay)
print(modern)
```

运行结果如下：

```
['高铁', '共享单车', '网购']
```

列表对象的 count()方法用于判断指定元素出现的次数，返回结果为 0 时，表示不存在该元素。

（3）pop()方法。pop()方法用于移除列表中的一个元素（默认最后一个元素），并且返回该元素的值。其语法格式如下：

```
list.pop([index=-1])
```

参数说明如下。

- index：可选参数，要移除列表元素的索引值，不能超过列表总长度，默认为 index＝
  −1，即删除最后一个列表值。

返回值：该方法返回从列表中移除的元素对象。

【例 4-19】　pop()方法的应用。

```
modern = ["高铁","扫码支付","共享单车","网购"]
modern.pop()
print(modern)
modern.pop(1)
print(modern)
```

运行结果如下：

```
['高铁', '扫码支付', '共享单车']
['高铁', '共享单车']
```

(4) clear()方法。clear()方法用于清空列表，类似于 del a[:]。clear()方法语法格式如下：

```
list.clear()
```

【例 4-20】　clear()方法的应用。

```
modern = ["高铁","扫码支付","共享单车","网购"]
modern.clear()
print(modern)
```

运行结果如下：

```
[]
```

3. 修改元素的方法

(1) 修改指定下标数据。修改列表中的元素只需要通过索引获取该元素，然后再为其重新赋值即可。例如，定义一个保存 3 个元素的列表，然后修改索引值为 2 的元素。

【例 4-21】　定义一个保存 4 个元素的列表，把第 3 个元素修改为"单车共享"。

```
modern = ["高铁","扫码支付","共享单车","网购"]
modern[2]="单车共享"
print(modern)
```

运行结果如下：

```
['高铁', '扫码支付', '单车共享', '网购']
```

(2) reverse()方法。reverse()方法用于反向列表中元素。其语法格式如下：

list.reverse()

返回值：该方法没有返回值，但会对列表的元素进行反向排序。

【例 4-22】　reverse()方法的应用。

```
modern = ["高铁","扫码支付","共享单车","网购"]
print(f'反置之前列表顺序：{modern}')
modern.reverse()
print(f'反置之后列表顺序：{modern}')
```

运行结果如下：

```
反置之前列表顺序：['高铁', '扫码支付', '共享单车', '网购']
反置之后列表顺序：['网购', '共享单车', '扫码支付', '高铁']
```

（3）copy()方法。copy()方法用于复制列表，类似于 a[:]。其语法格式如下：

```
list.copy()
```

【例 4-23】　copy()方法的应用。

```
modern = ["高铁","扫码支付","共享单车","网购"]
new_list = modern.copy()
print(f'新列表：{modern}')
```

运行结果如下：

```
新列表：['高铁', '扫码支付', '共享单车', '网购']
```

4. 查找元素的方法

（1）index()方法。index()方法用于从列表中找出某个值第一个匹配项的索引位置，即获取指定元素首次出现的下标。其语法格式如下：

```
list.index(x[, start[, end]])
```

参数说明如下。

- x：查找的对象。
- star：可选，查找的起始位置。
- end：可选，查找的结束位置。

返回值：该方法返回查找对象的索引位置，如果没有找到对象则抛出异常。

【例 4-24】　index()方法的应用。

```
modern = ["高铁","扫码支付","共享单车","网购"]
pay="扫码支付"
num = modern.index(pay)
print(num)
```

运行结果如下：

```
1
```

（2）count()方法。count()方法用于统计某个元素在列表中出现的次数。其语法格式如下：

```
list.count(obj)
```

参数说明如下。

- obj：列表中统计的对象。

返回值：返回元素在列表中出现的次数。

【例 4-25】　count()方法的应用。

```
modern = ["高铁","扫码支付","共享单车","网购"]
pay="扫码支付"
num = modern.count(pay)
print(num)
```

运行结果如下：

```
1
```

（3）len()方法。len()方法的功能是返回列表元素个数。其语法格式如下：

```
len(list)
```

参数说明如下。

- list：要计算元素个数的列表。

返回值：返回列表元素个数。

【例 4-26】 count()方法的应用。

```
modern = ["高铁","扫码支付","共享单车","网购"]
num = len(modern)
print(num)
```

运行结果如下：

```
4
```

（4）用 in 判断是否存在。通常可以用 in 判断指定数据在某个列表序列，如果在返回 True；否则返回 False。用 not in 判断指定数据不在某个列表序列，如果不在就返回 True；否则返回 False。

【例 4-27】 注册邮箱，用户输入一个账号名，判断这个账号名是否存在，如果存在，提示用户；否则提示可以注册。

```
name_list = ['TOM', 'Lily', 'ROSE', 'admin']
name = input('请输入您的邮箱账号名:')
if name in name_list:
    #提示用户名已经存在
    print(f'您输入的名字是{name}，此用户名已经存在')
else:
    #提示可以注册
    print(f'您输入的名字是{name}，可以注册')
```

运行结果如下：

```
请输入您的邮箱账号名：tom
您输入的名字是 tom，可以注册
```

4.2.4 列表元素的统计与排序

1. 列表元素的统计

在 Python 中，提供了 sum()函数用于统计数值列表中各元素的和。其语法格式如下：

```
sum(listname[,start])
```

参数说明如下。

- listname：表示要统计的列表。
- start：表示统计结果是从哪个数开始（即将统计结果加上 start 所指定的数），是可选参数，如果没有指定，默认值为 0。

【例 4-28】 sum()方法的应用。

```
numlist = [0, 1, 4, 9, 16, 25, 36, 49, 64, 81]
total = sum(numlist)
print(total)
```

运行结果如下：

```
285
```

2. 列表元素的排序

Python 中提供了两种常用的对列表进行排序的方法。

（1）使用列表对象的 sort()方法实现。列表对象提供了 sort()方法用于对原列表中的元素进行排序。排序后原列表中的元素顺序将发生改变。其语法格式如下：

```
listname.sort(key=None, reverse=False)
```

参数说明如下。

- listname：表示要进行排序的列表。
- key：表示指定一个从每个列表元素中提取一个比较键（例如，设置"key = str.lower"，表示在排序时不区分字母大小写）。
- reverse：可选参数，如果将其值指定为 True，则表示降序排列，如果为 False，则表示升序排列。默认为升序排列。

【例 4-29】 用 sort()方法对列表排序。

```
c=["pku","tsinghua","fudan","sjtu","nju","zju","ustc","hit","xjtu"]
print("原列表: ",c)
c.sort()
print("列表默认升序: ",c)
c.sort(reverse = True)
print("原列表降序: ",c)
```

运行结果如下：

```
原列表: ['pku', 'tsinghua', 'fudan', 'sjtu', 'nju', 'zju', 'ustc', 'hit', 'xjtu']
列表默认升序: ['fudan', 'hit', 'nju', 'pku', 'sjtu', 'tsinghua', 'ustc', 'xjtu', 'zju']
原列表降序: ['zju', 'xjtu', 'ustc', 'tsinghua', 'sjtu', 'pku', 'nju', 'hit', 'fudan']
```

使用 sort()方法进行数值列表的排序比较简单，但使用 sort()方法对字符串行表进行排序时，采用的规则是先对大写字母进行排序，然后再对小写字母进行排序。如果想要对字符串列表进行排序（不区分大小写时），需要指定其 key 参数。例如，定义一个保存英文字符串的列表，然后应用 sort()方法对其进行升序排列：c.sort(key = str.lower)。

采用 sort()方法对列表进行排序时，对于中文支持不好。排序的结果与我们常用的音序排序法或笔画排序法都不一致。如果需要实现对中文内容的列表排序，还需要重新编写相应的方法进行处理，不能直接使用 sort()方法。

（2）使用内置的 sorted()函数实现。在 Python 中，提供了一个内置的 sorted()函数，用于对列表进行排序。使用该函数进行排序后，原列表的元素顺序不变。其语法格式如下：

```
sorted(listname, key=None, reverse=False)
```

参数说明如下。

- listname：表示要进行排序的列表名称。
- key：表示指定从每个元素中提取一个用于比较的键（例如，设置"key＝str.lower"，表示在排序时不区分字母大小写）。
- reverse：可选参数，如果将其值指定为 True，则表示降序排列，如果为 False，则表示升序排列。默认为升序排列。

【例 4-30】　用 sorted( )方法对列表排序。

```
c=["pku","tsinghua","fudan","sjtu","nju","zju","ustc","hit","xjtu"]
c_as = sorted(c)
print("列表默认升序: ", c_as)
c_de = sorted(c, reverse = True)
print("原列表降序: ",c_de)
print("原列表: ",c)
```

运行结果如下：

```
列表默认升序: ['fudan', 'hit', 'nju', 'pku', 'sjtu', 'tsinghua', 'ustc', 'xjtu', 'zju']
原列表降序: ['zju', 'xjtu', 'ustc', 'tsinghua', 'sjtu', 'pku', 'nju', 'hit', 'fudan']
原列表: ['pku', 'tsinghua', 'fudan', 'sjtu', 'nju', 'zju', 'ustc', 'hit', 'xjtu']
```

（3）列表对象的 sort( )方法和内置 sorted( )函数区别：列表对象的 sort( )方法和内置 sorted( )函数的作用基本相同，所不同的是，使用 sort( )方法时，会改变原列表的元素排列顺序，但使用 sorted( )函数时，会建立一个原列表的副本，该副本为排序后的列表。

4.2.5　列表的嵌套

嵌套列表就是列表中包含列表。嵌套列表可以模拟出现实中的表格、矩阵、2D 游戏的地图（如植物大战僵尸的花园）、棋盘（如国际象棋、黑白棋）等。

【例 4-31】　实现 3×4 矩阵的转置行和列。

```
matrix =[[1,2,3,4],[5,6,7,8],[9,10,11,12]]
transposed=[]
for i in range(4):
    midden=[]
    for row in matrix:
        midden.append(row[i])
    transposed.append(midden)
print(transposed)
```

运行结果如下：

```
[[1, 5, 9], [2, 6, 10], [3, 7, 11], [4, 8, 12]]
```

4.2.6　列表的综合应用

应用循环、条件判断、列表等知识点模拟微信红包发放过程，显示每个获取金额和手气最好的序号和金额。

```
import random  #产生随机数的库
money = int(input("输入红包金额:"))
```

```
num = int(input("输入红包数量:"))
get_money = []                          #存放每次获取的金额
count = 0                               #循环条件
if money == 0 and num == 0:
    print("不能为 0")
else:
    while count < num-1:
        avg = money/(num-count)         #总金额除以红包数量减去 count
        k = 2 * avg                     #定义最大的金额,防止红包到后面越来越小不公平
        #uniform 是取 0.01 到最大金额中间的值,round 是取小数点后 2 位
        get = round(random.uniform(0.01,k),2)
        money = money - get             #总金额减去每次循环获取的值
        count = count + 1               #循环次数增 1
        get_money.append(get)           #将每次获取的金额添加到列表中
    get_money.append(round(money,2))    #因为循环次数少一次,将剩余金额添加到列表中
    for i in range(len(get_money)):
        print(f"第{i+1}个人获取的金额为{get_money[i]}")
    print(f"手气最好的是第{get_money.index(max(get_money))+1}人,金额为 {max(get_money)}元")
```

运行结果如下:

```
输入红包金额:100
输入红包数量:3
第 1 个人获取的金额为 24.5
第 2 个人获取的金额为 52.15
第 3 个人获取的金额为 23.35
手气最好的是第 2 人,金额为 52.15 元
```

4.3   元   组

元组（tuple）是 Python 中另一种内置的存储有序数据的结构。元组与列表类似,也是由一系列按特定顺序排列的元素组成,可存储不同类型的数据,如字符串、数字甚至元组。然而,元组是不可改变的,创建后不能再做任何修改操作。

在形式上,元组的所有元素都放在一对"（）"中,两个相邻元素间使用逗号","分隔。在内容上,可以将整数、实数、字符串、列表、元组等任何类型的内容放入元组中,并且同一个元组中,元素的类型可以不同,因为它们之间没有任何关系。

因此,元组也被称为不可变的列表。元组的主要作用是作为参数传递给函数调用,或在从函数调用那里获得参数时,保护其内容不被外部接口修改。通常情况下,元组用于保存程序中不可修改的内容。

4.3.1   元组的创建与删除

1. 使用赋值运算符直接创建元组

使用赋值运算符直接将一个元组赋给变量。其语法格式如下:

```
tuplename = (元素 1,元素 2,元素 3,…,元素 n)
```

参数说明如下。

- tuplename 表示元组的名称，可以是任何符合 Python 命名规则的标识符。
- 元素 1、元素 2、元素 3、元素 n 表示元组中的元素，个数没有限制，并且只要是 Python 支持的数据类型就可以。

例如：

```
studentname = ("萌萌","见福先","郑熙婷","李丹丹","尚天翔")
```

创建元组的语法与创建列表的语法类似，只是创建列表时使用的是"[]"，而创建元组时使用的是"()"。

在 Python 中，虽然元组是使用一对小括号将所有的元素括起来。但实际上，小括号并不是必需的，只要将一组值用逗号分隔开来，Python 就可以认为它是元组。例如：

```
studentname = "萌萌","见福先","郑熙婷","李丹丹","尚天翔"
```

如果要创建的元组只包括一个元素，则需要在定义元组时，在元素的后面加一个逗号","。例如：

```
studentname = ("萌萌",)
```

在 Python 中，可以使用 type()函数测试变量的类型。

2. 创建空元组

在 Python 中，也可以创建空元组，空元组可以应用在为函数传递一个空值或返回空值时。例如，要创建一个名称为 emptytuple 的空元组：

```
emptytuple = ()
```

3. 创建数值元组

在 Python 中，可以使用 tuple()函数直接将 range()函数循环出来的结果转换为数值元组。其语法格式如下：

```
tuple(data)
```

参数说明如下。

- data 表示可以转换为元组的数据，其类型可以是 range 对象、字符串、元组或其他可迭代类型的数据。

例如，创建一个 10～20(不包括 20)中所有偶数的元组：

```
tuple(range(10,20,2))
```

4. 删除元组

元组中的元素值是不允许删除的，但我们可以使用 del 语句来删除整个元组。对于已经创建的元组，不再使用时，可以使用 del 语句将其删除。其语法格式如下：

```
del tuplename
```

参数说明如下：

- tuplename：要删除元组的名称。

del 语句在实际开发时，并不常用。因为 Python 自带的垃圾回收机制会自动销毁不用的元组，所以即使不手动将其删除，Python也会自动将其回收。

5. 整体修改元组元素

元组是不可变序列，所以不能对其单个元素值进行修改。但元组也不是完全不能修改，可以对元组进行重新赋值。

元组之间可以使用＋和＊，即允许元组进行组合连接和重复复制，运算后会生成一个新的元组。

【例 4-32】 整体修改元组元素。

```
ancient = ("古巴比伦","古埃及","古印度","中国")
ancient = ("古巴比伦","古埃及","古印度","中国", "古希腊")
print(ancient)
```

运行结果如下：

```
('古巴比伦', '古埃及', '古印度', '中国', '古希腊')
```

另外，还可以对元组进行连接组合。在进行元组连接时，连接的内容必须都是元组。不能将元组和字符串或列表连接。

在进行元组连接时，如果要连接的元组只有一个元素时，一定不要忘记后面的逗号。元组内的直接数据如果修改则立即报错，但是元组里面有列表，修改列表里面的数据则是支持的。

4.3.2　元组的常见操作

元组数据不支持修改，只支持查找。接下来，介绍元组的查找操作。对元组进行查找操作的内置函数包括以下 4 种。

(1) len(tup)：返回元组中元素的个数。

(2) max(tup)：返回元组中元素最大的值。

(3) min(tup)：返回元组中元素最小的值。

(4) tuple(seq)：将列表转化为元组。

在 Python 中，如果想将元组的内容输出也比较简单，直接使用 print() 函数即可。

【例 4-33】 元组元素的整体输出。

```
modern = ( "萌萌",28,["高铁","扫码支付","共享单车","网购"])
print(modern)
```

运行结果如下：

```
('萌萌', 28, ['高铁', '扫码支付', '共享单车', '网购'])
```

从上面的执行结果中可以看出，在输出元组时，是包括左右两侧的小括号的。如果不想输出全部元素，也可以通过元组的索引获取指定的元素。

【例 4-34】 获取元组 modern 中索引为 0 的元素。

```
modern = ( "萌萌",28,["高铁","扫码支付","共享单车","网购"])
print(modern[0])
```

运行结果如下：

萌萌

从上面的执行结果中可以看出,在输出单个元组元素时,不包括小括号,如果是字符串,还不包括左右的引号。

另外,对于元组也可以采用切片方式获取指定的元素。

【例4-35】 访问元组modern的前两个元素。

```
modern = ( "萌萌",28,["高铁","扫码支付","共享单车","网购"])
print(modern[:2])
```

运行结果如下:

```
('萌萌', 28)
```

与列表一样,元组可以使用for循环进行遍历,也可以使用for循环和enumerate()函数结合进行遍历。

【例4-36】 使用for循环和enumerate()函数枚举元组元素。

```
goods = (("Apple",5),("Orange",1),("pear",2))
print("商品编号\t 商品名称\t 商品价格")
for index , value in enumerate(goods):
    print("%.3d\t\t%s\t\t%.2f" %(index,value[0],value[1]))
```

运行结果如下:

商品编号	商品名称	商品价格
000	Apple	5.00
001	Orange	1.00
002	pear	2.00

可使用index()方法查找元组中的某个数据,如果数据存在则返回对应的下标,否则报错,语法和列表、字符串的index()方法相同。

统计某个数据在当前元组出现的次数可用count()方法。

【例4-37】 通过index()和count()方法实现对元组元素的查找和统计。

```
t1 = ('Tom', 'Lily', 'Rose')
#1. 下标
print(t1[0])
#2. index()
print(t1.index('Tom'))
#3. count()
print(t1.count('Tom'))
print(t1.count('Maomao'))
#4. len()
print(len(t1))
```

运行结果如下:

```
Tom
0
1
0
3
```

4.3.3　元组的序列解包

元组的序列解包即装包与拆分过程，通常元组的装包是指将多个值或对象组合成一个元组的过程，而元组的拆包则是将元组中的值或对象解析为单独的变量或对象的过程。通过序列解包可以用简洁的方法完成复杂的功能，增强代码的可读性并减少代码量。

元组的装包通常使用括号，将多个值或对象用逗号隔开来实现。例如，

```
language= ('Python','Java','Golang')
```

将'Python'、'Java'、'Golang'装成了一个元组 language。

元组的拆包可以通过将元组赋值给对应数量的变量来实现。例如，

```
x,y,z,=language
```

就会将 language 的值拆分并分别赋给变量 x、y、z。

元组的装包与拆包可以方便地进行多个变量的赋值和传递，还可以使用"＊"运算符进行拆包，将多余的元素赋给一个变量。

【例 4-38】　结合元组的常见操作，模拟评委打分制度，评委打分标准：去掉一个最高分和一个最低分，求选手成绩的平均分。

```
#1)定义元组
score = (98,85,97,68,78,86)
#2)排序
scores = sorted(score)
print("专家打分排序后的成绩: ",scores)
#3)分离最大值和最小值,剥离中间值;
minscore, * middlescore,maxscore = scores
print("最低分: ",minscore)
print("中间部分的分数: ",middlescore)
print("最高分: ",maxscore)
#4)中间值求平均值
average = sum(middlescore) / len(middlescore)
print('最终成绩为: %.2f' % average)
```

运行结果如下：

```
专家打分排序后的成绩: [68, 78, 85, 86, 97, 98]
最低分: 68
中间部分的分数: [78, 85, 86, 97]
最高分: 98
最终成绩为: 86.50
```

在上述示例中，sorted()函数是对元组进行升序排列。在对元组赋值时，＊表示多个值。通过去掉最大值与最小值并求和后，除以专家数，求得选手分数。

4.3.4　元组与列表的区别及相互转换

1. 元组与列表的区别

元组和列表都属于序列，都可以按照特定顺序存放一组元素，且类型不受限制，只要是Python 支持的类型都可以。

列表和元组的区别主要体现在以下几个方面。

（1）列表属于可变序列，它的元素可以随时修改或删除；元组属于不可变序列，其中的元素不可以修改，除非整体替换。

（2）列表可以使用 append()、extend()、insert()、remove() 和 pop() 等方法实现添加和修改列表元素，而元组则没有这几个方法，因为不能为元组添加和修改元素，同样也不能删除元素。

（3）列表可以使用切片访问和修改列表中的元素；元组也支持切片，但它只支持通过切片访问元组中的元素，不能修改元素。

（4）元组比列表的访问和处理速度更快。所以，如果只是需要对其中的元素进行访问，而不需要进行任何修改，建议使用元组。

（5）列表不能作为字典的键，元组则可以。

2. 元组与列表的相互转换

元组与列表可以互相转换，Python 内置的 tuple() 函数接收一个列表，返回一个包含相同元素的元组，list() 函数则是接收一个元组并返回一个列表。从元组与列表的性质来看，tuple() 相当于冻结一个列表，而 list() 相当于解冻一个元组。

4.3.5 元组的综合应用

【例 4-39】 编写模拟用户登录系统功能模块。系统有多个用户，用户信息保存在元组 users 中，现在进行用户登录判断。提示用户输入用户名和密码，中间以空格分隔。如果输入的用户名和密码在元组中，即输入了正确的用户名和密码，提示"欢迎进入系统"。如果输入的用户名或密码不在元组中，提示"输入错误，请重新输入"，用户需重新输入用户名和密码，再次进行检查，总共三次登录机会。若三次均输入错误，则提示"次数用尽，请稍后再试！"。

```python
users = (("root", "123"), ("admin", "abc"), ("cau", "jszx"))
for i in range(3):
    username, password = input("请输入用户名和密码,中间以空格分隔: ").split()
    if (username, password) in users:
        print("欢迎进入系统")
        break
    else:
        print("输入错误,请重新输入")
else:
    print("次数用尽,请稍后再试!")
```

运行结果如下：

```
请输入用户名和密码,中间以空格分隔: root 123
欢迎进入系统
```

4.4 字   典

在许多应用中需要利用关键词查找对应信息，例如，通过学号来查找某学生的信息。其中，通过学号查找所对应学生的信息的方式称为"映射"。Python 语言的字典（dictionary）

类型就是一种映射。其他编程语言中也提供类似的结构，例如，散列表（hash）、关联数组等。

字典与列表类似，也是可变序列，不过与列表不同的是，它是无序的可变序列，保存的内容是以"键-值对"的形式存放的。这类似于《新华字典》，它可以把拼音和汉字关联起来。通过音节表可以快速找到想要的汉字。其中，《新华字典》里的音节表相当于键（key），而对应的汉字相当于值（value）。键是唯一的，而值可以有多个。

字典的主要特征如下。

（1）通过键而不是通过索引来读取。字典有时也称为关联数组或散列表。它是通过键将一系列的值联系起来的，这样就可以通过键从字典中获取指定项，但不能通过索引来获取。

（2）字典是任意对象的无序集合。字典是无序的，各项是从左到右随机排序的，即保存在字典中的项没有特定的顺序，这样可以提高查找效率。

（3）字典是可变的，并且可以任意嵌套。字典可以在原处增长或缩短（无须生成一份副本），并且它支持任意深度的嵌套（即它的值可以是列表或其他的字典）。

（4）字典中的键必须唯一。不允许同一个键出现两次，如果出现两次，则后一个值会被记住。

（5）字典中的键必须不可变。字典中的键是不可变的，所以可以使用数字、字符串或元组，但不能使用列表。

4.4.1　字典的创建

字典包含了一个索引的集合，称为键（key）和值（value）的集合。一个键对应一个值。这种一一对应的关联称为"键-值对"（key-value pair），或称为项（item）。简单地说，字典就是用花括号括起来的"键-值对"的集合。每个"键-值对"用冒号"："分隔，每对之间用逗号"，"分隔。其语法格式如下：

```
Dictionaryname = {key1 : value1, key2 : value2, …, keyn : valuen}
```

参数说明如下。

- key1，key2，…，keyn：表示元素的键，必须是唯一的，并且不可变，例如可以是字符串、数字或元组。
- valuel，value2，…，valuen：表示元素的值，可以是任何数据类型，不是必须唯一。

【例 4-40】　新建并显示字典。

```
dictname = {'pku':'北京大学','tsinghua':'清华大学','fudan':'复旦大学',
            'sjtu':'上海交通大学'}
print(dictname)
```

运行结果如下：

```
{'pku': '北京大学', 'tsinghua': '清华大学', 'fudan': '复旦大学', 'sjtu': '上海交通
大学'}
```

与列表和元组一样，也可以创建空字典。在 Python 中，可以使用下面两种方法创建空字典。

```
dictionary = {}
```

或

```
dictionary = dict()
```

Python 的 dict()方法除了可以创建一个空字典外，还可以通过已有数据快速创建字典，主要表现为以下两种形式。

1. 通过映像函数创建字典

其法格式如下：

```
dictionary = dict(zip(list1,list2))
```

参数说明如下。

- dictionary：表示字典名称。
- zip()函数：用于将多个列表或元组对应位置的元素组合为元组，并返回包含这些内容的 zip 对象。如果想得到元组，可以将 zip 对象使用 tuple()函数转换为元组；如果想得到列表，则可以使用 list()函数将其转换为列表。
- list1：表示一个列表，用于指定要生成字典的键。
- list2：表示一个列表，用于指定要生成字典的值。如果 list1 和 list2 的长度不同，则与最短的列表长度相同。

【例 4-41】　定义两个各包括 4 个元素的列表，再应用 dict()函数和 zip()函数将前两个列表转换为对应的字典，并输出该字典。

```
cn = ["北京大学","清华大学","复旦大学","上海交通大学"]
en = ["pku","tsinghua","fudan","sjtu"]
dictname = dict(zip(en,cn))
print(dictname)
```

运行结果如下：

```
{'pku': '北京大学', 'tsinghua': '清华大学', 'fudan': '复旦大学', 'sjtu': '上海交通
大学'}
```

2. 通过给定的"键-值对"创建字典

其语法格式如下：

```
dictionary = dict(key1=value1,key2=value2, …,keyn=valuen)
```

参数说明如下。

- dictionary：表示字典名称。
- key1，key2，…，keyn：表示元素的键，必须是唯一的，并且不可变，例如可以是字符串、数字或元组。
- value1，value2，…，valuen：表示元素的值，可以是任何数据类型，不是必须唯一。

【例 4-42】　应用"键-值对"创建字典。

```
dictname = dict( cau = '中国农业大学',pku = '北京大学',tsinghua = '清华大学')
print(dictname)
```

运行结果如下：

```
{'cau': '中国农业大学', 'pku': '北京大学', 'tsinghua': '清华大学'}
```

在 Python 中，还可以使用 dict 对象的 fromkeys()方法创建值为空的字典。其语法格式如下：

```
dictionary = dict.fromkeys(list1)
```

参数说明如下。

- dictionary：表示字典名称。
- list1：作为字典的键的列表。

4.4.2 字典元素的访问与遍历

1. 字典元素的访问

在 Python 中，如果想将字典的内容输出也比较简单，直接使用 print()函数，例如 print(dictname)。但在使用字典时，很少直接输出它的内容，一般是根据指定的键得到相应的结果。

在 Python 中，访问字典的元素可以通过下标的方式实现，与列表和元组不同，这里的下标不是索引号，而是键。

在实际开发中，很可能我们不知道当前存在什么键，所以需要避免该异常的产生。具体的解决方法是使用 if 语句对不存在的情况进行处理，即给定一个默认值。

【例 4-43】 字典元素的访问应用。

```
dictname = dict( cau = '中国农业大学',pku = '北京大学',tsinghua = '清华大学')
print("所在的大学是：",dictname["cau"] if "cau" in dictname else "此大学不存在")
```

运行结果如下：

```
中国农业大学
```

Python 中推荐的方法是使用字典对象的 get()方法获取指定键的值。其语法格式如下：

```
dictname.get(key[,defualt])
```

其中，dictname 为字典对象，即要从中获取值的字典；key 为指定的键；default 为可选项，用于当指定的键不存在时，返回一个默认值，如果省略，则返回 None。

为了解决在获取指定键的值时，因不存在该键而导致抛出异常，可以为 get()方法设置一个默认值，这样当指定的键不存在时，得到结果就是指定的默认值。

【例 4-44】 字典元素的 get()方法访问应用。

```
dictname = dict( cau = '中国农业大学',pku = '北京大学',tsinghua = '清华大学')
print("所在的大学是：",dictname.get("cau","此大学不存在"))
```

运行结果如下：

```
中国农业大学
```

2. 字典元素的遍历

字典是以"键-值对"的形式存储数据的，所以就可能需要对这些"键-值对"进行获取。

Python 提供了遍历字典的方法，通过遍历可以获取字典中的全部"键-值对"。

使用字典对象的 items()方法可以获取字典的"键-值对"列表。其语法格式如下：

```
dictionary.items()
```

其中，dictionary 为字典对象；返回值为可遍历的"键-值对"元组列表。想要获取到具体的"键-值对"，可以通过 for 循环遍历该元组列表。

【例 4-45】　定义一个字典，然后通过 items()方法获取"键-值对"的元组列表，并输出全部"键-值对""键""值"。

```
dictname = dict( cau = '中国农业大学',pku = '北京大学',tsinghua = '清华大学')
for item in dictname.items():                    #输出键值对
    print(item)
for key,value in dictname.items():               #获取每个元素的键和值
    print(key,"是",value,"单位网址域名一部分")
```

运行结果如下：

```
('cau', '中国农业大学')
('pku', '北京大学')
('tsinghua', '清华大学')
cau 是中国农业大学网址域名一部分
pku 是北京大学网址域名一部分
tsinghua 是清华大学网址域名一部分
```

在 Python 中，字典对象还提供了 values()和 keys()方法，用于返回字典的值和键列表，其使用方法与 items()方法类似，也需要通过 for 循环遍历该字典列表，获取对应的值和键。

4.4.3　字典元素的常见操作(增加、删除、修改、查找)

1. 字典元素的增加

由于字典是可变序列，所以可以随时在其中增加"键-值对"，这与列表类似。往字典中添加元素的语法格式如下：

```
dictionary[key] = value
```

参数说明如下。

- dictionary：表示字典名称。
- key：表示要增加元素的键，必须是唯一的，并且不可变，例如可以是字符串、数字或元组。
- value：表示元素的值，可以是任何数据类型，不是必须唯一。

【例 4-46】　增加并显示字典元素。

```
dictname = {'pku':'北京大学','tsinghua':'清华大学','fudan':'复旦大学'}
dictname['sju']='上海交通大学'
print(dictname)
```

运行结果如下：

```
{'pku': '北京大学', 'tsinghua': '清华大学', 'fudan': '复旦大学', 'sjtu': '上海交通大学'}
```

注意：如果 key 存在则修改这个 key 对应的值；如果 key 不存在则新增此键-值对。

2. 字典元素的删除

与列表和元组一样，不再需要的字典也可以使用 del 命令删除。另外，如果想删除字典的全部元素，可以使用字典对象的 clear() 方法。执行 clear() 方法后，原字典将变为空字典。当删除一个不存在的键时，将抛出异常。可以先判断此元素是否存在，然后再删除。

（1）del() / del：删除字典或删除字典中指定"键-值对"。

【例 4-47】 删除字典元素的示例。

```
dict1 = {'name': 'Maomao', 'age': 2, 'gender': '男'}
del dict1['gender']
print(dict1)
```

运行结果如下：

```
{'name': 'Maomao', 'age': 2}
```

（2）clear()：清空字典。

【例 4-48】 清空字典元素的示例。

```
dict1 = {'name': 'Maomao', 'age': 2, 'gender': '男'}
dict1.clear()
print(dict1)
```

运行结果如下：

```
{}
```

（3）pop()：获取指定 key 对应的 value，并删除这个"键-值对"。

【例 4-49】 pop() 方法的应用。

```
dictname = dict( cau = '中国农业大学',pku = '北京大学',tsinghua = '清华大学')
print(dictname.pop('tsinghua'))
print(dictname)
```

运行结果如下：

```
清华大学
{'cau': '中国农业大学', 'pku': '北京大学'}
```

3. 字典元素的修改

由于在字典中，"键"必须是唯一的，所以如果新添加元素的"键"与已经存在的"键"重复，那么将使用新的"值"替换原来该"键"的值，这也相当于修改字典的元素。

【例 4-50】 字典元素的修改应用。

```
dict1 = {'name': 'TOM', 'age': 20, 'gender': '男'}
dict1['name'] = 'Maomao'
print(dict1)
dict1['id'] = 110
print(dict1)
```

运行结果如下：

```
{'name': 'Maomao', 'age': 20, 'gender': '男'}
{'name': 'Maomao', 'age': 20, 'gender': '男', 'id': 110}
```

4. 字典元素的查找

如果当前查找的键存在,则返回对应的值;否则报错。字典元素的查找,可以通过如下两种方式查找。

(1) 通过"键-值对"方式,前边已经讲述。

(2) 通过 get()、keys()、values() 以及 items() 函数方式查找。

【例 4-51】 查找字典元素的示例。

```
dict1 = {'name': 'Huayi', 'age': 7, 'gender': '男'}
print(dict1['name'])                    #返回对应的值(key存在),如果key值不存在,将报错
#get()函数查找字典元素
print(dict1.get('name'))
print(dict1.get('names'))              #如果key不存在,返回None
print(dict1.get('names', 'Maomao'))
#keys()函数查找字典中所有的key,返回可迭代对象
print(dict1.keys())
#values()函数查找字典中的所有的value,返回可迭代对象
print(dict1.values())
#items()函数查找字典中所有的"键-值对",返回可迭代对象,里面的数据是元组,元组数据1是
字典的key,元组数据2是字典key对应的值
print(dict1.items())
```

运行结果如下:

```
Huayi
Huayi
None
Maomao
dict_keys(['name', 'age', 'gender'])
dict_values(['Huayi', 7, '男'])
dict_items([('name', 'Huayi'), ('age', 7), ('gender', '男')])
```

字典值可以没有限制地取任何 Python 对象,既可以是标准的对象,也可以是用户定义的,但键不行。

两个重要的点需要记住:

(1) 不允许同一个键出现两次。创建时如果同一个键被赋值两次,后一个值会被记住。

(2) 键必须不可变,所以可以用数字、字符串或元组充当,但列表不能作为键。

4.4.4 字典的综合应用

某学校要进行全国计算机等级考试,在 Python 语言程序设计上机考核环节,需要随机生成 10 个计算机编号,该编号以 6602020 开头,后面 3 位依次是(001,002,003,010)。请利用字典操作,生成计算机编号,并默认每个编号的初始登录密码为"python"。输出计算机编号和密码信息,输出格式如下:

计算机编号	登录密码
6602020001	python

具体实现如下：

```python
#1.定义计算机编号的默认前7位
head = '6602020'
#2.生成按题目要求的10个编号,并存入列表中
computerNo = []
for i in range(1,11):
    tail = '%.3d' %(i)
    num = head + tail
    computerNo.append(num)
#3.将编号存入字典
num_dict = {}
for i in computerNo:
    num_dict[i] = 'python'
#4.输出计算机编号和登录密码
print('计算机编号\t\t登录密码')
for key,value in num_dict.items():
    print('%s\t\t %s' %(key,value))
```

运行结果如下：

```
计算机编号          登录密码
6602020001          python
6602020002          python
6602020003          python
6602020004          python
6602020005          python
6602020006          python
6602020007          python
6602020008          python
6602020009          python
6602020010          python
```

4.5　集　　合

Python中的集合(set)与数学中的集合概念类似,也是用于保存不重复的元素。它有可变集合(set)和不可变集合(frozenset)两种。在形式上,集合的所有元素都放在一对大括号中,两个相邻元素间使用逗号","分隔。集合最好的应用就是去重,因为集合中的每个元素都是唯一的。

集合是不重复元素的无序集,它兼具了列表和字典的一些性质。

集合有类似字典的特点:用大括号"{}"来定义,其元素是非序列类型的数据,也就是没有顺序,并且集合中的元素不可重复,也必须是不变对象,类似于字典中的键。集合的内部结构与字典很相似,区别是"只有键没有值"。

集合也具有一些列表的特点:拥有一系列元素,并且可原处修改。由于集合是无序的,不记录元素位置或插入点,因此不支持索引、切片或其他类序列(sequence-like)的操作。

在数学中,集合的定义是把一些能够确定的不同的对象看成一个整体,而这个整体就是由这些对象的全体构成的集合。集合通常用大写的拉丁字母表示。集合最常用的操作就是

创建集合,以及集合的增加、删除、查找、交集、并集和差集等运算。

4.5.1　集合的创建

在 Python 中提供了两种创建集合的方法,一种是直接使用"{}"创建;另一种是通过 set()函数将列表、元组等可迭代对象转换为集合。一般推荐使用第二种方法。

1. 直接使用{}创建集合

在 Python 中,创建 set 集合也可以像列表、元组和字典一样,直接将集合赋值给变量,从而实现创建集合,即直接使用大括号"{}"创建。其语法格式如下:

```
setname = {element1,element2,element3,…,elementn}
```

参数说明如下。

- setname 表示集合的名称,可以是任何符合 Python 命名规则的标识符。
- element1、element2、element3、elementn 表示集合中的元素,个数没有限制,并且只要是 Python 支持的数据类型就可以。

在创建集合时,如果输入了重复的元素,Python 会自动只保留一个。

【例 4-52】　定义并显示集合。

```
setname = {'北京大学','清华大学','复旦大学'}
print(setname)
```

运行结果如下:

```
{'复旦大学', '清华大学', '北京大学'}
```

注意:由于集合内部存储的元素是无序的,因此输出的顺序与原列表的顺序有可能是不同的。

2. 使用 set()函数创建集合

在 Python 中,可以使用 set()函数将列表、元组等其他可迭代对象转换为集合。其语法格式如下:

```
setname = set(iteration)
```

参数说明如下。

- setname:表示集合名称。
- iteration:表示要转换为集合的可迭代对象,可以是列表、元组、range 对象等。另外,也可以是字符串,如果是字符串,返回的集合将是包含全部不重复字符的集合。

【例 4-53】　使用 set()函数将字符串转换为集合。

```
setname = set("开放的中国农业大学欢迎您!")
print(setname)
```

运行结果如下:

```
{'业', '大', '迎', '开', '您', '国', '农', '欢', '学', '!', '放', '中', '的'}
```

在创建集合时,如果出现了重复元素,那么将只保留一个。

在创建空集合时,只能使用 set()实现,而不能使用一对大括号"{}"实现,这是因为在

Python中，直接使用一对大括号表示创建一个空字典。

4.5.2　集合元素的常见操作（增加、删除、查找）

集合是可变序列，所以在创建集合后，还可以对其添加或删除元素。

1. 往集合中添加元素

（1）add()方法。往集合中添加元素可以使用add()方法实现。其语法格式如下：

```
setname.add(element)
```

其中，setname表示要添加元素的集合；element表示要添加的元素内容。这里只能使用字符串、数字及布尔类型的True或False等，不能使用列表、元组等可迭代对象。

（2）update()方法。update()方法是往集合追加数据。

【例4-54】　update()方法应用示例。

```
setname = set(['北京大学','清华大学','复旦大学'])
setname.update(['中国农业大学'])
print(setname)
```

运行结果如下：

```
{'清华大学', '北京大学', '复旦大学', '中国农业大学'}
```

2. 从集合中删除元素

在Python中，可以使用del命令删除整个集合，也可以使用集合的discard()方法、pop()方法或remove()方法删除一个元素，或使用集合对象的clear()方法清空集合，即删除集合中的全部元素，使其变为空集合。discard()方法用于删除集合中的指定数据，如果数据不存在也不会报错。

【例4-55】　添加、删除、清空元素，并显示。

```
setname = set(['北京大学','清华大学','复旦大学'])
setname.add('中国农业大学')              #增加一个元素
print("增加一个集合元素: ",setname)
setname.remove('中国农业大学')           #移除指定元素
print("删除指定集合元素: ",setname)
setname.pop()                           #随机移除一个元素
print("随机移除一个集合元素: ",setname)
setname.clear()
print("清除所有集合元素: ",setname)
```

运行结果如下：

```
增加一个集合元素: {'中国农业大学', '清华大学', '复旦大学', '北京大学'}
删除指定集合元素: {'清华大学', '复旦大学', '北京大学'}
随机移除一个集合元素: {'复旦大学', '北京大学'}
清除所有集合元素: set()
```

使用集合的remove()方法时，如果指定的内容不存在，将抛出异常，所以在移除指定元素前，最好先判断其是否存在。要判断指定的内容是否存在，可以使用in关键字实现。pop()方法是随机删除集合中的某个数据，并返回这个数据。

3. 查找元素

在集合中用 in 判断数据在集合序列；not in 则是判断数据不在集合序列。

【例 4-56】　判断元素是否在集合中。

```
s1 = {10, 20, 30, 40, 50}
print(10 in s1)
print(10 not in s1)
```

运行结果如下：

```
True
False
```

4.5.3　集合的交集、并集和差集运算

集合最常用的操作就是进行交集、并集、差集运算。进行交集运算时使用"&"符号；进行并集运算时使用"|"符号；进行差集运算时使用"-"符号。

【例 4-57】　对集合进行交集、并集和差集运算。

```
s1={'a','e','i','o','u'}
s2={'a','b','c','d','e'}
print(s1&s2)
print(s1|s2)
s3={'a','e'}
print(s1-s3)
```

运行结果如下：

```
{'e', 'a'}
{'e', 'i', 'b', 'o', 'c', 'a', 'd', 'u'}
{'o', 'u', 'i'}
```

集合是可修改的数据类型，但集合中的元素必须是不可修改的。换句话说，集合中元素只能是数值、字符串、元组之类。由于集合是可修改的，因此集合中的元素不能是集合。但 Python 另外提供了 frozenset() 函数，用来创建不可修改的集合，可作为字典的 key，也可以作为其他集合的元素。

4.5.4　集合的综合应用

某公司人力资源部想在单位做一项关于工作满意度问卷调查。为了保证样本选择的客观性，他将公司全体人员按顺序编号，先用计算机生成了 N 个 1～200 的随机整数（N≤200），N 是用户输入的，对于其中重复的数字，只保留一个，把其余相同的数字去掉，不同的数对应着不同的员工编号，然后再把这些数从小到大排序，按照排好的顺序去找员工做调查。请你协助人力资源部的负责人完成"去重"与排序工作。

```
import random
#接收用户输入
num = int(input('请输入需要选择的样本数：'))
#定义空集合；用集合便可以实现自动去重(集合里面的元素是不可重复的)
sampleNo = set([])
```

```
#生成 N 个 1～100 的随机整数
for i in range(num):
    num = random.randint(1,100)
    #add:添加元素
    sampleNo.add(num)
print("抽取的员工编号: ",sampleNo)
#sorted: 集合的排序
print("抽取的员工升序编号: ",sorted(sampleNo))
```

运行结果如下：

```
请输入需要选择的样本数: 10
抽取的员工编号: {2, 68, 71, 44, 17, 82, 51, 50, 61}
抽取的员工升序编号: [2, 17, 44, 50, 51, 61, 68, 71, 82]
```

本案例中通过集合去重，即每生成一个随机数便将其加入定义的空集合中，最后通过 sorted()函数可以对集合进行排序。

4.6　推导式与生成器推导式

推导式（又称解析式），是 Python 的一种独有特性。推导式是可以从一个数据序列构建另一个新的数据序列的结构体。Python 有 3 种推导，在 Python 2 和 Python 3 中都有支持：列表推导式、字典推导式、集合推导式。推导式的最大优势是化简代码，主要适合于创建或控制有规律的序列。

4.6.1　列表推导式

使用列表推导式可以快速生成一个列表，或根据某个列表生成满足指定需求的列表。列表推导式通常有以下几种常用的语法格式。

1. 生成指定范围的数值列表

其语法格式如下：

```
listname = [expression for var in range]
```

参数说明如下。

- listname：生成的列表名称。
- expression：表达式，用于计算新列表的元素。
- var：循环变量。
- range：用 range()函数生成的 range 对象。

【例 4-58】　要生成一个包括 5 个随机数的列表，要求数的范围是 1～10（包括 10）。

```
import random   #导入 random 标准库,使用随机函数
randnum = [ random.randint(1,10) for i in range(5)]
print("由随机数生成的列表: ",randnum)
```

运行结果如下：

```
由随机数生成的列表: [7, 8, 3, 7, 5]
```

2. 根据列表生成指定需求的列表

其语法格式如下：

```
newlist = [expression for var in oldlist]
```

参数说明如下。

- newlist：新生成的列表名称。
- expression：表达式，用于计算新列表的元素。
- var：变量，其值为后面列表的每个元素值。
- oldlist：用于生成新列表的原列表。

【例 4-59】　有一组不同配置的计算机价格列表，应用列表推导式生成一个打 95 折的价格列表。

```
price = [3500,3800,5600,5200,8700]
sale =[int(i * 0.95) for i in price]
print("原价格: ",price)
print("打 95 折后的价格: ",sale)
```

运行结果如下：

```
原价格：[3500, 3800, 5600, 5200, 8700]
打 95 折后的价格：[3325, 3610, 5320, 4940, 8265]
```

3. 从列表中选择符合条件的元素组成新的列表

其语法格式如下：

```
newlist = [expression for var in oldlist if condition]
```

此处 if 主要起条件判断作用，oldlist 数据中只有满足 if 条件的才会被留下，最后统一生成一个数据列表。

参数说明如下。

- newlist：新生成的列表名称。
- expression：表达式，用于计算新列表的元素。
- var：变量，其值为后面列表的每个元素值。
- oldlist：用于生成新列表的原列表。
- condition：条件表达式，用于指定筛选条件。

【例 4-60】　有一组不同配置的计算机价格列表，应用列表推导式生成一个高于 5000 元的价格列表。

```
price = [3500,3800,5600,5200,8700]
sale =[i for i in price if i< 5000]
print("原列表: ",price)
print("价格低于 5000 的列表: ",sale)
```

运行结果如下：

```
原价格：[3500, 3800, 5600, 5200, 8700]
原列表：[3500, 3800, 5600, 5200, 8700]
价格低于 5000 的列表：[3500, 3800]
```

4. 多个 for 实现列表推导式

多个 for 的列表推导式可以实现 for 循环嵌套功能。

【例 4-61】 多个 for 实现列表推导式应用：求(x，y)，其中 x 是 0～5 的偶数，y 是 0～5 的奇数。

```
list3 = [(x,y) for x in range(5) if x%2==0 for y in range(5) if y%2==1]
print(list3)
```

运行结果如下：

```
[(0, 1), (0, 3), (2, 1), (2, 3), (4, 1), (4, 3)]
```

4.6.2 字典推导式

字典推导式的基础模板如下：

```
{ key:value for key,value in existing_data_structure }
```

这里与 list 有所不同，因为 dict 里面有两个关键的属性：key 和 value。字典推导式作用是快速合并列表为字典或提取字典中的目标数据。

1. 利用字典推导式创建一个字典

【例 4-62】 生成字典 key 是 1～5 的数，value 是这个数的二次方。

```
dict1 = {i: i * * 2 for i in range(1, 5)}
print(dict1)
```

运行结果如下：

```
{1: 1, 2: 4, 3: 9, 4: 16}
```

2. 将两个列表合并为一个字典

【例 4-63】 利用字典推导式合并一个字典示例。

```
list1 = ['name', 'age', 'gender']
list2 = ['Maomao', 2, 'male']
dict1 = {list1[i]: list2[i] for i in range(len(list1))}
print(dict1)
```

运行结果如下：

```
{'name': 'Maomao', 'age': 2, 'gender': 'male'}
```

将两个列表合并为一个字典，要注意如下两点：

（1）如果两个列表数据个数相同，len()函数统计任何一个列表的长度都可以。

（2）如果两个列表数据个数不同，len()函数统计数据多的列表数据个数会报错；len()函数统计数据少的列表数据个数则不会报错。

3. 提取字典中的目标数据

【例 4-64】 提取计算机价格大于或等于 2000 的数据。

```
goods_list = {'MAC': 6680, 'HP': 1950, 'DELL': 2010, 'Lenovo': 3990, 'acer': 1990}
new_goods_list = {key: value for key, value in goods_list.items() if value >= 2000}
print(new_goods_list)
```

运行结果如下：

```
{'MAC': 6680, 'DELL': 2010, 'Lenovo': 3990}
```

4.6.3　集合推导式

集合推导式与列表推导式是相似的，唯一的区别是它使用的是大括号。

【例 4-65】　将名字去重并把名字的格式统一为首字母大写。

```
names = [ 'Bob', 'JOHN', 'alice', 'bob', 'ALICE', 'James',
          'Bob','JAMES','jAMeS' ]
new_names = {n[0].upper() + n[1:].lower() for n in names}
print(new_names)
```

运行结果如下：

```
{'Bob', 'James', 'John', 'Alice'}
```

4.6.4　元组的生成器推导式

元组一旦创建，没有任何方法可以修改元组中的元素，只能使用 del 命令删除整个元组。Python 内部实现对元组做了大量优化，访问和处理速度比列表快。

生成器推导式的结果是一个生成器对象，而不是列表，也不是元组。使用生成器对象的元素时，可以根据需要将其转化为列表或元组。可以使用 __next__()或内置函数访问生成器对象，但不管使用何种方法访问其元素。当所有元素访问结束以后，如果需要重新访问其中的元素，必须重新创建该生成器对象。

生成器对象创建与列表推导式不同的地方就是，生成器推导式是用圆括号创建。

使用元组推导式可以快速生成一个元组，其表现形式与列表推导式类似，只是将列表推导式中的中括号"[]"修改为小括号"()"。

【例 4-66】　使用元组推导式生成一个包含 5 个随机数的生成器对象。

```
import random            #导入 random 标准库
randnum = ( random.randint(1,10) for i in range(5))
print("由随机数生成的元组对象: ",randnum)
```

运行结果如下：

```
由随机数生成的元组对象: <generator object <genexpr> at 0x0000000001DE0C78>
```

从上面的执行结果中可以看出，使用元组推导式生成的结果并不是一个元组或列表，而是一个生成器对象，这一点与列表推导式是不同的。要使用该生成器对象，可以将其转换为元组或列表。其中，转换为元组使用 tuple()函数，转换为列表则使用 list()函数。

【例 4-67】　使用元组推导式生成一个包含 5 个随机数的生成器对象，然后将其转换为元组并输出。

```
import random             #导入 random 标准库
randnum = ( random.randint(1,10) for i in range(5))
randnum = tuple(randnum)
print("转换后的元组: ",randnum)
```

运行结果如下：

```
转换后的元组：(10, 7, 3, 10, 4)
```

要使用通过元组推导器生成的生成器对象，还可以直接通过 for 循环遍历或直接使用方法进行遍历。

【例 4-68】　通过生成器推导式生成一个包括 5 个元素的生成器对象 number，然后应用 for 循环遍历该生成器对象，并输出每个元素的值，最后再将其转换为元组输出。

```python
number = (i for i in range(4))
for i in number:
    print(i,end=" ")
print(tuple(number))
```

运行结果如下：

```
0 1 2 3 ()
```

4.7　综合应用案例：实现简易版开心背单词系统

背单词是英语学习中最基础的一环，不少同学在背单词的过程中会整理自己的生词本，以不断拓展自己的词汇量。本案例要求编写生词本程序。

实现简易版开心背单词系统，首先定义生词本 vocab_set 为一个集合，集合元素是字典｛单词：中文翻译｝，程序是个无限循环，直到输入数字 6 结束。循环体内动态选择数字 1～6，分别执行"查看所有英语生词""进入背单词模式""添加新的英语生词""删除英语生词""清空单词本""退出"功能。

代码实现如下：

```python
vocab_set = set()
print(' =====欢迎来到开心背单词系统=====')
print('1.查看所有英语生词\t2.进入背单词模式')
print('3.添加新的英语生词\t4.删除英语生词')
print('5.清空单词本\t\t6.退出')
print('=' * 30)
while True:
    word_data_dict = {}
    fun_num = input('请输入功能编号：')
    if fun_num == '1':          #查看生词本
        if len(vocab_set) == 0:
            print('生词本内容为空')
        else:
            print(vocab_set)
    elif fun_num == '2':        #背单词
        if len(vocab_set) == 0:
            print('生词本内容为空。')
        else:
            for random_words in vocab_set:
                w = random_words.split(':')
```

```
                in_words = input("请输入" + w[1]+': \n')    #输入单词翻译
                if in_words == w[2].strip():
                    print('太棒了! ')
                else:
                    print('再想想…')
        elif fun_num == '3':                                    #添加新单词
            new_words = input('请输入新单词: ')
            new_china = input('请输入单词翻译: ')
            word_data_dict.update({'单词': new_words, '翻译': new_china})
            dict_str = str(word_data_dict).replace('{', '') \
                .replace('}', '').replace("'", '')
            vocab_set.add(dict_str)
            print('单词添加成功!')
            dict_str = dict_str.replace(',','')
            print(dict_str)
        elif fun_num == '4':                                    #删除单词
            if len(vocab_set) == 0:
                print('生词本为空')
            else:
                li_st = list(vocab_set)
                print(li_st)
                del_wd = input("请输入要删除的单词: ")
                for i in li_st:
                    if del_wd in i:
                        vocab_set.remove(i)
                        print('删除成功!')
                        break
                    else:
                        print('请输入正确的单词!')
        elif fun_num == '5':                                        #清空
            if len(vocab_set) == 0:
                print('生词本为空!')
            else:
                vocab_set.clear()
                print('已经清空!')
        elif fun_num == '6':
            print('欢迎下次使用! ')
            break
```

运行结果如下：

```
=====欢迎来到开心背单词系统=====
1.查看所有英语生词      2.进入背单词模式
3.添加新的英语生词      4.删除英语生词
5.清空单词本            6.退出
===============================
请输入功能编号: 3
请输入新单词: happy
请输入单词翻译: 高兴
单词添加成功!
```

```
单词：happy 翻译：高兴
请输入功能编号：3
请输入新单词：happiness
请输入单词翻译：幸福
单词添加成功！
单词：happiness 翻译：幸福
请输入功能编号：1
{'单词：happiness, 翻译：幸福', '单词：happy, 翻译：高兴'}
请输入功能编号：2
请输入 happiness, 翻译：
幸福
太棒了！
请输入 happy, 翻译：
高兴
太棒了！
请输入功能编号：6
欢迎下次使用！
```

4.8　本 章 小 结

本章首先对 Python 中的序列及序列的常用操作进行了简要的介绍，然后重点介绍了 Python 中的列表和元组，其中，元组可以理解为被上了"枷锁"的列表，即元组中的元素不可以修改。在介绍元组和列表时还分别介绍了采用推导式来创建列表或元组。这种方式可以快速生成想要的列表和元组，如果符合条件，推荐采用该方式。

随后，介绍了 Python 中的字典。字典与列表有些类似，区别是字典中的元素是由"键-值对"组成的。然后介绍了 Python 中的集合，集合的主要作用就是去重。至此，已经学习了 4 种序列结构，读者可以根据自己的实际需要选择使用合适的序列类型。

4.9　习　　　题

1. 输入一个字符串。请完成如下任务：

（1）打印第一个字符。

（2）打印最后一个字符。

（3）如果是奇数，打印中间的字符串(len(字符串))。

（4）打印倒数 3 个字符。

（5）倒序打印字符串。

2. 输入一个整数，根据该数打印一个矩形。

3. 判断字符串是否为回文，比如"上海自来水来自上海"。提示：字符串翻转。

4. 定义一个列表，然后正向、隔 2 个元素、逆序遍历各元素。

5. 查找列表中值最大的元素。

6. 查找列表中值最小的元素。

7. 输入学生姓名。要求：姓名不能重复；如果录入 esc，则停止录入，并打印每个学生姓名。

8. 利用列表,实现字符串的拼接,不采用"＋"连接字符串形成新的对象。

9. 连续输入字符,形成新的字符串后输出。遇到字符"q"后则退出。

10. 输入学生成绩,计算总分、最高分、最低分。对列表（[1,58,98,12,68,32]）的元素进行排序。

11. 创建新列表。要求:将原列表的每个元素中的元素求平方。

12. 创建新列表,如果元素是偶数,则将每个元素的平方存入新列表。

13. 利用元组计算某年 1 月 1 日到该年的某月某日之前有多少天。

14. 利用字典,判断季度与月份的对应关系,并输出（即输入季度,然后输出对应有哪些月份）。

15. 利用字典实现输入两个数字,并输入加、减、乘或除运算符号,然后输出运算结果。若输入其他符号,则退出程序。

16. 利用本章知识实现电影票售卖系统,建议实现让用户查看电影列表、购买电影票、查询购票记录等主要功能。

（1）查看电影列表:系统会展示当前可售卖的电影票列表,包括电影名称、演员、上映时间、票价等信息。

（2）购买电影票:用户可以选择电影并输入购票数量,系统会计算总票价并展示给用户确认。

（3）查询购票记录:用户可以查询自己的购票记录,包括购票时间、电影名称、购票数量、总票价等信息。

（4）退出系统:用户可以在任何时候退出系统。

第 5 章

Python 函数与函数式编程

在前面的章节中,所有编写的代码都是从上到下依次执行的,如果某段代码需要多次使用,就需要将该段代码多次复制,这种做法势必会影响开发效率。在实际开发中,如果有若干段代码的执行逻辑完全相同,可以考虑将这些代码抽象成一个函数,这样不仅可以提高代码的重用性,而且条理会更加清晰,可靠性更高。

从本质上来说,函数就是将一段具有独立功能的代码块整合为一个整体并命名,在需要的位置调用这个名称即可完成对应的需求。函数在开发过程中,可以更高效地实现代码重用。但如果不主动调用函数,代码是不会执行的。在调用函数的过程中需要外部代码将数据传入函数,而函数又要将内部的数据传给外部的代码。因此,完成数据交换需要两个要素:参数和返回值。如果外部代码需要调用函数,也需要有个名字,即函数名。因此在Python 中可以把函数的定义理解为一个拥有名称、参数和返回值的代码块。

本章将对如何定义和调用函数,以及函数的参数、变量的作用域等进行详细介绍。

学习目标:

(1) 理解函数的概念和作用,学会使用 def 关键字定义函数。

(2) 掌握函数的参数传递,包括位置参数、关键字参数、默认参数、可变参数等。

(3) 理解函数的作用域,学会使用全局变量和局部变量。

(4) 掌握函数的返回值,学会使用 return 语句。

(5) 理解函数式编程的核心概念,如匿名函数(lambda)等。

(6) 学会使用 Python 内置的函数式编程工具,如 map、filter、reduce 等。

(7) 学会使用递归函数解决实际问题。

(8) 了解闭包、装饰器、迭代器和生成器的概念与应用。

5.1 函数的定义和调用

在 Python 中,函数的应用非常广泛。在前面我们已经多次接触过函数。例如,用于输出的 print()函数、用于输入的 input()函数,以及用于生成一系列整数的 range()函数。这些都是 Python 内置的标准函数,可以直接使用。除了可以直接使用的标准函数外,Python 还支持自定义函数。

5.1.1 内置函数

内置函数是指已经被 Python 预先定义好的函数。在 Python 中内置了丰富的函数资源,可以用来进行数据类型转换与类型判断、统计计算、输入/输出等操作。比如,使用"dir

(__builtins__)"可以查看内置函数。

内置函数可以在程序中直接调用,其语法格式如下:

```
函数名(参数 1,参数 2,参数 3,…)
```

内置函数说明如下。

(1) 调用函数时,函数名后面必须加一对圆括号"()"。

(2) 函数通常都有一个返回值,表示调用的结果。

(3) 不同函数的参数个数不同,有的是必选的,有的是可选的。

(4) 函数的参数值必须符合所要求的数据类型。

(5) 函数可以嵌套调用,即一个函数可以作为另一个函数的参数。

5.1.2　自定义函数与调用

1. 函数的定义

函数的定义由函数名、函数参数和函数体三部分组成,其中函数名是必需的,函数参数和返回值是可选的。Python 定义函数以 def 开头,其语法格式如下:

```
def   函数名(参数列表):
    '''函数注释字符串'''
    函数体
```

参数说明如下。

- 函数代码块以 def 开头,后面紧跟的是函数名和圆括号(),以冒号(:)结束,因此函数内部的代码需要用缩进量来与外部代码分开。

- 函数名:定义函数的名字。在调用函数时使用,其命名规则跟变量的名字是一样的,即只能是字母、数字和下画线的任何组合,但不能以数字开头,并且不能与关键字重名。

- 函数的参数:可选参数,用于指定向函数中传递的参数。如果有多个参数,各参数间使用逗号","分隔。如果不指定,则表示该函数没有参数,在调用时,也不指定参数。参数必须放在圆括号中,即使函数没有参数,也必须保留一对空的小括号"()",否则将显示语法错误。由于 Python 是动态语言,所以函数参数与返回值不需要事先指定数据类型。

- 函数注释字符串(函数的说明文档):函数的说明文档也叫函数的文档说明,可选参数,表示为函数指定注释,注释的内容通常是说明该函数的功能、要传递的参数的作用等,在调用函数时,输入函数名称及左侧的小括号,可以为用户提供友好提示和帮助的内容。通常使用一对单引号或双引号将多行注释内括起来,且可以由 help(函数名)查看。

- 函数体:可选参数,实现函数功能的代码块。如果函数有返回值,可以使用 return 语句返回,结束函数,返回值传给调用方。return 语句可以返回任何值,可以返回一个值,一个变量,或另外一个函数的返回值。不带表达式的 return 相当于返回 None。如果想定义一个什么也不做的空函数,可以使用 pass 语句作为占位符。

函数体和注释相对于 def 关键字必须保持一定的缩进。

需要注意的是，如果参数列表包含多个参数，默认情况下，参数值和参数名称是按函数声明中定义的顺序匹配的。

【例 5-1】 定义一个打印信息的函数。

```
def printInfo():
    '''定义一个函数,能够完成打印信息的功能
    '''
    print('-------------------------------------')
    print('不忘初心,牢记使命')
    print('-------------------------------------')
```

运行上面的代码，将不显示任何内容，也不会抛出异常，因为 printInfo() 函数还没有被调用。

【例 5-2】 定义一个查看函数说明文档的函数。

```
#函数的说明文档的高级使用
def sum_num1(a, b):
    """
    求和函数 sum_num1
    :param a: 参数 1
    :param b: 参数 2
    :return: 返回值
    """
    return a + b

help(sum_num1)
```

运行结果如下：

```
Help on function sum_num1 in module __main__:

sum_num1(a, b)
求和函数 sum_num1
    :param a: 参数 1
    :param b: 参数 2
    :return: 返回值
```

由上例可以看出，help()函数的作用是查看函数的说明文档（函数的解释说明的信息）。

2. 函数的调用

定义了函数后，就相当于有了一段具有某些功能的代码，想要让这些代码能够执行，需要调用它。所谓函数调用，就是使用已经定义好的函数来完成某个特定功能的过程。

函数在被调用时，解释器并不会将被调用函数的函数体代码复制一份插入调用函数的那个代码位置，而是使程序的控制流直接转移到被调用函数的函数体中，再执行其中的代码。当函数体中的代码执行到结尾时，控制流再从函数体中转回到调用函数的代码位置（即调用点）之后，以执行后续的代码。

调用函数只需使用函数名和实参列表，其语法格式如下：

```
函数名称([函数参数])
```

参数说明如下。

- 函数名称：要调用的函数名称必须是已经创建好的。
- 可选参数：用于指定各个参数的值。如果需要传递多个参数值，则各参数值间使用逗号","分隔。如果该函数没有参数，则直接写一对小括号即可。

【例 5-3】　调用 5.1.2 节中的 printInfo() 函数。

```
printInfo()
```

运行结果如下：

```
------------------------------------
不忘初心,牢记使命
------------------------------------
```

5.1.3　函数的返回值

到目前为止，上述创建的函数都只是为做一些事，做完了就结束。但实际上，有时还需要对事情的结果进行获取。这类似于主管向下级员工下达命令，员工去做，最后需要将结果报告给主管。假设我们把函数看作工厂里的机器，往机器里输送生产用的材料，最终机器会将产品生产好。这里可以把产品的材料看作函数的参数，做好的产品看作函数的输出，而生产过程就是函数体的代码了。

为函数设置返回值的作用就是将函数的处理结果返回给调用它的函数。所谓"返回值"，就是程序中的函数完成一件事情后，返回给调用者的结果。

在 Python 中，可以在函数体内使用 return 语句为函数指定返回值。该返回值可以是任意类型，并且无论 return 语句出现在函数的什么位置，只要得到执行，就会直接结束函数的运行。

return 语句的语法格式如下：

```
return [value]
```

参数说明如下。

- return：为函数指定返回值后，在调用函数时，可以把它赋给一个变量（如 result），用于保存函数的返回结果；可以返回一个或多个值。如果返回一个值，那么 result 中保存的就是返回的一个值，该值可以是任意类型；如果返回多个值，那么这些值会聚集起来并以元组类型返回。
- value：可选参数，用于指定要返回的值，可以返回一个值，也可返回多个值。当函数中没有 return 语句时，或省略了 return 语句的参数时，将返回 None，即返回空值。

【例 5-4】　自定义函数名称为 fun_area() 的函数，用于计算矩形的面积，该函数包括两个参数，分别为矩形的长和宽，返回值为矩形的面积。

```
#定义计算矩形面积的函数
def fun_area(width,height):
    if str(width).isdigit() and str(height).isdigit():    #验证数据是否合法
        area = width * height                             #计算矩形面积
    else:
        area = 0
    return area                                           #返回矩形的面积
```

```
w = 30   #矩形的宽
h = 15   #矩形的长
area = fun_area(w,h)    #调用函数
print(area)
```

运行结果如下：

```
450
```

由上例可以看出，return 作用：

● 负责函数返回值。

● 退出当前函数：导致 return 后面的所有代码（函数体内部）不被运行。

一般情况下，每个函数都有一个 return 语句，如果函数没有定义返回值，那么返回值就是 None，None 表示没有任何值，属于 NoneType 类型。返回值个数与返回值类型的对应关系如表 5-1 所示。

表 5-1   返回值对应类型

返回值个数	返回值类型
0	None
1	Object
大于 1	Tuple

如果一个函数要有多个返回值，可以采取"return a，b"写法，返回多个数据时，默认是元组类型。return 后面也可以连接列表、元组或字典，以返回多个值。

5.1.4   函数的嵌套调用

在一个函数中调用了另外一个函数，这就是所谓的函数嵌套调用。其执行流程是，如果函数 A 调用了另外一个函数 B，那么先把函数 B 中的任务都执行完毕之后才会回到上次函数 A 执行的位置。

【例 5-5】   函数的嵌套调用示例。

```
#计算三个数之和
def sum_num(a, b, c):
    return a + b + c

#求三个数的平均值
def average_num(a, b, c):
    sumResult = sum_num(a, b, c)
    return sumResult / 3

result = average_num(1, 2, 3)
print(result)
```

运行结果如下：

```
2.0
```

5.2   函数的参数与值传递

在调用函数时，大多数情况下，主调函数和被调用函数之间有数据传递关系，这就是有参数的函数形式。函数参数的作用是允许把用户输入数据传递给函数，使函数能够根据这

些数据执行相应的操作并返回结果。函数参数在定义函数时放在函数名称后面的一对小括号中。函数参数的优势是函数调用时可以传入真实数据，以提高函数使用的灵活性。

5.2.1　函数的形参和实参

在使用函数时，经常会用到形式参数和实际参数，二者关系类似于剧本选主角一样，剧本的角色相当于形参，而演角色的演员就相当于实参。其中，

- 形式参数：在定义函数时，函数名后面括号中的参数为"形式参数"，简称"形参"。形参对于函数调用者来说是透明的，即形参叫什么，与调用者无关。形参是在函数内部使用的，函数外部并不可见。
- 实际参数：在调用一个函数时，函数名后面括号中的参数为"实际参数"，简称"实参"，也就是将函数的调用者提供给函数的参数称为实参。

根据实参的类型不同，可以分为将实参的值传递给形参和将实参的引用传递给形参两种情况。其中，当实参为不可变对象时，进行的是值传递；当实参为可变对象时，进行的是引用传递。

实际上，值传递和引用传递的基本区别就是，进行值传递后，改变形参的值，实参的值不变；进行引用传递后，改变形参的值，实参的值也一同改变。

【例 5-6】　定义一个名称为 printString() 的函数，然后为 printString() 函数传递一个字符串类型的变量作为参数（代表值传递），并在函数调用前后分别输出该字符串变量，再为 printString() 函数传递列表类型的变量作为参数（代表引用传递），并在函数调用前后分别输出该列表。

```
#定义函数
def printString(obj):
    print("原值: ",obj)
    obj += obj
#调用函数
print("------------值传递------------")
strslogan = "不忘初心,牢记使命"
print("函数调用前: ",strslogan)
printString(strslogan)    #采用不可变对象: 字符串
print("函数调用后: ",strslogan)
print("-----------引用传递------------")
listslogan = ["不忘初心","牢记使命"]
print("函数调用前: ",listslogan)
printString(listslogan)            #采用可变对象: 列表
print("函数调用后: ",listslogan)
```

运行结果如下：

```
------------值传递------------
函数调用前: 不忘初心,牢记使命
原值: 不忘初心,牢记使命
函数调用后: 不忘初心,牢记使命
-----------引用传递------------
函数调用前: ['不忘初心', '牢记使命']
原值: ['不忘初心', '牢记使命']
函数调用后: ['不忘初心', '牢记使命', '不忘初心', '牢记使命']
```

从上面的执行结果中可以看出,在进行值传递时,改变形参的值后,实参的值不改变;在进行引用传递时,改变形参的值后,实参的值也发生改变。

如果传递的变量类型是数值、字符串、布尔等类型,那就是值传递;如果传递的变量类型为序列、对象(后边章节会介绍)等复合类型,就是引用传递。由于值传递就是在传递时将自身复制一份,而在函数内部接触的参数实际上是传递给函数的变量的副本,修改副本的值自然不会影响原始变量。而像序列、对象这样的复合类型变量,在传入函数时,实际上也将其复制了一份,但复制的不是变量中的数据,而是变量的引用。因为这些复合类型在内存是一块连续或不连续的内存空间保存,要想找到这些复合类型的变量传入函数,复制的是内存空间的首地址,而这个首地址就是复合类型数据的引用。

【例5-7】 根据身高、体重计算 BMI 值。

定义一个名为 fun_bmi() 的函数,该函数包括 3 个参数,分别用于指定姓名、身高和体重,再根据公式 BMI=体重/(身高×身高),计算 BMI 值,并输出结果。

```python
def fun_bmi(person,height,weight):
    '''功能：根据身高和体重计算 BMI 值
    :param person: 姓名
    :param height: 身高
    :param weight: 体重
    :return: none
    '''
    print(person+"的身高为: "+str(height)+"米;体重为: "+str(weight)+"千克")
    bmi = weight/(height * height)
    print(person+"的 BMI 值为: "+str(bmi))
    #判断身材是否正常
    if bmi < 18.5:
        print("你的体重过轻!")
    if bmi >= 18.5 and bmi < 24.9:
        print("正常范围,注意保持。")
    if bmi >= 24.9 and bmi < 29.9:
        print("你的体重过重!")
    if bmi >= 29.9:
        print("肥胖!")
#函数定义
fun_bmi("李福", 1.78 , 75)
```

运行结果如下：

```
李福的身高为: 1.78 米;体重为: 75 千克
李福的 BMI 值为: 23.671253629592222
正常范围,注意保持。
```

5.2.2 位置参数

位置参数也称必备参数,调用函数时根据函数定义的参数位置来传递参数。当调用函数时,传入的参数位置是和定义函数的参数位置对应的,即调用时的数量和位置必须和定义时是一样的。

1. 数量必须与定义时一致

在调用函数时,指定的实参的数量必须与形参的数量一致,否则将抛出 TypeError 异常，提示缺少必要的位置参数。

例如，调用根据身高、体重计算 BMI 值的函数 fun_bmi(person,height,weight)，若参数少传一个，即只传递两个参数，如 fun_bmi("高晓萌",1.75)，将抛出 TypeError 异常类型。

2. 位置必须与定义时一致

在调用函数时，指定的实参的位置必须与形参的位置一致，否则将产生以下两种结果：

（1）形参和实参的类型一致，而产生的结果和预期不一致。

（2）实参的类型与形参的类型不一致，类型不能正常转换，抛出 TypeError 异常类型。

由于调用函数时，传递的实参位置与形参位置不一致时，并不会总是抛出异常，所以在调用函数时一定要确定好位置，否则容易产生错误（Bug），而且不容易被发现。

【例 5-8】 位置参数的应用示例。

```python
def winprize(name, prize):
    return "{}荣获{}".format(name, prize)
#调用函数
print(winprize("李二毛", "特等奖"))
```

在上述例子中，如果使用代码 print(winprize("特等奖","李二毛"))调用函数，并不会抛出异常，但会输出如下内容：

```
特等奖荣获李二毛
```

显然，输出内容并不符合要求，这是位置参数所致，因此位置参数传递和定义参数的顺序及个数必须一致。

5.2.3 关键字参数

关键字参数是指使用形参的名字来确定输入的参数值。函数调用，通过"键=值"形式加以指定，可以让函数更加清晰、容易使用，同时也清除了参数的顺序需求。通过该方式指定实参时，不再需要与形参的位置完全一致，只要将参数名写正确即可。这样可以避免用户牢记参数位置的麻烦，使得函数的调用和参数传递更加灵活方便。例如：

```python
print(winprize(prize="特等奖",name="李二毛"))
```

关键字参数也可以与位置参数混合使用，比如：

```python
"print(winprize("李二毛", prize="特等奖"))"
```

在混合使用时，关键字参数必须放在位置参数后面，否则会抛出异常。

【例 5-9】 关键字参数应用示例。

```python
def user_info(name, age, gender):
    print(f'您的名字是{name}，年龄是{age}，性别是{gender}')
user_info('Rose', age=20, gender='女')
user_info('Huayi', gender='男', age=6)
```

运行结果如下：

```
您的名字是 Rose，年龄是 20，性别是女
您的名字是 Huayi，年龄是 6，性别是男
```

由上例可以看出，函数调用时，如果有位置参数时，位置参数必须在关键字参数的前面，但关键字参数之间不存在先后顺序。

5.2.4　默认参数

定义函数时，可以给函数的参数设置默认值，这个参数就被称为默认参数。调用函数时，如果没有指定某个参数，那么将抛出异常。为了解决这个问题，可以为参数设置默认值，即在定义函数时，直接指定形参的默认值。这样，当没有传入参数时，则直接使用定义函数时设置的默认值。定义带有默认值参数的函数的语法格式如下：

```
def  函数名(…,[参数 n=默认值]):
    "函数注释字符串"
    函数体
```

在定义函数时，指定默认的形参必须在所有参数的最后，否则将产生语法错误。

当调用函数时，由于默认参数在定义时已经被赋值，所以可以直接忽略，而其他参数是必须传入值的。如果默认参数没有传入值，则直接使用默认的值；如果默认参数传入了值，则使用传入的新值替代。

【例 5-10】　函数定义时设置默认参数，调用时验证其功能。

```
def printInfo(name, age = 100):
    #打印任何传入的字符串
    print("Name:", name)
    print("Age:", age)
#调用 printInfo 函数
printInfo(name="cau")
printInfo(name="cau",age=110)
```

运行结果如下：

```
Name: cau
Age: 100
Name: cau
Age: 110
```

定义函数时，为形参设置默认值要牢记一点：默认参数必须指向不可变对象。若使用可变对象作为函数参数的默认值时，多次调用可能导致意料之外的情况。若参数中有位置参数，所有位置参数必须出现在默认参数前，包括函数定义和调用。

5.2.5　不定长可变参数

在 Python 中，还可以定义可变参数。不定长参数也叫可变参数，用于不确定调用时会传递多少个参数（不传参也可以）的场景。可变参数即传入函数中的实参可以是零个、一个、两个到任意个。通常，在定义一个函数时，若希望函数能够处理的参数个数比当初定义的参数个数多，此时可以在函数中使用不定长参数。

定义可变参数时，主要有两种形式，一种是 * args（也可以是别的标识符），另一种是**kwargs。

1. * args 形式

这种形式表示接收任意多个实参并将其放到一个元组中。

【例 5-11】　定义一个函数,使其可以接收任意多个实参。

```
#定义函数
def printschool(*name):
    print("\n我梦想的大学: ")
    for item in name:
        print(item)
#调用函数
printschool('清华大学')
printschool('清华大学','北京大学')
printschool('清华大学','北京大学','中国农业大学')
```

运行结果如下:

```
我梦想的大学:
清华大学

我梦想的大学:
清华大学
北京大学

我梦想的大学:
清华大学
北京大学
中国农业大学
```

如果想要使用一个已经存在的列表作为函数的可变参数,可以在列表的名称前加"*"。例如:

```
schoolname=['清华大学','北京大学','中国农业大学']
printschool(*schoolname)
```

使用可变参数需要考虑形参位置的问题。如果在函数中既有普通参数,也有可变参数,通常可变参数会放在最后。若可变参数放在函数参数的中间或最前面,在调用函数时,可变参数后面的普通参数要用关键字参数形式传递参数。如果可变参数在函数参数的中间位置,而且为可变参数后面的普通参数传值时也不想使用关键字参数,那么就必须为这些普通参数指定默认值。

2. **kwargs 形式

如果要使用一个已经存在的字典作为函数的可变参数,可以在字典的名称前加"**"。这种形式表示接收任意多个类似关键字参数一样显式赋值的实际参数,并将其放到一个字典中。

【例 5-12】　定义一个函数,使其可以接收任意多个显式赋值的实参。

```
#定义函数
def printProvince(**provinceName):
    for key,value in provinceName.items():
        print(key+"省的简称为: "+value)
#调用函数
printProvince(安徽='皖',河北='冀')
```

运行结果如下：

```
安徽省的简称为：皖
河北省的简称为：冀
```

如果想要使用一个已经存在的字典作为函数的可变参数，可以在字典的名称前加"**"。例如：

```
provinceName = {安徽:'皖',河北:'冀'}
printProvince(* * provinceName)
```

在传递参数时，字典和列表（元组）的主要区别是字典前面需要加两个星号（定义函数与调用函数都需要加两个星号），而列表（元组）前面只需加一个星号。

5.2.6　可变参数的装包与拆包

* args 和 **kwargs 是在 Python 的代码中经常用到的两个参数，其中 * args 用于接收多余的未命名参数，**kwargs 用于接收形参中的命名参数，其中 args 是一个元组类型，而 kwargs 是一个字典类型的数据。

装包就是把未命名参数和命名参数分别放在元组或字典中。拆包是将一个序列类型的数据拆开为多个数据，分别赋值给变量，位置对应。

【例5-13】　参数 * agrs 装包与拆包过程示例。

```
def run(a, * args):
    #第一个参数传给了 a
    print(a)
    #args 是一个元组，里面是第 2 个和第 3 个参数
    print(args)
    # * args 是将这个元组中的元素依次取出来
    print("对 args 拆包")
    print(* args)   # * args 相当于 a,b = args
    print("将未拆包的数据传给 run1")
    run1(args)
    print("将拆包后的数据传给 run1")
    run1(* args)

def run1(* args):
    print("输出元组")
    print(args)
    print("对元组进行拆包")
    print(* args)

run('Rose','Tome', 'King')
```

运行结果如下：

```
Rose
('Tome', 'King')
对 args 拆包
Tome King
将未拆包的数据传给 run1
```

```
输出元组
(('Tome', 'King'),)
对元组进行拆包
('Tome', 'King')
将拆包后的数据传给 run1
输出元组
('Tome', 'King')
对元组进行拆包
Tome King
```

由上述例子可以看出：

（1）传进的所有参数都会被 args 变量收集，它会根据传进参数的位置合并为一个元组，args 是元组类型。

（2）形参 * args 中真正接收数据的 args，它是一个元组，把传进来的数据放在了 args 这个元组中。

（3）函数体中的 args 依然是那个元组，只不过这里的 * args 的含义是把元组中的数据进行拆包，也就是把元组中的数据拆成单个数据。

（4）对于 args 元组，如果不对其进行解包就将其作为实参传给其他以 * args 作为形参的函数时，args 元组会被看作一个整体，作为一个类型为元组的数据传入。

【例 5-14】 参数**kwargs 装包与拆包过程示例。

```
def run(**kwargs):          #传来的 key = value 类型的实参会映射成 kwargs 里面的键和值
    #kwargs 是一个字典，将未命名参数以"键-值对"的形式
    print(kwargs)
    print("对 kwargs 拆包:")
    #  此处可以把**kwargs 理解成对字典进行了拆包，{"k":2,"v":4}的 kwargs 字典又
    #被拆成了 k=2,v=4 传递给 run1,但**kwargs 是不能像之前的 * args 那样打印出来
    run1(**kwargs)
    #print(**kwargs)

def run1(k, v):             #此处的参数名一定要与字典的键的名称一致
    print(k, v)
run(k=2,v=4)
```

运行结果如下：

```
{'k': 2, 'v': 4}
对 kwargs 拆包:
2 4
```

5.3　变量的作用域

变量的作用域是指程序代码能够访问该变量的区域，如果超出该区域，再访问时就会出现错误，即变量生效的范围。在程序中，一般会根据变量的"有效范围"将变量分为"局部变量"和"全局变量"。

5.3.1　LEGB 原则

所谓"LEGB"，是 Python 中四层作用域范围的英文名字首字母缩写。

第一层是 L(local)，表示在一个函数定义中，而且在这个函数里面没有再包含函数的定义。

第二层是 E(enclosing function)，表示在一个函数定义中，但这个函数里面还包含有函数的定义，其实 L 层和 E 层只是相对的。

第三层是 G(global)，表示一个模块的名称空间，也就是说在一个.py 文件中，且在函数或类外构成的一个空间，这一层空间对应的是全局范围。

第四层是 B(builtin)，表示 Python 解释器启动时就已经加载到当前编程环境中的范围，之所以叫 builtin，是因为在 Python 解释器启动时会自动载入_builtin_模块，这个模块中的 list、str 等内置函数就处于 B 层的名称空间中，这一层空间对应上面所说的内置名称空间。

在 Python 中，程序的变量并不是在哪个位置都可以访问的，访问权限决定于这个变量是在哪里赋值的。

【例 5-15】　函数变量的取值应用。

```
#定义函数
a=10
def test():
    a=20
    print("a 的值是",a)
#调用函数
test()
```

运行结果如下：

```
a 的值是 20
```

上述代码有两个变量 a，当在 test()函数中输出变量 a 的值时，为什么输出的是 20，而不是 10 呢？其实，这就是因变量作用域不同而导致的。

变量的作用域决定了在哪一部分程序可以访问哪个特定的变量名称。Python 中的变量是采用 L→E→G→B 的规则查找的，即 Python 检索变量时，先在局部中查找，如果找不到；再会去局部外的局部找（例如闭包），还找不到就会去全局找，最后去内置中找。

5.3.2　全局变量和局部变量

1. 局部变量

局部变量是指在函数内部定义并使用的变量，它只在函数内部有效。也就是说，函数内部的名字只在函数运行时才会创建，在函数运行之前或运行完毕之后，所有的名字就都不存在了。所以，如果在函数外部使用函数内部定义的变量，就会出现抛出 NameError 异常。

定义在 def 函数内的变量名，只能在 def 函数内使用，它与函数外具有相同名称的其他变量没有任何关系。不同的函数，可以定义相同名字的局部变量，并且各个函数内的变量不会产生影响。

局部变量的作用是,在函数体内部临时保存数据,即当函数调用完成后,则销毁局部变量。

【例 5-16】　局部变量的使用。

```
def test1():
    num=100
    print("test1 中的 num 值为: %d"%num)
def test2():
    num=200
    print("test2 中的 num 值为: %d"%num)
#函数调用
test1()
test2()
```

运行结果如下:

```
test1 中的 num 值为: 100
test2 中的 num 值为: 200
```

2. 全局变量

局部变量只能在其被声明的函数内部访问,而全局变量可以在整个程序范围内访问。与局部变量不同,全局变量能够作用于函数内外的变量,是在函数体内外都能生效的变量。

全局变量主要有以下两种情况。

(1)在函数外定义变量:如果一个变量在函数外定义,那么不仅在函数外可以访问到,在函数内也可以访问到。全局变量是定义在函数外的变量,它拥有全局作用域。

【例 5-17】　全局变量和局部变量的应用。

```
result=100                                  #全局变量
def sum (a, b):
    result=a+b                              #局部变量
    print("函数内的 result 的值为: ",result)   #result 在这里是局部变量
    return  result
#调用 sum 函数
sum(100, 200)
print("函数外的变量 result 是全局变量,等于",result)
```

运行结果如下:

```
函数内的 result 的值为: 300
函数外的变量 result 是全局变量,等于 100
```

(2)在函数体内定义变量:在函数体内定义,并且使用 global 关键字修饰后,该变量也就变为全局变量。在函数体外也可以访问到该变量,并且在函数体内还可以对其访问。

【例 5-18】　global 关键字的应用。

```
a=100
def test():
    global a
    a+=100
    print (a)
test()
```

运行结果如下:

```
200
```

从上面的结果可以看出，在函数内部定义的变量即使与全局变量重名，也不影响全局变量的值。如果要在函数体内部改变全局变量的值，就需要在定义局部变量时，使用 global 关键字修饰。

尽管 Python 允许全局变量与局部变量重名，但在实际开发时，不建议这么做，因为这样容易让代码混乱，很难分清哪个是全局变量，哪个是局部变量。

5.4　函数嵌套和递归函数

5.4.1　函数嵌套

函数嵌套是指在函数中调用另外的函数。这是函数式编程的重要结构，也是编程中最常用的一种程序结构。

Python 语言不允许出现函数的嵌套定义（即一个函数定义的内部不允许出现另一个函数的定义），因此各函数之间是平行的，不存在上一级函数和下一级函数的问题。但 Python 语言允许在一个函数的定义中出现对另一个函数的调用，这样就出现了函数的嵌套调用，即在被调函数中又调用其他函数。例如，两层函数嵌套调用的执行过程是：当执行调用 a() 函数的语句时，主程序中断转去执行 a() 函数；在 a() 函数中调用 b() 函数时，将中断 a() 函数的执行，转去执行 b() 函数；b() 函数执行完毕返回 a() 函数的中断点继续执行；a() 函数执行完毕返回主程序的中断点继续执行。

【例 5-19】　函数的嵌套调用。

实现代码如下。

```
#计算三个数之和
def sum_num(a, b, c):
    return a + b + c

#求三个数的平均值
def average_num(a, b, c):
    sumResult = sum_num(a, b, c)
    return sumResult / 3

result = average_num(1, 2, 3)
print(result)
```

运行结果如下：

```
2.0
```

5.4.2　递归函数

通过前面的学习可以知道，一个函数的内部可以调用其他函数。但是，如果一个函数在内部不是调用其他的函数，而是调用自身，这个函数就是递归函数。

接下来，通过一个计算阶乘 $n! = 1 \times 2 \times 3 \times \cdots \times n$ 的例子来演示递归函数的使用。

【例 5-20】　应用递归函数计算 5!。

```
def fn(num):
    if num==1:
        result=1
    else:
        result=fn(num-1) * num
    return result
n=int(input("请输入一个正整数:"))
print("%d! ="%n, fn(n))
```

运行结果如下：

```
请输入一个正整数:5
5! = 120
```

接下来，通过图 5-1 描述 5!算法的执行过程。

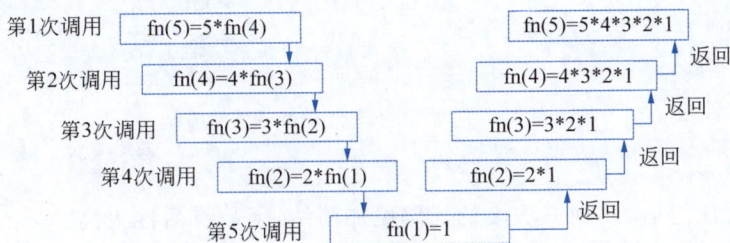

图 5-1　计算 5!的执行过程

由上述例子可以看出，递归函数具有如下特征。

（1）递归函数必须有一个明确的结束条件。

（2）递归的递推（调用）和回归（返回）过程，与入栈和出栈类似。这是因为在计算机中，函数的调用其实就是通过栈这种数据结构实现的。每调用一次函数，就会执行一次入栈，每当函数返回，就执行一次出栈。由于栈的大小是有限的，因此，递归调用的次数过多，会导致栈内存的溢出。

递归结构往往消耗内存较大，因此能用迭代解决的问题尽量不要用递归。

5.5　函数式编程

函数式编程（Functional Programming）是一种抽象程度较高的编程范式。它的一个重要特点是在编写的函数中没有变量，这就解决了在函数中定义、使用变量导致的输出不确定等问题。

函数式编程的另一个特点是可以把函数作为参数传入另一个函数。由于 Python 的函数式编程允许使用变量，因此，Python 不是纯函数式编程语言，它只对函数式编程提供部分支持。

函数式编程编写的代码将数据、操作、返回值等都放在一起，使代码更加简洁。

高阶函数是函数式编程的体现。所谓高阶函数就是一个函数可以接收另一个函数作为参数，这样的函数称为高阶函数。

在 Python 中，abs()函数可以完成对数字求绝对值的计算。

方法 1：利用函数定义调用方式求和。

```
def add_num(a, b):
    return abs(a) + abs(b)

result = add_num(-1, 2)
print(result)
```

运行结果如下：

```
3
```

方法 2：利用定义高阶函数求和。

```
def sum_num(a, b, f):
    return f(a) + f(b)

result = sum_num(-1, 2, abs)
print(result)
```

运行结果如下：

```
3
```

两种方法对比之后，发现方法 2 的代码更加简洁，函数灵活性更高。

在 Python 中，round()函数可以完成对数字的四舍五入计算。对于方法 2，如果想计算两个四舍五入的数的和，就可以写成：

```
result = sum_num((1.9,2.5,round))
```

此时 result 的结果为 4。

由此可以看出，函数式编程大量使用函数，减少了代码的重复，因此程序比较短，开发速度较快。

5.5.1　匿名函数：lambda

匿名函数(lambda)是不需要显示指定函数名的函数，也就是不再使用 def 语句定义的函数，一般应用在需要一个函数但又不想费神去命名这个函数的场合。通常情况下，这样的函数只使用一次。

匿名函数的优点主要是，无须为其指定函数名，定义后即刻调用，语法结构简单等。匿名函数一般用于数据分析处理中。

在 Python 中，使用 lambda 表达式创建匿名函数，其语法格式如下：

```
result = lambda [arg1 [,arg2, …, argn]]:expression
```

参数说明如下：

- result：用于调用 lambda 表达式。
- arg1 [,arg2, …, argn]：可选参数，用于指定要传递的参数列表，多个参数间使用逗号分隔。
- expression：必选参数，用于指定一个实现具体功能的表达式。如果有参数，那么在该表达式中将应用这些参数。

使用 lambda 表达式时,参数可以有多个,用逗号","分隔,但表达式只能有一个,即只能返回一个值,而且不能出现其他非表达式语句(如 for 或 while)。

lambda 表达式的首要用途是指定短小的回调函数。

【例 5-21】　匿名函数的应用。

```
sum = lambda arg1, arg2: arg1 + arg2
#调用 sum 函数
print("运行结果: ", sum(10, 20))
print("运行结果: ", sum(20, 20))
```

运行结果如下:

```
运行结果: 30
运行结果: 40
```

需要注意的是,使用 lambda 声明的匿名函数能接收任何数量的参数,但只能返回一个表达式的值。匿名函数不能直接调用 print()函数,因为 lambda 需要一个表达式。

在某些场景下,匿名函数非常有用。假设要对两个数进行运算,如果希望声明的函数支持所有的运算,可以将匿名函数作为函数参数传递。

【例 5-22】　匿名函数作为内置函数的参数应用。

```
stus = [
    {"name":"晓萌", "age":18},
    {"name":"桃红", "age":19},
    {"name":"草绿", "age":17}
]
#按 name 排序:
stus.sort(key = lambda x:x['name'])
print("按 name 排序后的结果为: \n",stus)
#按 age 排序
stus.sort(key = lambda x:x['age'])
print("按 age 排序后的结果为: \n",stus)
```

运行结果如下:

```
按 name 排序后的结果为:
[{'name': '晓萌', 'age': 18}, {'name': '桃红', 'age': 19}, {'name': '草绿', 'age':
17}]
按 age 排序后的结果为:
[{'name': '草绿', 'age': 17}, {'name': '晓萌', 'age': 18}, {'name': '桃红', 'age':
19}]
```

注意：与 def 相比,lambda 创建的函数区别如下。

- def 创建的函数是有名称的,而 lambda 创建的函数没有名称,这是最明显的区别之一。
- lambda 返回的结果通常是一个对象或一个表达式,它不会将结果赋给一个变量,而 def 则可以。
- lambda 只是一个表达式,函数体比 def 简单很多,而 def 是一条语句。
- lambda 表达式的冒号后面只能有一个表达式,def 可以有多个。

- if、while 和 for 等语句不能用于 lambda 中，def 可以。
- lambda 一般用来定义简单的函数，而 def 可以定义复杂的函数。
- lambda 函数不能共享给别的程序调用，def 可以。

5.5.2 内置高阶函数：map()

map() 函数用于快速处理序列中的所有元素。该函数需要两个参数，第一个是具体处理序列的函数，称为映射函数；第二个是一个或多个序列。序列的具体数目须根据映射函数的需要来决定。map() 函数对序列中每个元素进行操作，最终获取新的序列。

map() 函数的语法格式如下：

```
map(func, * iterables) -->map object
```

参数说明如下：

- function：函数名，可以是 Python 内置的，也可以是自定义的。
- Iterable：可以迭代的对象，例如列表、元组、字符串。

返回值：map() 函数的返回结果是一个 object 类型的对象。

【例 5-23】 对于 list [1，2，3，4，5，6，7，8，9]，如果希望对 list 中的每个元素求平方，就可以用 map() 函数。因此，只需要传入函数 f(x) = x * x，就可以利用 map() 函数完成这个计算。

```
#1. 准备列表数据
list_01 = [1, 2, 3, 4, 5, 6, 7, 8, 9]
#2. 准备求平方计算的函数
def f(x):
    return x * x
#3. 调用 map()
result = map(f, list_01)
#4. 显示结果
print(list_01)
print(result)
print(list(result))
```

运行结果如下：

```
[1, 2, 3, 4, 5, 6, 7, 8, 9]
<map object at 0x00000000021DF668>
[1, 4, 9, 16, 25, 36, 49, 64, 81]
```

由上述示例可以看出，map() 函数的作用是以参数序列中的每个元素分别调用 func() 函数，把每次调用后返回的结果保存到返回值中。map() 函数不会改变原有的 list，而是返回一个新的对象。这里对 f(x) 的定义也可以改为匿名函数，比如 f = lambda x: x * x，也可以实现上述结果。

由于 list 包含的元素可以是任何类型，因此，map() 不仅仅可以处理只包含数值的 list，事实上它还可以处理包含任意类型的 list，只要传入的函数 f 可以处理这种数据类型。

5.5.3　内置高阶函数：reduce()

在 Python 3 中，reduce()函数接收映射函数和一个列表对象，把函数或匿名函数依次作用在列表的两个元素上并进行操作，再将得到的元素与第 3 个元素进行操作，以此类推，得到一个结果并返回。reduce()函数可以替换 for 循环实现功能迭代计算。

reduce()函数的语法格式如下：

```
结果序列 = reduce (映射函数,序列 1[,序列 2,…])
```

（1）reduce()函数常用于将序列中的元素从左到右依次传递给映射函数处理。其中映射函数为预先定义好的函数或直接由 lambda 定义的匿名函数表达式,函数或匿名函数必须接收 2 个参数。可迭代对象为可以直接迭代取出的序列对象,如列表、元组和生成器。

（2）reduce()函数首先取出序列的第 1 个和第 2 个元素作为参数传递给映射函数,得到的返回结果与第 3 个参数一起作为参数传递给函数,以此类推,直到所有的序列元素处理完毕,得到的最终结果就是 reduce()函数的最终返回结果。比如：

```
reduce(lambda x, y: x + y,[1,2,3,4])
```

执行步骤如下：

先将 1、2 传入,结果为：

```
1+2 = 3
```

再将 3、3 传入,结果为：

```
3+3 = 6
```

再将 6、4 传入,结果为：

```
6+4 = 10
```

最终结果为：

```
10
```

在 Python 3 中,reduce() 函数已经被从全局名字空间里移除了,它现在被放置在 functools 模块里,因此使用前要先导入该模块。

【例 5-24】 reduce()的应用。

```
#1.导入模块
from functools import reduce
#2.定义功能函数
def myadd(x,y):
    return x+y
#3.调用 reduce,其作用是,功能函数计算的结果与序列的下一个数据做累计计算
sum=reduce(myadd,(1,2,3,4,5,6,7))
print(sum)
```

运行结果如下：

```
28
```

上述例子中的函数可以由匿名函数表达,因此上述例题可以改为：

```
sum=reduce(lambda x,y:x+y,(1,2,3,4,5,6,7))
print(sum)
```

reduce()与 map()函数的差异点：①在功能上，reduce()函数实现对每两个元素的操作，其结果再与后续元素做操作，map()函数实现了对每个元素的单独操作；②在函数或匿名函数的定义上，reduce()函数要求必须传入两个参数；③在返回结果上，reduce()函数返回的是一个对象，具体类型取决于函数或匿名函数定义，map()函数返回的则是一个可迭代对象。

5.5.4　内置高阶函数：filter()

fliter()函数会对指定的序列执行过滤操作。filter()函数是 Python 内置的另一个有用的高阶函数。filter()函数接收一个函数 f()和一个 list()，函数 f()的作用是对每个元素进行判断，返回 True 或 False。filter()函数根据判断结果自动过滤掉不符合条件的元素，返回由符合条件元素组成的新 list()与 map()函数一样，在 Python 3 中要返回 list 列表，那么必须使 list()作用于 filter()。

filter()函数的语法格式如下：

```
filter(function, iterable)→filter object
```

参数说明如下。
- function：判断函数，该参数为函数的名称或 None。如果该参数是 function，那么它只能接收一个参数，而且返回值是布尔值（True 或 False）。
- iterable：可迭代对象。

返回值：函数返回值是一个 object 类型的对象。

【例 5-25】 从一个 list [1，4，6，7，9，12，17]中删除偶数，保留奇数。

```
list1 =  [1, 4, 6, 7, 9, 12, 17]
#1.定义功能函数：删除序列中的偶数
def is_odd(x):
    return x % 2 == 1

#2.调用 filter()，利用 filter()过滤掉偶数
print(list(filter(is_odd,list1)))
```

运行结果如下：

```
[1, 7, 9, 17]
```

上述例子中的定义函数，也可以改为匿名函数，如 is_odd = lambda x:x%2。

【例 5-26】 利用 filter()函数删除 None 或空字符串。

```
def is_not_empty(s):
    return s and len(s.strip()) > 0
print(list(filter(is_not_empty, ['test', None, '', 'str', ' ', 'END'])))
```

运行结果如下：

```
['test', 'str', 'END']
```

注意：s.strip(rm) 删除 s 字符串中开头、结尾处的 rm 序列的字符。当 rm 为空时，默认删除空白符（包括'\n'、'\r'、'\t'、' '）。

从上述例子可以看出，filter()函数的作用是过滤序列，过滤掉不符合条件的元素，最后返回的结果包含调用结果为 True 的元素，即返回一个 filter 对象。如果要转换为列表，可以使用 list()函数。

5.5.5　zip()函数

zip()函数对序列中的元素执行打包操作。它将多个列表作为参数，依次把对应位置上的元素打包成元组，并且将生成的所有元组放到一个列表中返回。

zip()函数的语法格式为：

```
返回列表 = zip(列表 1[,列表 2,…])
```

【例 5-27】　zip()函数的应用。

实现代码如下：

```
result = zip([0,1,2,3,4],[5,6,7,8,9])
print("输出 zip 对象: \n",result)
print("输出 zip 对象列表: \n",list(result))
```

运行结果如下：

```
输出 zip 对象:
<zip object at 0x00000000028E96C8>
输出 zip 对象列表:
[(0, 5), (1, 6), (2, 7), (3, 8), (4, 9)]
```

在上述例子中，zip()函数将两个列表[0,1,2,3,4]和[5,6,7,8,9]对应下标的元组打包成 5 个元组，最终返回一个 zip 对象"<zip object at 0x00000000028E96C8>"。如果将这个 zip 对象转换成列表，则得到打包之后的结果为"[(0, 5), (1, 6), (2, 7), (3, 8), (4, 9)]"。

5.6　闭包及其应用

5.6.1　函数的引用

在对函数引用时，采用不同的方式对函数进行调用，函数所起到的功能也不同。

【例 5-28】　通过两种方式对函数调用，验证函数引用方式的不同。

```
def infoout():
    print("Work hard!")


infoout()
print(infoout)
```

运行结果如下：

```
Work hard!
<function infoout at 0x00000000020AC268>
```

从上述代码可以看出，infoout（）和 infoout（）函数的调用是不同的，前者表示调用 infoout()函数，执行函数中的代码，而后者是引用函数块。

5.6.2　闭包概述

前面已经学过了函数，知道当函数调用完，函数内定义的变量都销毁了，但有时候需要保存函数内的这个变量，每次在这个变量的基础上完成一系列的操作，比如，每次在这个变量的基础上和其他数字进行求和计算，那怎么办呢？这就可以通过闭包来解决这个需求。

如果在一个函数的内部定义了另一个函数，外部的函数称为外部函数，内部的函数称为内部函数。闭包是指在一个外部函数中定义了一个内部函数，内部函数中运用了外部函数的临时变量，并且外部函数的返回值是内部函数的引用。

闭包条件需满足如下 3 个条件。

（1）在函数嵌套（函数里面再定义函数）的前提下。

（2）内部函数使用了外部函数的变量（还包括外部函数的参数）。

（3）外部函数返回了内部函数。

【例 5-29】　闭包的定义。

```
#1.函数嵌套
def outer(num1):
    #外部函数
    def inner(num2):
        #内部函数
        #2.内部函数必须使用了外部函数的变量
        print(num1+num2)
    #外部函数返回了内部函数,这里返回的内部函数就是闭包
    return inner

print(outer(10))
#创建闭包实例
outer_new = outer(10)
#执行闭包
outer_new(20)
```

运行结果如下：

```
<function outer.<locals>.inner at 0x00000000021E66A8>
30
```

从上述代码的运行结果来看，inner（）函数就是一个闭包，因为它满足了闭包的 3 个条件。

（1）outer（）函数嵌套了 inner（）函数。

（2）inner（）函数中的变量是外部函数 outer（）的参数 num1。

（3）外部函数（）outer 的返回值是内部函数 inner（）的引用。

从输出结果来看，在输出 outer(10)时，程序仅仅执行了 outer（）函数，并没有执行 inner（）函数，而 outer（）函数的返回值是 inner（）函数的引用，所以结果也是一个引用值。

从输出结果"30"来看，若调用 inner（）函数，输出其函数语句中的结果，通过将外部函数

返回的引用赋给了一个新变量,然后使用"()"调用实现。

闭包的作用是可以保存外部函数内的变量,不会随着外部函数调用完而销毁。由于闭包引用了外部函数的变量,因此外部函数的变量没有及时释放,会消耗内存。

5.6.3　闭包的应用

闭包主要在面向对象、装饰器以及实现单例模式三个方面应用居多。接下来,结合例子来介绍闭包的应用,讲述一下闭包的优势。

【例 5-30】　利用闭包计算函数式 $y=a\times x+b$ 的值。

```
def calc_y(a,b):
    def calc(x):
        print(a * x+b)
    return calc


calc_1 = calc_y(2,5)
calc_2 = calc_y(6,8)
calc_1(2)
calc_2(3)
```

运行结果如下:

```
9
26
```

从上述代码可以看出,不用闭包,计算 y 的值需要在创建函数时传入 3 个参数,这不仅需要传递较多的参数,而且代码的可移植性差,而闭包具有提高代码可复用性的作用。

使用闭包的过程中,一旦外部函数被调用一次则返回了内部函数的引用,虽然每次调用内部函数,是开启一个函数执行过后消亡,但闭包变量实际上只有一份,每次开启内部函数都在使用同一份闭包变量。

5.7　装饰器及其应用

Python 的装饰器是为一个目标函数添加额外的功能而不修改函数本身。装饰器的本身其实是一个特殊的函数,其主要的应用场景有插入日志,性能测试、事务处理等。

5.7.1　装饰器的概念

Python 装饰器(Functional Decorators)就是用于拓展原来函数功能的一种函数,目的是在不改变原函数名(或类名)的情况下,给函数增加新的功能。接下来,先看一个例子。

【例 5-31】　统计函数执行时间。

```
import time

#函数运行 3 秒
def func():
    time.sleep(3)

start_time = time.time()
```

```
func()
end_time = time.time()
print('函数运行时间为: %.2fs' % (end_time - start_time))
```

运行结果如下：

```
函数运行时间为: 3.00s
```

上述程序执行一次，原则上没有啥问题，但如果有多个这样的需求，就会大量重复代码。为了减少代码重复，可以创建一个新的函数专门记录函数的执行时间。在 Python 中，可以通过装饰器满足上述需求，其语法是以"@"开头。

【例 5-32】 利用装饰器实现统计函数执行时间。

```
import time
def timeit(func):
    def result():
        start_time = time.time()
        func()
        end_time = time.time()
        print('函数运行时间为: %.2fs' % (end_time - start_time))
    return result

@timeit
def func_0():
    time.sleep(3)
#省略 4 个
@timeit
def func_5():
    time.sleep(3)

#调用函数
func_0()
func_5()
```

运行结果如下：

```
函数运行时间为: 3.00s
函数运行时间为: 3.00s
```

上述程序的执行过程是，当程序执行 func_0() 和 func_5() 时，发现它们上面还有@timeit，所以会先执行@timeit。@timeit 等价于 func_0＝tiemit(func_0)。

当多个装饰器应用于同一个函数上时，它们的调用顺序是自上而下的。

5.7.2　装饰器的应用

装饰器是 Python 的进阶用法，其应用范围非常广泛。接下来从无参数、有参数等角度介绍装饰器的应用。

1. 无参数的装饰器应用

【例 5-33】 利用测试函数运行时间的应用，演示无参数的装饰器应用。

```
import time
#装饰器
def timeit(func):            #func 为装饰器绑定的方法(绑定装饰器后自动传入)
    def result():
        start_time = time.time()
        func()               #调用 test 方法
        end_time = time.time()
        print('函数运行时间为: %.2fs' % (end_time - start_time))
    return result            #返回 result 方法

@timeit                      #添加装饰器
def test():
    time.sleep(1)
    print("函数运行测试")

test()                       #调用函数
```

运行结果如下:

```
函数运行测试
函数运行时间为: 1.00s
```

2. 有参数的装饰器应用

【例 5-34】　利用测试函数运行时间的应用,演示有参数的装饰器应用。

```
import time

def timeit(func):                    #func 为装饰器绑定的方法(绑定装饰器后自动传入)
    def result(arg1):                #传入 test 方法的参数
        start_time = time.time()
        func(arg1)                   #调用 test 方法
        end_time = time.time()
        print('函数运行时间为: %.2fs' % (end_time - start_time))

    return result                    #返回 result 方法

@timeit                              #添加装饰器
def test(mStr):
    time.sleep(2)
    print("函数运行时间:" + mStr)

test("传入参数")                      #调用函数
```

3. 装饰器既可以带参数函数也可以不带参数函数

【例 5-35】　利用测试函数运行时间的应用,演示有或无参数的装饰器应用。

```
import time

#装饰器
def timeit(func):                    #func 为装饰器绑定的方法(绑定装饰器后自动传入)
    def result(*arg1,**kwargs):      #(传入非固定参数)这样即使装饰函数不带参数也可
                                     #被装饰
```

```
        start_time = time.time()
        func(*arg1, **kwargs)
        end_time = time.time()
        print('函数运行时间为: %.2fs' % (end_time - start_time))
    return result                        #返回 result 方法

@timeit                                  #添加装饰器
def test():
    time.sleep(2)
    print("函数运行")

test()                                   #调用函数
```

4. 装饰器的高级应用

【例 5-36】 通过模拟登录系统，演示装饰器的高级应用。

```
user, password = 'root', 'abc123'
def login(login_type):
    def outer_wrapper(func):
        def wrapper(*agr1, **kwargs):
            strusername = input("用户名:").strip()
            strpwd = input("密码:").strip()
            if login_type == "local":
                if user == strusername and password == strpwd:
                    print("登录系统成功!")
                    res = func(*agr1, **kwargs)    #接收返回结果
                    return res
                else:
                    print("登录系统失败!")
            elif login_type == "ldap":
                print("轻量级的目录访问登录")
            return func(*agr1, **kwargs)
        return wrapper
    return outer_wrapper

def index():
    print("欢迎登录云服务管理系统")

@login(login_type="local")                        #对装饰分类
def home():
    print("欢迎登录系统主界面")
    return "本地登录"

@login(login_type="ldap")                         #对装饰分类
def remote():
    print("欢迎登录云管控平台")

index()
print(home())
remote()
```

运行结果如下：

```
欢迎登录云服务管理系统
欢迎登录云服务管理系统
用户名:root
密码:abc123
登录系统成功!
欢迎登录系统主界面
本地登录
用户名:admin
密码:123
轻量级的目录访问登录
欢迎登录云管控平台
```

由上述应用可以看出，当装饰器也需要传入参数时，需要给装饰器再加一层函数，此时装饰器接收到的方法需要进入第二层函数进行接收，第一层需要接收装饰器自己的参数。

对装饰器的应用来说，要想装饰器不修改被装饰函数的返回值，需要在装饰器中接收被装饰函数的返回值并返回。如果希望对被装饰函数进行分类处理，可以在绑定装饰器时传入一个参数用于对被装饰函数进行分类，但这样需要在装饰器中再套一层函数，在第一层接收装饰器传递的参数，在第二层函数中接收被装饰函数。如果希望装饰器既能装饰带参数的函数也可以修饰不带参数的函数，只需要在装饰器中接收参数时把参数定义为非固定参数即可。

5.8　迭代器及其应用

迭代器是一个实现了迭代器协议的对象。Python 中的迭代器协议就是具有 next()方法的对象会前进到下一结果，而在一系列结果的末尾则会引发 StopIteration 异常。任何这种类型的对象在 Python 中都可以用 for 循环或其他遍历工具进行迭代，迭代工具内部会在每次迭代时调用 next()方法，并且通过捕捉 StopIteration 异常来结束迭代。

使用迭代器的优势是，迭代器提供了一个统一的访问序列的接口，只要是实现了__iter__()方法的对象，就可以使用迭代器通过调用 next()方法每次只从对象中读取一条数据，不会造成内存的过大开销。

5.8.1　迭代器的概念

1. 迭代

迭代是通过重复执行的代码处理相似数据集的过程，并且本次迭代的处理数据要依赖上一次的结果，上一次产生的结果为下一次产生结果的初始状态，如果中途有任何停顿，都不能算是迭代。

【例 5-37】　非迭代应用。

```
loop = 0
while loop < 3:
    print("Hello world!")
    loop += 1
```

本例仅是循环3次输出"Hello world!"，输出的数据不依赖上一次的数据，因此不是迭代。

【例5-38】 迭代应用。

```
loop = 0
while loop < 3:
    print(loop)
loop += 1
```

2. 容器

容器是一种把多个元素组织在一起的数据结构，容器中的元素可以逐个地迭代获取，可以用 in 或 not in 关键字判断元素是否包含在容器中。

这个定义与在列表中定义的容器——"可以包含其他类型对象（如列表、元组、字典等）作为元素的对象，在 Python 中称为容器（container）"，从字面上看是不同的，但本质上是一样的，因为基本上所有有元素的数据类型（字符串除外）都能包含其他类型的对象。

容器只是用来存放数据的，我们平常看到的 l＝[1,2,3,4]等，好像可以直接从列表这个容器中取出元素，但事实上容器并不提供这种能力，而是可迭代对象赋予了容器这种能力。

3. 可迭代对象

可迭代对象不是指某种具体的数据类型，而是指存储了元素的一个容器对象，且容器中的元素可以通过__iter__()方法或__getitem__()方法访问。

__iter__()方法的作用是让对象可以用 for-in 循环遍历，__getitem__()方法是让对象可以通过"实例名[index]"的方式访问实例中的元素。这两个方法的目的是 Python 实现一个通用的外部可以访问可迭代对象内部数据的接口。

一个可迭代对象是不能独立进行迭代的，在 Python 中，迭代是通过 for-in 来完成的。凡是可迭代对象都可以直接用 for-in 循环访问，这个循环其实做了两件事：第一件事是调用__iter__()方法获得一个可迭代器，第二件事是循环调用__next__()方法。

常见的可迭代对象如下。

- 集合数据类型，如 list、tuple、dict、set、str 等。
- 生成器，包括生成器和含有 yield 语句的生成器函数，5.9 节专门介绍。

如何判断一个对象是可迭代对象呢？可以通过 collections 模块的 Iterable 类型判断，具体判断方法如下：

```
from collections import Iterable
isinstance('', Iterable)        #返回 True,表明字符串也是可迭代对象
```

在迭代可变对象（如列表对象）时，一个序列的迭代器只是记录当前到达了序列中的第几个元素，所以如果在迭代过程中改变了序列的元素，更新会立即反映到所迭代的条目上。比如一个列表用 for-in 方法迭代访问时，删除了当前索引 n 对应的元素，则进行下一个循环时，访问的数据索引为 n+1，但实际访问元素的索引是上一轮循环中列表的索引 n+2 对应的元素。

4. 迭代器

迭代器（Iterator）可以看作一个特殊的对象，每次调用该对象时会返回自身的下一个元素，从实现上来看，一个迭代器对象必须定义了__iter__()方法和 next()方法的对象。

　　Python 的 Iterator 对象表示的是一个数据流,可以把这个数据流看作一个有序序列,但却不能提前知道序列的长度,所以 Iterator 的计算是惰性的,只有在需要返回下一个数据时它才会计算。

　　Iterator 对象可以被 next()方法调用并不断返回下一个数据,直到没有数据时抛出 StopIteration 错误。

　　所有的 Iterable 可迭代对象均可以通过内置函数 iter()来转变为迭代器 Iterator。__iter__()方法是让对象可以用 for-in 循环遍历找到数据对象的位置,__next__()方法是让对象可以通过 next(实例名)访问下一个元素。除了通过内置函数 next()调用可以判断是否为迭代器外,还可以通过 collection 中的 Iterator 类型判断,如 isinstance(",Iterator)可以判断字符串类型是否为迭代器。

　　注意:list()、dict()、str()函数虽然是可迭代的,却不是迭代器。

　　迭代器优点:节约内存(循环过程中,数据不用一次读入,在处理文件对象时特别有用,因为文件也是迭代器对象)、不依赖索引取值、实现惰性计算(需要时再取值计算)。

　　【例 5-39】 用迭代器的方式访问文件。

```
for line in open("test.txt"):
    print(line)
```

　　这样每次读取一行就输出一行,而不是一次性将整个文件读入,节约内存。

　　迭代器使用上存在的限制:只能向前一个个地访问数据,已访问数据无法再次访问,例如:

```
l = [1,2,3,4]
i=iter(l)                    #从 list 列表生成迭代器 i
list(i)                      #将迭代器内容转换成列表,输出[1,2,3,4]
list(i)                      #将迭代器内容再次转换成列表,输出[]
```

　　用 for 循环访问:

```
i=iter(l)
    for k in i:
        print(k)             #输出 1、2、3、4
    for k in i:
        print(k)             #再次循环没有输出
```

　　如果需要解决这个问题,可以分别定义一个可迭代对象,每次访问前从可迭代对象重新生成迭代器对象。

　　当所有的元素全部取出后再次调用 next()方法时就会抛出一个 StopIteration 异常,这并不是说发生了错误,而是告诉外部调用者迭代完成了。

5.8.2 迭代器的应用

1. 用 for-in 方式访问迭代器

```
vList=[1,2,3,4]
vIter=iter(vList)                    #从列表生成迭代器对象
```

```
for i in vIter:
    print('第一次: ',i)          #输出迭代器中的数据 1、2、3、4
for i in vIter:
    print('第二次: ',i)          #再次输出没有数据,因为迭代器已经空了
```

如果上述 for 循环访问变量改成列表,则每次都能输出数字。

```
for i in vList:
    print('第一次: ',i)          #输出列表中的数据 1、2、3、4,可以重复执行输出
```

从以上两种 for 循环方式可以看出迭代器和可迭代对象的区别。

2. 用 next 方式访问迭代器

```
vList=[1,2,3,4]
vIter=iter(vList)
while True:
    try:i=next(vIter)
    except:break
        print('第一次: ',i)
```

while 循环如果执行第二次也不会输出。

5.9　生成器及其应用

生成器的作用是在循环过程中,按照某种算法推算数据,不需要创建容器存储完整的结果,从而节省内存空间。本节主要讲述生成器的概念,然后结合案例讲解其应用。

5.9.1　生成器的概念

生成器是能够动态提供数据的可迭代对象。这里的动态是指循环一次,计算一次,返回一次。生成器主要体现在数据量越大,优势越明显。以上作用也称为延迟操作或惰性操作,通俗地讲,就是在需要时才计算结果,而不是一次构建出所有结果。

生成器函数定义:含有 yield 语句的函数,返回值为生成器对象。

生成器函数语法格式如下:

```
def 函数名():
...
yield 数据
...
```

生成器函数调用:

```
for 变量名 in 函数名():
    语句
```

说明:调用生成器函数将返回一个生成器对象,不执行函数体。

生成器函数执行过程如下。

(1)调用生成器函数会自动创建迭代器对象。

(2)在调用迭代器对象的 __next__()方法时才执行生成器函数。

（3）每次执行到 yield 语句时返回数据，暂时离开。

（4）待下次调用 __next__ () 方法时从离开处继续执行。

生成迭代器对象的规则如下：

（1）将 yield 关键字以前的代码放在 next() 方法中。

（2）将 yield 关键字后面的数据作为 next() 方法的返回值。

5.9.2　生成器的应用

生成器主要目的是构成一个用户自定义的循环对象。它可以看作是一个带有 yield 语句的函数，其中 yield 是一个关键字，一旦函数被 yield 修饰，Python 解释器会将被修饰的函数看作一个生成器。

【例 5-40】　通过创建迭代器对象的方法重写 range() 函数。

要重写 range() 函数并创建一个生成器，我们可以定义一个生成器函数，该函数接收两个参数：start 和 stop。在函数内部，使用 while 循环从 start 开始迭代，直到 stop，并在每次迭代中使用 yield 语句返回当前的值。

```python
def my_range(start, stop):
    current = start
    while current < stop:
        yield current
        current += 1

#使用自定义的生成器函数
for item in my_range(1, 5):
    print(item)
```

运行结果如下：

```
1
2
3
4
```

这个 my_range 函数模拟了内置 range() 函数的行为，但它是一个生成器，它会在每次迭代时生成下一个值，而不是一次性生成整个序列。这使得生成器特别适合处理大数据集或无限序列，因为它可以节省内存并允许按需生成值。因此，在实际工作应用中，充分利用 Python 的生成器不仅能减少内存的占用，还能提高代码可读性。

5.10　综合案例：利用函数模拟 ATM 的业务流程

要求：利用函数，模拟 ATM 的业务流程。

（1）程序启动后要求输入客户姓名。

（2）查询余额、存款、取款后，都会返回主菜单。

（3）存款、取款后，都应显示一下当前余额。

（4）当客户选择退出或输入错误，程序会退出，否则一直运行。

菜单显示相关信息如下：

（1）主菜单显示信息。

```
-----------------主菜单-----------------
李光军,您好,欢迎来到中农 ATM,请选择操作:
查询余额      [输入 1]
存款          [输入 2]
取款          [输入 3]
退出          [输入 4]
请输入您的选择:
```

（2）余额信息查询显示界面。

```
-------------余额查询中,请稍候-------------
李光军,您好,您的余额为:50000
```

（3）存款界面信息显示。

```
-----------------存款界面-----------------
请将整理好的钞票放入入钞口:5000
正在验钞,请稍候......
李光军,您好,您存款 5000 元成功
李光军,您好,您的余额为 55000
```

（4）取款界面信息显示。

```
-----------------取款界面-----------------
请输入您的取款金额:6000
请取走您的钞票......
李光军,您好,您取款 6000 元成功
李光军,您好,您的余额为 49000
```

参考代码如下:

```python
money = 50000    #银行卡余额
name = None       #记录客户姓名
#查询余额处理函数
def check_balance():
    print('----------余额查询中,请稍候-----------')
    print(f'{name},您好,您的余额为{money}')
#存款处理函数
def deposit():
    global money
    print('----------存款界面-----------')
    add_money = eval(input('请将整理好的钞票放入入钞口:'))
    print('正在验钞,请稍候......')
    money += add_money
    print(f'{name},您好,您存款{add_money}元成功。')
    print(f'{name},您好,您的余额为{money}。')
#取款处理函数
def withdraw():
    global money
    print('--------取款界面----------')
    sub_money = eval(input('请输入您的取款金额:'))
    if sub_money > money:    #判断账户余额是否足够
```

```
        print(f'您当前账户余额为{money},账户余额不足! ')
    else:
        print('请取走您的钞票。')
        money -= sub_money
        print(f'{name},您好,您取款{sub_money}元成功。')
        print(f'{name},您好,您的余额为{money}。')
#主菜单处理函数
def main_menu():
    while True:
        print("--------------主菜单-----------")
        print(f'{name},您好,欢迎来到中农 ATM,请选择操作。')
        print("查询余额\t【输入 1】")
        print("存款\t\t【输入 2】")
        print("取款\t\t【输入 3】")
        print("退出\t\t【输入 4】")
        choice = int(input('请输入您的选择: '))
        '''
        if choice == 1:
            check_balance()
        elif choice == 2:
            deposit()
        elif choice == 3:
            withdraw()
        else:
            print('感谢您的使用,再见,祝您生活愉快。')
            break
        '''
        match choice:    #Python 10 以上版本
            case 1:
                check_balance()
            case 2:
                deposit()
            case 3:
                withdraw()
            case _:
                print('感谢您的使用,再见,祝您生活愉快。')
                break

def begin():
    global name
    name = input('欢迎登录本系统,请输入您的姓名: ')
    count = 0    #记录密码错误的次数,超过 3 次,账户锁定
    while True:
        password = input('请输入您的账号密码: ')
        if password == '123456':
            print('正在进入系统,请稍候……')
            main_menu()
            break
        else:
            print('密码错误,请重新输入! ')
```

```
        count += 1
    if count == 3:
        print('您已经 3 次输错账户密码,账户已经被锁定,请联系工作人员！')
        break

# 调用开始函数
begin()
```

5.11   本 章 小 结

本章主要介绍了函数的作用,即可以提高应用的模块性,最小化代码冗余以及流程分解,还介绍了函数的定义、函数的调用、函数的参数、函数的返回值,以及函数的嵌套、递归函数、匿名函数、日期时间函数和随机数函数。函数作为关联功能的代码段,可以很好地提高应用的模块化,希望读者能用好这些函数,并学会查询相关的函数手册。

5.12   习   题

1. 定义一个 getMax() 函数,返回 3 个数(从键盘输入的整数)中的最大值。例如:

请输入第 1 个整数：10；
请输入第 2 个整数：15；
请输入第 3 个整数：20；
其中最大值为：20。

2. 定义能够计算斐波那契数列的函数,并调用它。

3. 回文数是一个正向和逆向都相同的整数,如 123454321、9889。编写函数判断一个整数是否是回文数。

4. 编写函数,输入 3 条边的长度,判断是否可以构成一个三角形。

5. 编写函数,求两个正整数的最小公倍数。

6. 编写一个学生管理系统,要求如下。

(1) 使用自定义函数,完成对程序的模块化。

(2) 学生信息至少包含姓名、性别及手机号。

(3) 该系统具有的功能有添加、删除、修改、显示、退出系统。

设计思路如下。

(1) 提示用户选择功能操作。

(2) 获取用户选择的功能。

(3) 根据用户的选择,分别调用不同的函数,执行相应的功能。

7. 创建装饰器,要求如下：

(1) 创建 add_log 装饰器,被装饰的函数打印日志信息。

(2) 日志格式为:

[字符串时间] 函数名:xxx,运行时间:xxx,运行返回值结果:xxx

第 6 章

Python 文件和数据库操作

在变量、序列和对象中存储的数据是暂时的,程序结束后就会丢失。为了能够长时间地保存程序中的数据,需要将程序中的数据保存到磁盘文件中。文件操作包含打开、关闭、读、写、复制等,其作用是读取内容、写入内容、备份内容。文件操作的作用就是把一些内容(数据)存储起来,可以让程序下一次执行时直接使用,而不必重新制作一份,省时省力。

Python 提供了内置的文件对象,以及对文件和目录进行操作的内置模块。通过这些技术可以很方便地将数据保存到文件(如文本文件等)中,以达到长时间保存数据的目的。本章将详细介绍在 Python 中,如何进行文件和目录的相关操作,对 XML、JSON 格式的数据进行存储和读取操作,并讲述了 PyMySQL 的使用步骤,实现 Python 对 MySQL 数据库的操作。

本章学习目标主要包括:

(1)掌握使用 Python 内置的文件操作函数,如 open()、close()、read()、write()等,进行文件的打开、关闭、读取和写入操作。

(2)了解使用 Python 的 os 模块,进行文件和目录的创建、删除、重命名等操作。

(3)了解使用 Python 的 json 模块,进行 JSON 格式文件的读写操作。

(4)掌握使用 Python 连接 MySQL 数据库,使用 Python 执行 SQL 语句,进行数据的查询、插入、更新和删除操作。

6.1　文件相关的基本概念

文件系统是操作系统的重要组成部分,它规定了计算机对文件和目录进行操作处理的各种标准和机制。以此为基础,编程语言提供了文件类型,在程序中可以通过文件实现数据的输入/输出。文件的输入/输出是指从已有的文件中读取数据,并将处理结果按照一定格式输出到文件中,适用于大批量的数据处理要求。

操作系统对数据进行管理是以文件为单位的,当访问磁盘等外存上的数据时,必须先按文件名找到指定的文件,然后再从该文件中读取数据;如果要往外部介质中存储数据,也必须先创建一个文件,才能向其输出数据。在程序中对文件访问和处理时,情况是类似的,所有的操作都与文件的表示、文件的编码和文件的类型有着密不可分的关系。

6.1.1　文件与路径

文件是存储在外部介质上的数据集合,通常可以长久保存,也称为磁盘文件。这种在计算机磁盘中保存的文件是通过目录来组织和管理的,目录提供了指向对应磁盘空间的路径地址。目录一般采用树状结构,在这种结构中,每个磁盘有一个根目录,它包含若干文件和子目录,子目录还可以包含下一级目录,这样类推下去形成了多级目录结构。

访问文件需要知道文件所在的目录路径。从根目录开始标识文件所在完整路径的方式称为绝对路径。之所以称为绝对,是指当所有程序引用同一个文件时,所使用的路径都是一样的。如果知道访问文件的程序与文件之间的位置关系,也可以采用相对路径,即相对于程序所在的目录位置创建其引用文件所在的路径。这时保存于不同目录的程序引用同一个文件时,所使用的路径将不相同,故称为相对路径。绝对路径与相对路径的不同之处在于描述目录路径时,所采用的参考点不同。

【例 6-1】 绝对路径使用示例。

假定文件 file.txt 保存在 D 盘 lecture 目录的 ex 子目录下,那么包含绝对路径的文件名是由磁盘驱动器、目录层次和文件名三部分组成的,即 D:\lecture\ex\file.txt,在 Python 中用字符串表示为:

```
"D:\\lecture\\ex\\file.txt"
```

或

```
"D:/lecture/ex/file.txt"
```

【例 6-2】 相对路径使用示例。

假定文件 file.txt 保存在 D 盘的 lecture 目录的 ex 子目录下,且源程序也保存在 D 盘的 lecture 目录下,那么包含相对路径的文件名表示为 ex\file.txt,在 Python 语言中用字符串表示为:

```
"ex\\file.txt"
```

或

```
"ex/file.txt"
```

注意:Windows 系统创建路径所使用的几个特殊符号为:".\"代表当前目录,"..\"代表上一层目录。在 Python 语言中,在表示路径的字符串中"/"可以等同于"\",但必须转义为"\\"。

6.1.2 文件的编码

按照文件的编码方式,可将文件分为两种类型:文本文件和二进制文件。

文本文件可以在 Windows 记事本中打开并选择编码方式保存。如图 6-1 所示,使用"另存为"命令,在打开的对话框中,可选择 ANSI、Unicode、Unicode big endian 和 UTF-8 等编码方式。

1. ANSI 编码

对于一般的文本文档,记事本默认是以 ANSI 编码保存的。ANSI 是由美国国家标准学会制定的编码,不同的国家和地区使用的标准不同,由此产生了 GB2312、GBK、Big5、Shift_JIS 等编码标准。不同 ANSI 编码之间互不兼容,无法将属于两种语言的文字,如中文的 GBK 和日文的 Shift_JIS,存储在同一个 ANSI 编码的文本中。但是对于 ANSI 编码而言,0x00~0x7F 的字符,仍然是 1 字节代表 1 个字符,即 ANSI 的西文字符就是 ASCII 编码。

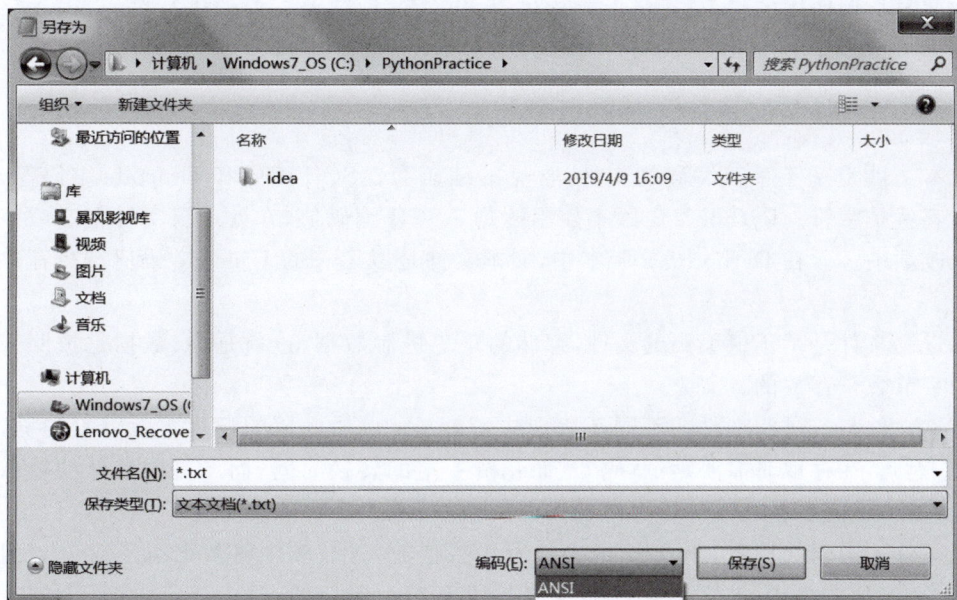

图 6-1　记事本的"另存为"对话框

2. Unicode 编码

Unicode 码是继 ANSI 编码之后推出的一种国际标准字符编码方法，它可以容纳全世界所有语言文字，每个字符都具有唯一的编码。对于 ASCII 码中的那些半角字符，Unicode 码保持其原编码不变，只是将其长度由原来的 8 位扩展为 16 位，而对于其他文化和词语言的字符则全部重新统一编码。从 Unicode 码开始，无论是半角的英文字母，还是全角的汉字，它们都被统一计为一个字符。

3. UTF-8 编码

Unicode 字符集规定了如何用多字节表示各种文字。而如何在网络上传输这些编码，则是由 Unicode 字符集的传输规范 UTF 规定的，常见的规范包括 UTF-8、UTF-16、UTF-32。UTF-8 就是以 8 位为单元对 Unicode 字符集进行编码，即每次传输 8 位数据。为了保证传输时的可靠性，从 Unicode 到 UTF 并不是直接对应，而是通过一些算法和规则来进行转换的。对于 Unicode 编码在 0000～007F 内的字符，UTF-8 用 1 字节来表示(等同于 ASCII 码值)；对于在 0080～07FF 内的字符，UTF-8 用 2 字节来表示；对于在 0800～FFFF 内的字符，UTF-8 用 3 字节来表示。也就是说，UTF-8 最多用 3 字节来表示一个字符。

4. Unicode big endian 编码

记事本中的 Unicode 是 little endian 编码。Unicode big endian 和 little endian 的区别在于处理多字节数的方式不同。例如，"百"字的 Unicode 编码是 767E，那么写到文件里时，如果把"76"写在前面，就是 big endian，如果把"7E"写在前面，就是 little endian。相比而言，Unicode big endian 更常用些。

5. Python 语言的文件编码

在 Python 3.x 版本中，文件的默认编码格式是 UTF-8，字符串使用的是 Unicode 编码。

所有的文本类型使用的是 Unicode 编码，可以直接使用 str.encode( ) 进行编码，得到字符的 UTF-8 编码，使用 bytes.decode( ) 则可解码为文本。

6.1.3　文本文件与二进制文件的区别

文本文件是基于字符编码的文件，常见的编码有 ASCII 编码和 Unicode 编码等，其文件的内容就是字符。Python 2.x 版本使用的是 ASCII 编码值，在处理汉字等多字节字符时相对比较烦琐。而在 Python 3.x 版本中，文本文件是以字符的 Unicode 码值进行存储和编码的。

二进制文件是基于值编码的文件，存储的是二进制数据，也就是说，数据是按照其实际占用的字节数来存放的。

文本文件与二进制文件的不同还表现在：文本文件用通用的记事本就可以浏览，具有可读性，因此，在存取时需要编/解码，从而花费一定的转换时间；而二进制文件的存取是直接的值处理，不需要编/解码，不存在转换时间，但通常无法直接读懂。

从文件的逻辑结构看，Python 把文件看作数据流，并按顺序将数据以一维方式组织存储。在 Python 语言中，对文本文件的存取是以字符为单位的，输入/输出字符流的开始和结束由程序控制。每个文件的结尾处通常有一个结束标志 EOF。

根据数据的编码方式，文件数据流又分为字符流和二进制流。在 Python 语言中，对它们的处理方式有所不同。

6.2　文件夹与目录操作

在 Python 的 os 模块中以及子模块 path 中包含了大量获取各种系统信息以及对系统进行设置的函数，本节讲解这两个模块中的一些常用函数。

6.2.1　os.path 模块

os.path 模块主要用于文件的属性获取，在编程中经常用到，表 6-1 是该模块的几种常用函数。更多的函数可以去查看官方文档 http://docs.python.org/library/os.path.html。

表 6-1　os.path 模块的常见功能

函　数　名	功　　能	应　用　示　例
abspath(path)	返回 path 规范化的绝对路径	abspath('test.csv')
split(path)	将 path 分割成目录和文件名二元组返回	split('c:\\csv\\test.csv')
dirname(path)	返回 path 的目录	dirname('c:\\csv\test.csv')
basename(path)	返回 path 最后的文件名	basename('c:\\test.csv')
exists(path)	判断目录是否存在。如果 path 存在，返回 True；如果 path 不存在，返回 False	exists('c:\\csv\\test.csv')

续表

函　数　名	功　　能	应 用 示 例
isabs(path)	判断 path 是否是绝对路径。如果是绝对路径，返回 True；否则返回 False	isabs('C:\\Windows\\system.ini')
isfile(path)	判断 path 是否是绝对路径。如果是绝对路径，返回 True；否则返回 False	isfile('c:\\boot.ini')
isdir(path)	判断 path 是否是一个已存在的目录，如果存在，则返回 True；否则返回 False	isdir('C:\\Windows')
join(path1[，path2[，…]])	将多个路径组合后返回，第一个绝对路径之前的参数将被忽略	join('C:\\', 'Windows\\system.ini')

6.2.2　获取与改变工作目录

1. 获得工作目录

在 Python 中可以使用 os.getcwd() 函数获得当前的工作目录。其语法格式如下：

```
os.getcwd()
```

该函数不需要传递参数，它返回当前的目录。需要说明的是，当前目录并不是指脚本所在的目录，而是所运行脚本的目录。

【例 6-3】　获取和改变当前目录。

```
import os
print("当前的工作目录: ",os.getcwd())
os.chdir('../')
print("改变后的工作目录: ",os.getcwd())
```

运行结果如下：

```
C: \PycharmProjects\filesave(注意: 不同的工作目录,运行结果不同)
C: \PycharmProjects
```

如果将上述内容写入 pwd.py，假设 pwd.py 位于 E:\book\code 目录，运行 Windows 的命令行窗口，进入 E:\book 目录，输入 code\pwd.py，输出如下所示。

```
E:\book>code\pwd.py
current directory is E:\book
```

2. 改变当前目录

改变当前工作目录：

```
os.chdir("目标目录")
```

6.2.3　目录与文件操作

1. 获得目录中的文件和目录

在 Python 中可以使用 os.listdir() 函数获得指定目录中的文件和目录。其语法格式如下：

```
os.listdir(path)
```

参数说明如下：

- path：要获得内容目录的路径。

2. 创建目录

在 Python 中可以使用 os.mkdir() 函数创建目录。其语法格式如下：

```
os.mkdir(path)
```

参数说明如下：

- path：要创建目录的路径。

3. 删除目录

在 Python 中可以使用 os.rmdir() 函数删除目录。其语法格式如下：

```
os.rmdir(path)
```

参数说明如下：

- path：要删除的目录的路径。

在使用 os.rmdir 删除的目录必须为空目录，否则函数出错。

【例 6-4】 目录与文件操作示例。

```
import os
print("当前工作目录中的内容: ", os.listdir(os.getcwd()))
os.mkdir('temp') #创建临时文件目录:temp
print("重新查看当前工作目录中的内容: ", os.listdir(os.getcwd()))
os.rmdir('temp')#删除文件目录:temp
print("重新查看当前工作目录中的内容: ", os.listdir(os.getcwd()))
```

运行结果如下：

```
当前工作目录中的内容: ['.idea', 'file', 'writereadfile.py']
重新查看当前工作目录中的内容: ['.idea', 'file', 'temp', 'writereadfile.py']
重新查看当前工作目录中的内容: ['.idea', 'file', 'writereadfile.py']
```

6.2.4 文件的重命名和删除

1. 文件重命名：os.rename()方法

os.rename()方法用于命名文件或目录。其语法格式如下：

```
os.rename(src, dst)
```

参数说明如下。

- src：要修改的目录名。
- dst：修改后的目录名。

【例 6-5】 os.rename()方法的使用示例。

```
import os, sys
#列出目录
```

```
print ("目录为: %s"%os.listdir(os.getcwd()))
#重命名
os.rename("file","file2")
print ("重命名成功。")
#列出重命名后的目录
print ("目录为: %s" %os.listdir(os.getcwd()))
```

运行结果如下：

```
目录为: ['.idea', '2.txt', 'admin.txt']
重命名成功。
目录为: ['.idea', '2.txt', 'admin.txt']
```

2. 删除文件：os.remove()方法

os.remove()方法用于删除指定路径中的文件。如果指定的路径是一个目录,将抛出 OSError 异常。该方法在 UNIX、Windows 中有效。其语法格式如下：

```
os.remove(path)
```

参数说明如下。

● path：要移除的文件路径。

返回值：该方法没有返回值。

【例 6-6】 os.remove()方法的应用示例。

```
import os, sys
#列出目录
print ("目录为: %s" %os.listdir(os.getcwd()))
#删除
os.remove("2.txt")
#列出删除后的目录
print ("删除后 : %s" %os.listdir(os.getcwd()))
```

运行结果如下：

```
目录为:
['.idea', '2.txt', 'admin.txt']
删除后 :
['.idea', 'admin.txt']
```

6.3 文件基本的操作

程序中对文件的操作一般包括打开文件、读取文件、对文件数据进行处理、写入文件和关闭文件等。

在 Python 中,内置了文件(File)对象。在使用文件对象时,首先需要通过内置的 open()方法创建一个文件对象,然后通过该对象提供的方法进行一些基本文件操作。例如,可以使用文件对象的 write()方法往文件中写入内容,以及使用 close()方法关闭文件等。

信息项是构成文件内容的基本单位,Python 文本文件的信息项是字符,二进制文件的信息项是字节。读指针用来记录文件当前的读取位置，它指向下一个将要读取的信息项；写指针用来记录文件当前的写入位置，要写入的下一个信息项将从该位置处存入。

6.3.1　文件的打开和关闭

1. 文件的打开与新建

打开文件是指创建文件对象和物理文件的关联以及创建文件的各种相关信息。在Python中，要操作文件，需要先创建，或打开指定的文件并创建文件对象。这可以通过内置的 open() 函数实现，其语法格式如下：

```
file = open(filename[,mode[,buffering]])
```

参数说明如下。

- file：所创建的文件对象。
- filename：要创建或打开文件的文件名称，需要使用单引号或双引号括起来。如果要打开的文件和当前文件在同一个目录下，那么直接写文件名即可，否则需要指定完整路径。例如，要打开当前路径下的名称为 data.txt 的文件，可以使用"data.txt"。
- mode：可选参数，用于指定文件的打开模式。其参数值如表 6-2 所示。默认的打开模式为只读（即 r）。
- buffering：可选参数，用于指定读写文件的缓冲模式，值为 0 表示不缓存；值为 1 表示缓存；如果大于 1，则表示缓冲区的大小。默认为缓存模式。

表 6-2　mode 参数的参数值说明

模式	描　　　述	注　　意
r	以只读方式打开文件。文件的指针将会放置在文件的开头，这是默认模式	文件必须存在
rb	以二进制格式打开一个文件用于只读。文件指针将会放置在文件的开头，这是默认模式。一般用于非文本文件，如图片等	
r+	打开一个文件用于读写。文件指针将会放置在文件的开头	
rb+	以二进制格式打开一个文件用于读写。文件指针将会放置在文件的开头。一般用于非文本文件，如图片等	
w	打开一个文件只用于写入。如果该文件已存在则打开文件，并从开头开始编辑，即原有内容会被删除；如果该文件不存在，创建新文件	文件存在，则将其覆盖，否则创建新文件
wb	以二进制格式打开一个文件只用于写入。如果该文件已存在则打开文件，并从开头开始编辑，即原有内容会被删除；如果该文件不存在，创建新文件。一般用于非文本文件，如图片等	
w+	打开一个文件用于读写。如果该文件已存在则打开文件，并从开头开始编辑，即原有内容会被删除；如果该文件不存在，创建新文件	
wb+	以二进制格式打开一个文件用于读写。如果该文件已存在则打开文件，并从开头开始编辑，即原有内容会被删除；如果该文件不存在，创建新文件。一般用于非文本文件，如图片等	
a	打开一个文件用于追加。如果该文件已存在，文件指针将会放在文件的结尾，也就是说，新的内容将会被写入已有内容之后；如果该文件不存在，创建新文件并进行写入	

模　式	描　　　述	注　　意
ab	以二进制格式打开一个文件用于追加。如果该文件已存在,文件指针将会放置在文件的结尾,也就是说,新的内容将会被写入到已有内容之后;如果该文件不存在,创建新文件并进行写入	
a+	打开一个文件用于读写。如果该文件已存在,文件指针将会放置在文件的结尾。文件打开时是追加模式;如果该文件不存在,创建新文件用于读写	
ab+	以二进制格式打开一个文件用于追加。如果该文件已存在,文件指针将会放置在文件的结尾;如果该文件不存在,创建新文件用于读写	

通常,文件在文本模式下被打开,这时文件中读取和写入的都是字符串,并以一定的编码方式保存在文件中,默认为 UTF-8 编码。b 模式以二进制方式打开文件,这时读取和写入的是字节形式的数据对象,这种模式适合于非文本文件,如图像文件和音频文件等。

在文本模式下,读取文件时会默认将特定平台的行尾(如 UNIX 系统的'\n',Windows 系统的'\r\n')转换为'\n',写入文件时会默认将'\n'转换回到特定平台的行尾标志。这保证了在任何平台下文件格式的正确性。

open()方法的应用场景有如下 3 种情况。

(1) 打开与新建文件。在默认情况下,使用 open()函数打开一个不存在的文件将会抛出异常。一般在调用 open()函数时,指定其参数值为 w、w+、a、a+。这样,当要打开的文件不存在时,就可以创建新的文件。例如:

```
f = open('c:\data.txt','w')
```

(2) 以二进制形式打开文件。使用 open()函数不仅可以以文本的形式打开文本文件,而且可以以二进制形式打开非文本文件,如图片文件、音频文件、视频文件等。例如,创建一个名称为 picture.jpg 的图片文件,并且应用 open()函数以二进制方式打开该文件。比如:

```
f = open('picture.jpg','rb')
```

(3) 打开文件时指定编码方式。在使用 open()函数打开文件时,默认采用 GBK 编码,当被打开的文件不是 GBK 编码时,将抛出异常。一般可以通过直接修改文件的编码,或在打开文件时,直接指定使用的编码方式。推荐采用后一种方法。比如,要打开采用 UTF-8 编码保存的 data.txt 文件,可以使用下面的代码:

```
f = open('data.txt','r',encoding='utf-8')
```

2. 文件的关闭

打开文件后,需要及时关闭,以免对文件造成不必要的破坏。关闭文件可以使用文件对象的 close()方法实现。其语法格式如下:

```
file.close()
```

其中,file 为已打开的文件对象。

文件关闭后可保证正常释放该文件对象所占用的系统资源。例如,释放文件资源后,可使用记事本对文本文件进行编辑等操作。

【例 6-7】 以读/写二进制模式打开当前目录下的文件。

```
import os
os.chdir('c:\\PythonPractice')
f = open('data.txt', 'rb+')
```

close()方法先刷新缓冲区中还没有写入的信息，然后再关闭文件，这样可以将没有写入文件的内容写入文件中。关闭文件后，就不能再进行写入操作了。

【例 6-8】 不同模式下对文件的打开与关闭操作。

```
#r: 如果文件不存在,报错;不支持写入操作,表示只读
f = open('data.txt', 'r')
#f = open('test.txt', 'r') #错误: FileNotFoundError: [Errno 2] No such file or
directory: 'test.txt'
#f.write('aa') #错误: io.UnsupportedOperation: not writable
f.close()

#w: 只写, 如果文件不存在,新建文件;执行写入,会覆盖原有内容
f = open('data.txt', 'w')
f.write('Our wills unite like a fortress')
f.close()

#a: 追加,如果文件不存在,新建文件;在原有内容基础上,追加新内容
f = open('data.txt', 'a')
f.write('Public clamor can melt metals')
f.close()

#访问模式参数可以省略, 如果省略表示访问模式为 r
f = open('data.txt')
f.close()
```

6.3.2 文件的读取与写入

使用 open()函数成功打开文件后，会返回一个 TextIOWrapper 对象，然后就可以调用该对象中的方法对文件进行操作。TextIOWrapper 对象有如下 4 个常用方法。

1. write(string)方法

将字符串 string 的内容写到文件中，并返回写入的字符数。write()方法不会自动换行，如果需要换行，则要使用换行符'\n'。

2. read（size）方法

该方法返回一个字符串，其内容是长度为 size 的文本。参数 size 表示读取的字符数，可以省略。如果省略 size 参数，则表示读取文件所有内容并返回。如果已到达文件的末尾，read()将返回一个空字符串("")。

【例 6-9】 read（size）方法演示文本文件的读取操作示例。

```
f = open('C:\ data.txt', 'r')
#文件内容如果换行,底层有\n,会有字节占位,导致读取出来的内容与眼睛看到的个数与参数值不
#匹配
#read()方法无参数表示读取所有
```

```
#print(f.read())
print(f.read(10))
f.close()
```

3. seek（offset［，whence］）方法

seek(offset［，whence］)方法用来移动文件指针。

参数说明如下：

- offset：开始的偏移值，也就是代表需要移动偏移的字节数。偏移值表示从起始位置再移动一定量的距离，偏移值的单位是字节（Byte）。偏移值为正数表示向右（即往文件尾的方向）移动，偏移值为负数表示向左（即往文件头的方向）移动。起始位置非零，即从当前位置或文件尾部开始访问文件时，只有 b 模式可以指定非零的偏移值。
- whence：可选，默认值为 0。给 offset 参数一个定义，表示要从哪个位置开始偏移；0 代表从文件开头开始算起，1 代表从当前位置开始算起，2 代表从文件末尾算起。

【例 6-10】 利用 seek()方法在读取文件时移动位置的使用示例。

```
f = open('text.txt', 'a+')
#1. 改变读取数据开始位置
#f.seek(2, 0)
#1. 把文件指针放结尾(无法读取数据)
#f.seek(0, 2)
#2. a 改变文件指针位置，做到可以读取出来数据
#f.seek(0, 0)
f.seek(0)
con = f.read()
print(con)
f.close()
```

运行结果如下：

```
Hi
life is short
I want to learn Python
```

4. close()方法

该方法实现关闭文件。对文件进行读写操作后，关闭文件是一个好习惯。

【例 6-11】 随机访问二进制文件，并利用 close()关闭文件。

```
import os
os.chdir('c:\\PythonPractice')
f = open('data.txt', 'rb+')
print(f.write(b'Love you in my heart'))
print(f.seek(5))
print(f.read(3))
print(f.seek(-5, 2))
print(f.read(5))
f.close()
```

运行结果如下：

```
20
5
b'you'
15
b'heart'
```

本例以二进制读/写方式打开空的文本文件 C:\python\'data.txt,并往该文件写入 20
个二进制数形式的字符。然后通过 seek()方法将指针从文件头开始移动 5 字节,1 字节对
应 1 个字符,再从第 6 字节开始读取 3 字节,对应的字符为 b'you'。之后又将指针从文件尾
部开始向左移动 5 字节,定位在'heart'之前,再读取 5 字节得到对应的字符 b'heart'.

6.3.3 按行对文件内容读写

在上一节中可以使用 read()方法和 write()方法加上行结束符来读取文件中的整行,但
是比较麻烦。这里介绍一下按行读写的方法。

1. writelines()方法

该方法需要指定一个字符串类型的列表,将列表中的每一个元素值作为单独的一行写
入文件。

注意:在 Python 中,没有 writeline()方法,写一行文本需要直接使用 write()方法。

【例 6-12】 利用 writelines()方法演示文件写入操作的应用示例。

```python
fo = open(".\\text.txt", "w")
print("读写的文件名: ", fo.name)
seq = ["Hello\n","life is short\n", "I want to learn Python\n"]
line = fo.writelines(seq)
fo.close()
```

运行结果如下:

```
读写的文件名: .\text.txt
```

2. readline()方法

该方法返回一个字符串,用于文件指针当前位置读取一行文本,即遇到行结束符停止读
取文本,但读取的内容包含了结束符。如果已到达文件的末尾,readline()将返回一个空字
符串(")。如果是一个空行,则返回'\n'.

【例 6-13】 利用 readline()方法读取 text.txt 文件。

```python
f = open("text.txt")
while True:
    lines = f.readline()
    if lines == '':
        break
    else:
        print(lines)
print(type(lines))
f.close()
```

运行结果如下:

```
Hello
life is short
I want to learn Python
<class 'str'>
```

3. readlines()方法

从文件指针当前的位置读取后面所有的数据,并将这些数据按行结束符分隔后,放到列表中返回。

【例 6-14】 利用 readlines()方法读取 text.txt 文件。

```
f = open("text.txt","r")
data = f.readlines()
print(data)
print(type(data))
f.close()
```

运行结果如下:

```
['Hello\n', 'life is short.\n', 'I want to learn Python\n']
<class 'list'>
```

从上述例子可以看出,read()、readline()和 readlines()三者间的区别:

- read([size])方法:从文件当前位置起读取 size 字节;若无参数 size,则表示读至文件结束为止,其范围为字符串对象,即全部取出,放到字符串中。
- readline()方法:该方法每次读出一行内容,所以读取时占用内存小,比较适合大文件。该方法返回一个字符串对象,即把内存空间中的内容一次性只读一行,放到一个字符串中。
- readlines()方法:读取整个文件所有行,保存在一个列表变量中,每行作为一个元素,但读取大文件会比较占内存。该方法是把内存空间中的内容一次性全部取出来,放到一个列表中。

6.3.4 使用 fileinput 对象读取大文件操作

如果需要读取一个大文件,使用 readlines()方法会占用太多内存,因为该方法会一次性将文件所有的内容都读取到列表中,列表中的数据都需要放到内存中,所以非常占内存。为了解决这个问题,可以使用 for 循环和 readline()方法逐行读取,也可以使用 fileinput 模块中的 input()方法读取指定的文件。

input()方法返回一个 fileinput 对象,通过 fileinput 对象的相应方法可以对指定文件进行读取,fileinput 对象使用的缓存机制并不会一次性读取文件的所有内容,所以比 readlines()方法更节省内存资源。

fileinput.input()的语法格式如下:

```
fileinput.input (files='filename', inplace=False, backup='', bufsize=0, mode='r', openhook=None)
```

参数说明如下。

- files:文件的路径列表,默认是 stdin 方式。

- inplace：是否将标准输出的结果写回文件，默认是不替代。如果要同步修改源文件，设置 inplace＝True 参数即可。但一定要小心，请确认自己的行为，防止误操作。
- backup：备份文件的扩展名，只指定扩展名，如.bak。如果该文件的备份文件已存在，则会自动覆盖。
- bufsize：缓冲区大小，默认为 0，如果文件很大，可以修改此参数，一般默认即可。
- mode：读写模式，默认为只读。
- openhook：该钩子用于控制打开的所有文件，例如编码方式等。

fileinput.input() 的典型用法如下：

```
import fileinput
for line in fileinput.input():
    process(line)
```

fileinput 对象的常用函数如下。

（1）fileinput.input()：返回能够用于 for 循环遍历的对象。

（2）fileinput.filename()：返回当前文件的名称。

（3）fileinput.lineno()：返回当前已经读取的行的数量（或序号）。

（4）fileinput.filelineno()：返回当前读取的行的行号。

（5）fileinput.isfirstline()：检查当前行是否是文件的第一行。

（6）fileinput.isstdin()：判断最后一行是否从 stdin 中读取。

（7）fileinput.close()：关闭队列。

【例 6-15】 使用 fileinput 对象输出当前行号和行内容。

```
import fileinput
for line in fileinput.input('text.txt'):
    lineno = fileinput.lineno()
    print(lineno,line)
```

运行结果如下：

```
1 Hello
2 life is short
3 I want to learn Python
```

【例 6-16】 使用 fileinput 对象修改文件并备份原文件，并将修改后的文件内容显示出来。

```
import fileinput
for line in fileinput.input('text.txt',backup='.bak',inplace=1):
    print(line.rstrip().replace('Hello','Hi'))
fileinput.close()

for line in fileinput.input('text.txt'):
    print(line)
```

运行结果如下：

```
Hi
life is short
I want to learn Python
```

【例 6-17】　利用 fileinput 对象对多文件操作，并原地修改内容。

```
import fileinput
def process(line):
    return line.rstrip() + ' line'
for line in fileinput.input(['text1.txt','text2.txt'], inplace=1):
    print(process(line))
```

6.4　JSON 格式文件及其操作

JSON 和 XML 都是互联网上用于数据交换的主要载体。JSON 具有简洁和清晰的层次结构、易于人阅读和编写、易于机器解析和生成、网络传输效率高等优点，接下来主要介绍 JSON 文件及 Python 对 JSON 文件的读写操作。

6.4.1　JSON 概述

JSON(JavaScript Object Notation，JS 对象标记)是基于 ECMAScript(欧洲计算机协会制定的 JS 规范)的一个子集，采用独立于编程语言的文本格式来存储和表示数据，是一种轻量级的数据交换格式。简洁和清晰的层次结构使得 JSON 成为理想的数据交换语言。JavaScript 对象与 JSON 之间可以非常方便地转化。JavaScript 内置了 JSON 的解析，因此在 JavaScript 中可以直接使用 JSON；而把任何 JavaScript 对象编程 JSON，就是把这个对象序列化成一个 JSON 格式的字符串，这样就能够通过网络传递给其他计算机。

6.4.2　读写 JSON 文件

在 Python 中，可以使用 json 模块来对 JSON 数据进行编解码，json 模块提供了 4 个方法，即 dump()、dumps()、load()、loads()。

1. json.dump 方法

语法格式如下。

```
json.dump(obj, fp, skipkeys=False, ensure_ascii=True, check_circular=True,
allow_nan=True, cls=None, indent=None, separators=None, encoding="utf-8",
default=None, sort_keys=False, * * kw)
```

函数功能：将 obj 序列化为 JSON 格式流到 fp。

参数说明如下。

- obj：表示是要序列化的对象。
- fp：文件描述符，将序列化的 str 保存到文件中。json 模块总是生成 str 对象，而不是字节对象，因此，fp.write() 必须支持 str 输入。
- skipkeys：默认值为 False。如果是 True，则将跳过不是基本类型(str、int、float、bool、None)的 dict 键，不会引发 TypeError 异常。
- ensure_ascii：默认值为 True。能将所有传入的非 ASCII 字符转义输出。如果是 False，则这些字符将按原样输出。
- check_circular：默认值为 True。如果为 False，则将跳过对容器类型的循环引用检查,循环引用将导致 OverflowError 异常。

- allow_nan：默认值为 True。如果为 False,则严格遵守 JSON 规范,序列化超出范围的浮点值会引发 ValueError 异常。如果为 True,则将使用它们的 JavaScript 等效项（NaN、Infinity、-Infinity）。
- indent：设置缩进格式,默认值为 None,选择的是最紧凑的表示。如果是非负整数或字符串,那么 JSON 数组元素和对象成员将使用该缩进级别进行输入。如果为 0 或负数则仅插入换行符。indent 使用正整数缩进多个空格,如果是一个字符串（例如"\t"）,则该字符串用于缩进每个级别。
- separators：去除分隔符后面的空格,默认值为 None。如果指定,则分隔符应为（item_separator,key_separator）元组。
- default：默认值为 None。如果指定,则 default 应该是为无法以其他方式序列化的对象调用的函数。它应返回对象的 JSON 可编码版本或引发 TypeError 异常。如果未指定,则引发 TypeError 异常。
- sort_keys：默认值为 False。如果为 True,则字典的输出将按键值排序。

【例 6-18】　Python 写入 JSON 文件示例。

```
import json
userdict={'name':'XiaoMeng','age':'18','email':'xm@126.com'}
file='userinfo.json'
with open(file,'w',encoding='utf-8') as f:
    json.dump(userdict,f)
```

2. json.dumps 方法

其语法格式如下。

```
json.dumps(obj, skipkeys=False, ensure_ascii=True, check_circular=True, allow
_nan=True, cls=None, indent=None, separators=None, encoding="utf-8", default
=None, sort_keys=False, **kw)
```

函数功能：将 Python 的对象数据或是 str 序列化为 JSON 格式,具体的参数含义如 dump()函数。

3. json.load 方法

其语法格式如下。

```
json.load(fp[, encoding[, cls[, object_hook[, parse_float[, parse_int[, parse_
constant[, object_pairs_hook[, **kw]]]]]]]])
```

函数功能：反序列化 fp 到 Python 对象。
参数说明如下。

- fp：文件描述符,将 fp 反序列化为 Python 对象。
- object_hook：默认值为 None。object_hook 是一个可选函数,其功能可用于实现自定义解码器。指定一个函数,该函数负责把反序列化后的基本类型对象转换成自定义类型的对象。
- parse_float：默认值为 None。如果指定了 parse_float,用来对 JSON float 字符串进

行解码,这可用于为 JSON 浮点数使用另一种数据类型或解析器。

- parse_int:默认值为 None。如果指定了 parse_int,用来对 JSON int 字符串进行解码,这可以用于为 JSON 整数使用另一种数据类型或解析器。
- parse_constant:默认值为 None。如果指定了 parse_constant,对-Infinity、Infinity、NaN 字符串进行调用。如果遇到了无效的 JSON 符号,会引发异常。如果进行反序列化(解码)的数据不是一个有效的 JSON 文档,将会引发 JSONDecodeError 异常。

【例 6-19】　Python 读取 JSON 格式文件中的数据示例。

```
import json
filename = 'userinfo.json'
with open(filename, 'r', encoding='utf-8') as file:
    data = json.load(file)
    #<class 'dict'>,JSON 文件读入到内存以后,就是一个 Python 中的字典
    #字典是支持嵌套的,
    print(type(data))
    print(data)
```

4. json.loads()方法

函数功能:将包含 JSON 格式的文档序列化成 Python 的对象,其余参数同 load()函数。在 Python 中的 json 模块 load()方法是从 JSON 文件读取 json,而 loads()方法是直接读取 json,两者都是将字符串 JSON 转换字典对象。

6.4.3　数据格式转化对应表

JSON 中的数据格式与 Python 中的数据格式转化关系如表 6-3 所示。

表 6-3　JSON 中的数据格式与 Python 中的数据格式转化关系

JSON	Python	JSON	Python
Object	dict	number(real)	float
Array	list	True	True
String	str	False	False
number (int)	int	Null	None

【例 6-20】　dump()方法和 dumps()方法的转换应用示例。

```
import json
#dumps 可以格式化所有的基本数据类型为字符串
data1 = json.dumps([])                #列表
print(data1, type(data1))
data2 = json.dumps(2)                 #数字
print(data2, type(data2))
data3 = json.dumps('3')               #字符串
print(data3, type(data3))
dict = {"name": "MM", "age": 18}      #字典
data4 = json.dumps(dict)
print(data4, type(data4))
with open("user.json", "w", encoding='utf-8') as f:
    #indent 超级好用,格式化保存字典,默认为 None,小于 0 为零个空格
```

```
    f.write(json.dumps(dict, indent=4))
#json.dump(dict, f, indent=4)          #传入文件描述符,和 dumps 一样的结果
```

运行结果如下：

```
[] <class 'str'>
2 <class 'str'>
"3" <class 'str'>
{"name": "MM", "age": 18} <class 'str'>
打开"user.json"文件,内容如下:
{
    "name": "MM",
    "age": 18
}
```

【例 6-21】 load()方法和 loads()方法的应用示例。

```
import json

dict = '{"name": "GG", "age": 20}'          #将字符串还原为 dict
data1 = json.loads(dict)
print(data1, type(data1))

with open("user.json", "r", encoding='utf-8') as f:
    data2 = json.loads(f.read())          #load 的传入参数为字符串类型
    print(data2, type(data2))
    f.seek(0)                              #将文件游标移动到文件开头位置
    data3 = json.load(f)
    print(data3, type(data3))
```

运行结果如下：

```
{'name': 'GG', 'age': 20} <class 'dict'>
{'name': 'MM', 'age': 18} <class 'dict'>
```

经常会遇到读取数据太多,因为 JSON 只能读取一个文档对象,可以通过如下两个办法解决。

- 单行读取文件,一次读取一行文件。
- 保存数据源时,格式写为一个对象。

如果 JSON 文件中包含空行,会抛出 JSONDecodeError 异常,因此可以先处理空行,再进行文件读取操作。比如：

```
for line in f.readlines():
        line = line.strip()                #使用 strip()函数去除空行
        if len(line) != 0:
            json_data = json.loads(line)
```

6.5　Python 操作 MySQL 数据库

我们经常需要将大量数据保存起来以备后续使用,数据库就是一个很好的解决方案。

在众多数据库中，MySQL 数据库算是入门比较简单、语法比较简单，同时也是比较实用的一个。接下来，将以 MySQL 数据库为例，介绍一下如何使用 Python 操作数据库。

6.6.1　PyMySQL 的安装

PyMySQL 是在 Python 3.x 版本中用于连接 MySQL 服务器的一个库。PyMySQL 遵循 Python 数据库 API v2.0 规范，并包含了 pure-Python MySQL 客户端库。

在使用 PyMySQL 之前，需要确保 PyMySQL 已安装。

如果还未安装，在 Windows 系统下，可以直接进入命令行窗口，使用 pip 安装 PyMySQL，命令如下：

```
pip install PyMySQL
```

如果系统不支持 pip 命令，可通过如下地址 PyMySQL 下载：

```
https://github.com/PyMySQL/PyMySQL
```

下载后使用手动方式安装。

在 Python 文件中引入 pymysql 模块：

```
import pymysql
```

6.5.2　PyMySQL 操作 MYSQL 的流程及常用对象

图 6-2 以流程图的方式展示 Python 操作 MySQL 数据库的流程。

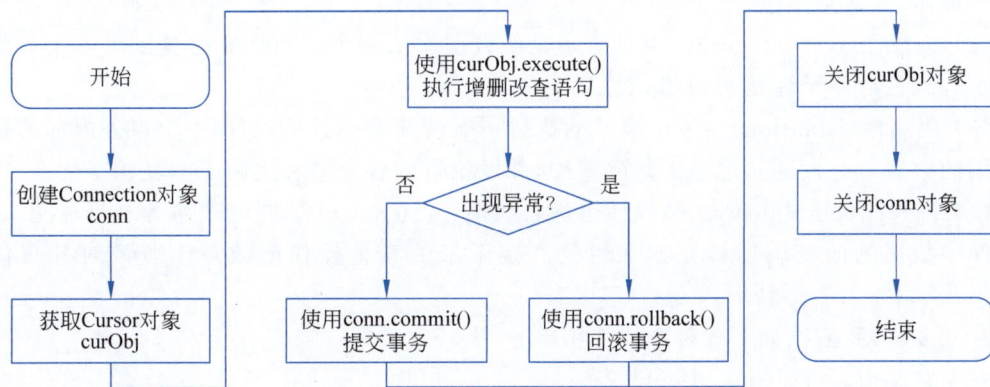

图 6-2　Python 操作 MySQL 数据库的流程

由图 6-2 可以看出，首先依次创建 Connection 对象（数据库连接对象）用于打开数据库连接，创建 Cursor 对象（游标对象）用于执行查询和获取结果；然后执行 SQL 语句对数据库进行增删改查等操作并提交事务，此过程如果出现异常则使用回滚技术使数据库恢复到执行 SQL 语句之前的状态；最后，依次销毁 Cursor 对象和 Connection 对象。

下面依次对 Connection 对象、Cursor 对象和事务等概念进行介绍。

1. Connection 对象

Connection 对象即为数据库连接对象，在 Python 中可以使用 pymysql.connect() 方法创建 Connection 对象，该方法的常用参数如表 6-4 所示。

表 6-4   Connection 对象可以使用的参数

参　数	类　型	描　　述
host	str	连接的 MySQL 数据库服务器主机名,默认为本地主机(localhost)
port	int	指定 MySQL 数据库服务器的连接端口,默认为 3306
user	str	用户名,默认为当前用户
passwd	str	密码,无默认值
db	str	数据库名称,无默认值
charset	str	连接编码

Connection 对象支持的方法如表 6-5 所示。

表 6-5   Connection 对象支持的方法

方　法	描　　述	方　法	描　　述
cursor()	使用当前连接创建并返回游标	rollback()	回滚当前事务
commit()	提交当前事务	close()	关闭当前连接

上述表中的事务机制可以确保数据一致性。事务应该具有 4 个属性:原子性、一致性、隔离性、持久性。这 4 个属性通常称为 ACID 特性。

(1) 原子性(atomicity)。一个事务是一个不可分割的工作单位,事务中包括的诸多操作要么都做,要么都不做。

(2) 一致性(consistency)。事务必须是使数据库从一个一致性状态变到另一个一致性状态。一致性与原子性是密切相关的。

(3) 隔离性(isolation)。一个事务的执行不能被其他事务干扰,即一个事务内部的操作及使用的数据对并发的其他事务是隔离的,并发执行的各个事务之间不能互相干扰。

(4) 持久性(durability)。持续性也称永久性(permanence),指一个事务一旦提交,它对数据库中数据的改变就应该是永久性的。接下来的其他操作或故障不应该对其有任何影响。

在开发时,我们以如下 3 种方式使用事务。

- 正常结束事务:conn.commit()。
- 异常结束事务:conn.rollback()。
- 关闭自动提交:设置 conn.autocommit(False)。

2. Cursor 对象

游标(cursor)负责执行 SQL 语句和获取结果。游标就是游动的标识,通俗地说,一条 SQL 取出对应 n 条结果资源的接口/句柄,就是游标,沿着游标可以一次取出一行。可以使用 Connection 对象的 cursor()方法来创建,例如:

```
cursor = connect.cursor()
```

Cursor 对象常用的方法如表 6-6 所示。

表 6-6　Cursor 对象常用的方法

方　　法	描　　述
execute(op)	执行 SQL 语句,返回受影响的行数
fetchone()	执行查询语句时,获取查询结果集的当前行数据,返回一个元组
next()	执行查询语句时,获取当前行的下一行
fetchmany(size)	执行查询时,获取结果集的所有行,一行构成一个元组,再将这些元组装入一个元组返回
scroll(value[,mode])	将行指针移动到某个位置。mode 表示移动的方式,默认值为 relative,表示基于当前行移动到 value,value 为正则向下移动,value 为负则向上移动;mode 的值为 absolute,表示基于第一条数据的位置,第一条数据的位置为 0
fetchall()	获取结果集中的所有行
rowcount()	返回数据条数或影响行数
close()	关闭游标对象

6.5.3　PyMySQL 的使用步骤

在 MySQL 数据库已经启动的前提下,拥有可以连接数据库的用户名和密码,并且有操作数据,PyMySQL 使用的步骤如下。

(1) 导入模块:

```
import pymysql
```

(2) 创建数据库连接对象:

```
conn = pymysql.connect(host,port,user,password,database,charset)
```

参数说明如下。

- host：数据库的 IP,本机域名为 localhost,本机 IP 为 127.0.0.1。
- port：数据库的端口,默认 3306。
- user：数据库的用户名。
- password：数据库用户名的密码。
- database：连接后使用的数据库名称。
- charset：数据库的字符集。

注意：PyMySQL 中的 connect、Connect、Connection 三个名称同效。

(3) 使用数据库连接对象调用 cursor()方法创建游标:

```
curObj = conn.cursor()
```

注意：创建游标时会默认开启一个隐式的事务,在执行增删改的操作后需要利用 commit 提交,如果不提交默认为事务回滚(rollback)。

(4) 编写 SQL 语句字符串,并执行 SQL 语句:

```
strsql = '''增删改查的 SQL 语句 '''
curObj.execute(strsql,参数)
```

```
#execute 方法的参数可以使用元组 tuple、列表 list、字典 dict 这三种方式进行传参
#一般都用元组或列表的方式
```

当需要获取显示查询后的结果可以通过 fetchall()、fetchmany()、fetchall()方法进行获取查询后的结果元组。

```
#获取查询结果中的一条数据
curObj.fetchone()
#获取查询结果中的指定条数据
curObj.fetchmany(条数)
#获取查询结果中的全部数据
curObj.fetchall()
#注意：这种方式相当于从一个仓库中取出物品,取出一次后就没了,使用这种方式默认
#会有一个计数器,记录从查询出的结果元组的索引值,每取出一次索引值+1
```

（5）提交事务并关闭游标：

```
#对数据进行增删改后需要提交事务,否则所有操作无效
#提交事务
con.commit()
#关闭游标
curObj.close()
```

（6）关闭数据库连接：

```
conn.close()
```

【例 6-22】 PyMySQL 使用示例。

```
import pymysql
#打开数据库连接,参数 1：主机名或 IP；参数 2：用户名；参数 3：密码；参数 4；数据库名称
conn = pymysql.connect("localhost", "root", "123456", "jxgl")
#通过 cursor()函数创建一个游标对象 cursor
cursor = conn.cursor()
#使用 execute()方法执行 SQL 查询
cursor.execute('SELECT VERSION()')
#使用 fetchone()方法获取单条信息
db_version = cursor.fetchone()
print("MySQL 数据库的版本号: %s" % db_version)
#关闭数据库连接
conn.close()
```

运行结果如下：

```
MySQL 数据库的版本号: 5.7.17-log
```

6.6　综合案例：消费账单数据读取与修改

有一个消费账单数据文件 bill.txt,记录了消费收入的具体记录,内容如下：

```
name,date,money,type,remarks
孟欣怡,2024-02-01,100,消费,正式
```

```
孟欣怡,2024-02-02,300,收入,正式
孟欣怡,2024-02-03,100,消费,测试
李光军,2024-02-01,300,收入,正式
李光军,2024-02-02,100,消费,测试
李光军,2024-02-03,100,消费,正式
李光军,2024-02-04,100,消费,测试
李光军,2024-02-05,500,收入,正式
王盼盼,2024-02-01,100,消费,正式
王盼盼,2024-02-02,500,收入,正式
王盼盼,2024-02-03,900,收入,测试
汪文文,2024-02-01,500,消费,正式
汪文文,2024-02-02,300,消费,测试
汪文文,2024-02-03,950,收入,正式
张三疯,2024-02-01,300,消费,测试
张三疯,2024-02-02,100,消费,正式
张三疯,2024-02-03,300,消费,正式
```

要求：读取文件，将文件写出到 bill.txt.bak 文件中作为备份，同时，将文件内标记为测试的数据行丢弃。

参考代码如下：

```python
#打开文件得到文件对象,准备读取
fr = open("C:/bill.txt", "r", encoding="UTF-8")
#打开文件得到文件对象,准备写入
fw = open("C:/bill.txt.bak", "w", encoding="UTF-8")
#for 循环读取文件
for line in fr:
    line = line.strip()
    #判断内容,将满足的内容写出
    if line.split(",")[4] == "测试":
        continue          #continue 进入下一次循环(这一次后面的内容就跳过了)
    #将内容写出
    fw.write(line)
    #由于前面对内容进行了 strip() 的操作,所以要手动的写出换行符
    fw.write("\n")


#close2 个文件对象
fr.close()
fw.close()          #写出文件调用 close() 会自动 flush()
```

6.7　综合应用案例：利用文件操作实现 会员管理登录功能模块

本节利用文件操作实现会员管理登录功能模块，该登录模块按照两类角色(管理员用户和普通用户)进行读取文件判断。

该模块首先判断用户是否首次登录，若是首次使用，则进行初始化；否则进入用户类型的选择。若选择管理员，则直接进行登录；若选择普通用户，则询问用户是否需要注册；若需要注册，则首先注册用户，然后登录系统。

6.7.1 文件类型与数据格式

用户管理是通过如下 3 类文件。

（1）标识位文件：flag.txt。该文件主要用于检测是否为初次该系统，其中的初始数据为 0，在首次启动后，将其修改为 1。在系统运行前就必须用此文件。

（2）管理员账户数据文件：admin.txt。该文件用于保存管理员账户信息，该账户在程序中设置，管理员账号唯一。程序运行后，数据为{'rname': 'admin', 'rpwd': 'abc123'}。

（3）普通用户账户数据文件：用户注册账户。该文件主要用于保存普通用户注册账户，每一个用户对应一个账户文件，普通用户账户数据文件被统一存储于文件夹 usersinfo。文件内容格式为{'u_id': 'v001', 'u_pwd': 'abc', 'u_name': '123'}。

6.7.2 各功能模块函数的实现

用户登录模块主要涉及是否首次使用系统的判断、标识位文件修改、信息初始化、打印登录菜单、用户选择判断、管理员用户登录判断、普通用户注册以及普通用户登录等函数。

由于需要对文件操作，首先要导入文件操作模块：

```
import os
```

1. is_first_run()函数：初次使用系统判断

该函数主要用于判断是否为首次使用系统，通过读取 flag.txt 文件中的数据，如果是 0 表示是初次使用该系统，则更改标志位文件、初始化即写管理员账户信息（"rname"："admin"，"rpwd"："abc123"）和新建普通用户账户数据文件夹 usersinfo、打印登录菜单；如果不是初次启动，则直接登录菜单，并接收用户选择。is_first_run()函数的具体实现如下：

```
def is_first_run():
    flag = open("flag.txt")
    word = flag.read()
    if word == "0":
        print("首次启动该系统")
        flag.close()
        is_flag()
        init()
        print_menu()
        user_login_select()
    elif word == "1":
        print("欢迎使用会员管理系统")
        print("==选择角色登录系统==")
        print_menu()
        user_login_select()
    else:
        print("初始化参数错误!")
```

2. is_flag()函数：修改标志位

该函数主要用于修改 flag.txt 的内容：由 0 变为 1，将在初次使用系统时被 is_first_start()函数调用。is_flag()函数的具体实现如下：

```python
def is_flag():
    f = open("flag.txt","w")
    f.write("1")
    f.close()
```

3. init()函数：初始化资源

该函数主要用于写管理员账户信息("rname":"admin","rpwd":"abc123")和新建普通用户账户数据文件夹 usersinfo。init()函数的具体实现如下：

```python
def init():
    file = open("admin.txt","w")
    root = {"rname":"admin", "rpwd":"abc123"}
    file.write(str(root))
    file.close()
    os.mkdir("usersinfo")
```

4. print_menu()函数：打印角色

该函数主要用于打印登录菜单的两个选项：管理员登录和普通用户登录选项的界面显示。print_menu()函数的具体实现如下：

```python
def print_menu():
    print("1-管理员登录")
    print("2-普通用户登录")
    print("-------------")
```

5. user_login_select()函数：用户角色选择

该函数首先接收用户的输入，若输入"1"，则调用 admin_login()函数进行管理员登录；若输入"2"，则先询问用户是否需要注册，然后调用 user_register()函数。user_login_select()函数的具体实现如下：

```python
def user_login_select():
    while True:
        user_type_select = input("选择用户类型为:")
        if user_type_select == '1':
            admin_login()
            break
        elif user_type_select == '2':
            while True:
                select = input('是否需要注册?(y/n)')
                if select == 'y' or select == 'Y':
                    print("---用户注册---")
                    user_register()
                    break
                elif select == 'n' or select == "N":
                    print("---用户登录---")
                    break
                else:
                    print('输入有误,请重新选择')
            user_login()
```

```
            break
        else:
            print('输入有误,请重新选择')
```

6. admin_login()函数：管理员登录

该函数用于实现管理员角色登录,可接收用户输入的账号和密码,将接收到的数据存储在管理员账号文件 admin.txt 中。若匹配成功则提示"登录系统成功",否则提示"验证失败"。dmin_login()函数的具体实现如下：

```
def admin_login():
    while True:
        print("***管理员登录***")
        root_name = input('请输入登录名:')
        root_password = input("请输入密码:")
        file_root = open("admin.txt")
        root = eval(file_root.read())
        if root_name == root['rname'] and root_password == root['rpwd']:
            print('登录系统成功')
            break
        else:
            print('验证失败')
```

7. user_register()函数：用于普通用户注册

该函数用于注册普通用户信息的存储。当用户在 user_login_select()函数中选择需要注册用户之后,该函数被调用。user_login_select()函数可接收用户输入的账户名、密码和昵称,并将这些信息保存到 usersinfo 文件夹中与账户名同名的文件中。user_register()函数的具体实现如下：

```
def user_register():
    user_id = input('请输入账户名:')
    user_pwd = input('请输入密码:')
    user_name = input('请输入昵称:')
    user = {'u_id':user_id,"u_pwd":user_pwd,'u_name':user_name}
    user_path = "./usersinfo/"+user_id
    file_user = open(user_path, 'w')
    file_user.write(str(user))
    file_user.close()
```

8. user_login()函数：用于普通用户登录

该函数用于实现普通用户登录,可接收用户输入的账号和密码,并将账号与 usersinfo 目录中文件列表的文件名匹配,若匹配成功,说明用户存在,进一步匹配用户密码,账户名和密码都匹配成功则提示"登录系统成功",并打印用户功能菜单;若账户名不能与 usersinfo 目录中文件列表的文件名匹配,则说明用户不存在。user_login()函数的具体实现如下：

```
def user_login():
    while True:
        print("***普通用户登录***")
        user_id = input('请输入账户名:')
```

```
        user_pwd = input('请输入密码:')
        user_list = os.listdir('./usersinfo')
        flag = 0
        for user in user_list:
            if user == user_id:
                flag = 1
                print('登录中....')
                file_name = "./usersinfo/" + user_id
                file_user = open(file_name)
                user_info = eval(file_user.read())
                if user_pwd == user_info['u_pwd']:
                    print('登录系统成功!')
                    break
        if flag == 1:
            break
        elif flag == 0:
            print('查无此人! 请先注册用户')
            break
```

程序最后的运行,执行函数:

```
is_first_start()
```

运行结果如下:

```
1.首次启动
首次启动该系统
1-管理员登录
2-普通用户登录
-------------
选择用户类型为:1
***管理员登录***
请输入登录名:admin
请输入密码:abc123
登录系统成功
2.再启动
欢迎使用会员管理系统
==选择角色登录系统==
1-管理员登录
2-普通用户登录
-------------
选择用户类型为:2
是否需要注册?(y/n)y
---用户注册---
请输入账户名:v001
请输入密码:666666
请输入昵称:Rose
***普通用户登录***
请输入账户名:v001
请输入密码:666666
登录中....
登录系统成功!
```

6.8 本 章 小 结

本章先讲解了文件的基本操作方法，包括文件的打开、文件的读写和文件的关闭。然后讲解了文件的随机定位读写和文件的异常处理。最后介绍了 Python 开发中经常遇到 JSON 文件的读写方法，该方法主要适合于处理数据量不大，而且结构简单的数据。其中 json.dumps()方法是将 Python 对象编码成 JSON 字符串；json.loads()方法是将已编码的 JSON 字符串解码为 Python 对象；json.dump()和 json.load()方法需要传入文件描述符，加上文件操作。JSON 内部的格式要注意，一个好的格式能够方便读取，可以用 indent 格式化。最后讲解了 Python 编程操作 MySQL 数据库数据文件。

6.9 习   题

1. 统计 file1.txt 文件中包含的字符数和行数。

2. 把 file1.txt 文件中的每行按逆序方式输出到 file2.txt 文件中。

3. scores.txt 文件存放着某班学生的计算机课成绩，包含学号、平时成绩、期末成绩三列。请根据平时成绩占 40%，期末成绩占 60% 的比例计算总评成绩，并按学号、总评成绩两列写入另一个文件 scored.txt 中。同时在屏幕上输出学生总人数，按总评成绩计算 90 分以上、80～89 分、70～79 分、60～69 分、60 分以下各成绩区间的人数和班级总平均分（取小数点后两位）。

4. 运用 PyMySQL 开发网店会员管理系统，该系统主要实现会员注册、会员登录、密码修改以及会员信息的删除等功能，首先创建数据库 ShopMember，同时定义用于存放会员信息的 userinfo 表，其表结构的脚本如下：

```
DROP TABLE IF EXISTS 'userinfo';
CREATE TABLE 'userinfo' (
  'userid' int(11) NOT NULL AUTO_INCREMENT,
  'username' varchar(50) DEFAULT NULL,
  'userpwd' char(10) DEFAULT NULL,
  'phone' char(11) DEFAULT NULL,
  'email' varchar(50) DEFAULT NULL,
  PRIMARY KEY ('userid')
) ENGINE=InnoDB DEFAULT CHARSET=utf8;
```

第 7 章

面向对象程序设计

面向过程编程与面向对象编程是两种不同的程序设计思想,面向对象编程思想通过将数据和操作封装在一起,使得软件设计更加灵活,能够很好地支持代码复用和设计复用,并且使得代码具有更好的可读性和可扩展性。面向过程编程则更注重于将问题分解为一系列步骤,适合于简单或性能敏感型的应用。

本章主要介绍了基于 Python 的面向对象程序设计基本概念类和对象,结合实例形式详细分析了 Python 面向对象相关的继承、多态、类及对象等概念、原理、操作技巧与注意事项。

本章学习目标:

(1) 理解面向对象编程的基本概念:包括类(Class)、对象(Object)、属性(Attribute)和方法(Method)。

(2) 掌握如何在 Python 中定义类和对象,以及如何为类添加属性和方法。

(3) 学会使用 Python 的特殊方法,如__init__()。

(4) 理解继承的概念,学会如何在 Python 中使用继承。

(5) 掌握多态的概念和使用。

(6) 学会使用封装来保护数据,理解私有属性和公有属性的区别。

7.1 面向对象基本概念

面向对象程序设计(Object Oriented Programming,OOP)是一种广泛使用的软件设计思想,它通过将业务逻辑简化、代码复用性增强、设计灵活性和扩展性提升,使得大型项目的设计更为高效。

在 Python 中,面向对象编程主要涉及以下几个核心概念。

1. 类

类(Class)是对某一类事物的共性描述,即具有相同或相似属性和行为的一类实体。类是创建对象的模板,它定义了对象的属性和方法。类是一种抽象的概念,不具体存在于内存中,而是作为创建对象的蓝图。

例如,苹果和香蕉为例,将苹果和香蕉这个两个对象所具有的相同属性和行为抽象为水果类,反过来说,水果类具有苹果和香蕉的共同属性和行为。

2. 对象

对象(Object)是用来描述客观事物的一个概念。通常对象分为两个部分:属性和行为(也称为方法)。对象是类的实例,是类定义的具体实现。当类被实例化时,会在内存中创建一个新的对象,具有类定义的属性和方法。

例如,可以从圆形、正方形、三角形等图形抽象出一个简单图形,简单图形就是一个对象,它有自己的属性和行为(方法),图形中边的个数是它的属性,图形的面积也是它的属性,输出图形的面积则是它的行为。

3. 封装

封装(Encapsulation)是指将数据(属性)和操作数据的方法结合在一起,形成一个独立的实体,即对象。这样可以隐藏对象的内部实现细节,只暴露有限的接口用于与外部通信。

例如,电视机是一个类,你家里的那台电视机是这个类的一个对象,它有声音、颜色、亮度等一系列属性,如果需要调节它的属性(如声音),只需要通过调节一些按钮或旋钮就可以了,也可以通过这些按钮或旋钮来控制电视的开、关、换台等功能(方法)。当进行这些操作时,并不需要知道这台电视机的内部构成,而是通过生产厂家提供的通用开关、按钮等接口来实现的。

4. 继承

继承(Inheritance)允许一个类(子类)继承另一个类(父类)的属性和方法,从而实现代码的复用和层次结构的建立。子类可以覆盖或扩展父类的方法。

例如,矩形是四边形的一种,矩形拥有四边形的全部特点,反之不然。矩形类可以看为继承四边形类后产生的类,称为子类,而四边形类称为父类或超类。

5. 多态

多态(Polymorphism)是指不同类的对象可以通过相同的接口调用不同的实现方法。这使得程序具有更高的灵活性,可以处理不同类型的对象,而无须关心其具体的类。

例如,在一个动物园中,有各种各样的动物,它们都有自己独特的叫声。可以定义一个基类 Animal,这个基类中有一个虚函数 MakeSound()。然后,为每种具体的动物(如狗、猫、牛)创建一个继承自 Animal 的子类,并重写 MakeSound()函数,使其发出相应的叫声。

当调用不同动物对象的 MakeSound()函数时,每个动物会按照自己的方式发出声音。例如,狗会"汪汪"叫,而猫会"喵喵"叫。这就是多态性的体现,同一个方法调用,不同的执行结果。

6. 抽象

抽象(Abstraction)是指将复杂的系统分解为更易管理的部分的过程。在 OOP 中,通常通过抽象类来定义通用的行为,而具体类则实现这些行为的具体细节。

面向对象编程的核心思想是"一切皆对象",它将现实世界中的实体和关系抽象成程序中的对象和类,从而使得软件开发过程更符合人类的思维方式,提高开发效率和软件质量。在 Python 中,这些概念通过特定的语法和结构得以实现,使得开发者能够设计出清晰、可维护且易于扩展的软件系统。

7.2   定义类与对象

客观世界中有很多属性和行为相同的事物,如一所学校的所有同学有学号、姓名、生日、班级等属性,有上课、学习、活动等行为,孟欣怡同学也有这些属性和行为,其他同学也有这些属性和行为,那么便可以将这些同学统称为学生,他们具有相同的属性和行为。

在 Python 中,一切都是对象,即不仅是具体的事物称为对象,字符串、函数等也都是对象。

每个对象都有一个类型,类是创建对象实例的模板,是对对象的抽象和概括,它包含对所创建对象的属性描述和行为特征的定义。例如,我们在马路上看到的汽车都是一个一个的汽车对象,它们通通归属于一个汽车类,那么车身颜色就是该类的属性,启动是它的方法,该保养了或该报废了就是它的事件。

简单一点说,类与对象的关系:用类去创建(实例化)一个对象。在软件开发中,先有类,才有对象。

7.2.1　类的定义

在 Python 中,类是用来描述具有相同属性和方法的对象的集合。类定义了该集合中所有对象公有的属性和方法。而对象则是类的实例。类是由属性和方法两个部分组成的,类的语法格式如下。

```
class 类名:
    类体
```

(1) 类是以 class 关键字开始的。

(2) 类名必须符合标识符命名规则,建议首字母大写,采用驼峰命名方式;类名后面的冒号":"表示类体的开始。

(3) 类体是由多个属性和多个方法组成的。

(4) 属性包含在类体中的变量,用于描述事物的特征。

(5) 方法是包含在类体中的函数,用于描述事物的行为。方法定义时,第一个参数为 self,代表当前对象。如果在定义类时,没想好类的具体功能,也可以在类体中直接使用 pass 语句代替。

【例 7-1】　定义学生类 Student。假设学生有 2 个属性:name 和 gender,有 1 个方法 study(),代码如下。

```
class Student:
    name = "郑能量"
    gender = "男"

    def study(self):
        print("好好学习,天天向上。")
```

7.2.2　对象的定义

在 Python 中,实例是类的特定表现形式,而对象则是类实例化的结果。定义完类后,并不会真正创建一个实例。这有点像一辆汽车的设计图。设计图可以告诉你汽车看上去怎么样,但设计图本身不是一辆汽车。你不能开走它,它只能用来制造真正的汽车,而且可以使用它制造很多辆汽车。类是对对象的抽象和概括,而对象则是这种概括的具体实体。

由于类是抽象的,若要使用类,便要创建对象。对象创建好后就可以使用该对象完成相应的操作。

　　class 语句本身并不定义该类的任何实例。所以在类定义完成以后，可以定义类的实例，即实例化该类的对象。Python 创建对象的语法如下：

```
对象名=类名()
```

　　对象名要符合标识符命名规范。

　　创建例 7-1 中定义的类的对象，代码如下：

```
obj_stu_1=Student()
obj_stu_2=Student()
```

　　上例中定义了 Student 类的两个实例对象：stu1 和 stu2。对象定义好以后，通过句点"."可以访问对象的属性和行为，语法格式如下：

```
对象名.属性
对象名.方法名(参数列表)
```

　　使用 stu1 和 stu2 访问例 7-1 中的方法，代码如下：

```
print("obj_stu_1 访问 study 方法:")
obj_stu_1.study()
print("obj_stu_2 访问 study 方法:")
obj_stu_2.study()
```

　　运行上述代码，结果如下：

```
obj_stu_1 访问 study 方法:
好好学习,天天向上。
obj_stu_2 访问 study 方法:
好好学习,天天向上。
```

7.3　定义类的成员

　　有了实例化的对象之后，通过对象，可以进行如下操作。

　　(1) 访问或修改类对象具有的属性，甚至可以添加新的属性或删除已有的属性。

　　(2) 调用类对象的方法，包括调用现有的方法，以及为类对象动态添加方法。

7.3.1　属性的定义

　　属性是用来描述类的静态信息，这些信息是用数据来描述的。属性其实就是在类体中定义的变量，类体中的变量根据定义的位置不同，又分为两种类型：一种是类变量（也叫类属性），另一种是实例变量（也叫实例属性）。类属性是指在类体中且所有的方法之外的范围定义的变量。实例属性是指在类体中且所有方法内部以"self.变量名"方式定义的变量。

　　Python 中属性可以分为实例属性和类属性。

1. 实例属性

　　实例属性是通过"self 属性"或"实例.属性"定义的，每个对象的实例属性都是相互独立的，互相不影响。下面我们介绍如何定义实例属性、访问实例属性和修改实例属性。

（1）定义实例属性。

类的实例属性既可以在类的内部定义，也可以在类的外部定义。类的内部是在方法体内通过"self.属性"定义的，在类的外部是通过"实例对象.属性"定义的。

方法一：在__init__()方法中初始化实例属性。

通常会在构造函数__init__()方法中初始化，语法格式如下：

```
self.属性=初始值
```

实例属性初始化后便通过"self.属性"访问该实例属性。在 7.3.3 节中会详细介绍构造方法。

【例 7-2】 在例 7-1 的 Student 类中添加实例属性，并创建对象访问该属性。在 Student 类中添加 4 个实例属性：学号、姓名、生日和性别，代码如下：

```python
class Student:
    def __init__(self,number,name,birth,gender):
        self.number = number
        self.name = name
        self.birth = birth
        self.gender = gender
```

在上面的代码中，Student 类在__init__()方法中初始化了 4 个成员属性，分别是 self.number、self.name、self.birth 和 self.gender，而__init__()方法的参数 number、name、birth 和 gender 没有 self 的变量，是普通的局部变量。

方法二：在方法中定义实例属性。

在类的方法中定义类属性与在__init__()方法中定义的格式是相同的，代码如下：

```python
class Person:
    def set(self,name,birth):
        self.name = name
        self.birth = birth
```

在上面的示例中，Person 类中的 set()方法定义了两个实例属性，分别是 self.name 和 self.birth，创建好实例属性后便可以在类中或在类的外部进行访问。

方法三：在类的外部动态添加实例属性。

除了在类的内部定义实例属性，也可以在类的外部动态添加实例属性，语法格式如下：

```
实例对象.属性=初始值
```

在例 7-2 中创建好 Student 类后，在类的外部添加"专业"属性，代码如下：

```python
obj_stu = Student("202401001","郑能量",18,"男")
obj_stu.major = "智能制造"
```

上面的代码段中，首先创建了 Student 类的实例对象 obj_stu，之后为 obj_stu 动态添加了 major 属性。

（2）访问实例属性。

创建了实例属性后，便可以在类的内部或外部访问。在类的内部使用 self 访问，语法格式如下：

```
self.属性
```

在类的外部使用实例对象访问实例属性，语法格式如下：

```
实例对象.属性
```

在例 7-2 的 Student 类中添加 showInfo()方法以显示学生信息，代码如下：

```
def showInfo(self):
    print("学号为:",self.num,end="\t")
    print("姓名为:",self.name,end="\t")
    print("生日为:",self.birth,end="\t")
    print("性别为:",self.gender)
```

在上面代码的 showInfo()方法中，使用 self 访问了 Student 类的 4 个实例属性。下面创建 Student 类的实例对象，并调用 showInfo()方法，代码如下：

```
obj_stu_1 = Student("202401001","郑能量",'2006-05-20',"男")
obj_stu_2 = Student("202401002","孟欣怡",'2007-07-07',"女")
obj_stu_1.showInfo()
obj_stu_2.showInfo()
```

运行结果如下：

```
学号为: 202401001    姓名为: 郑能量    生日为: 2006-05-20    性别为: 男
学号为: 202401002    姓名为: 孟欣怡    生日为: 2007-07-07    性别为: 女
```

若想在类的外部直接访问 Person 类的实例属性，使用实例对象调用。在 Person 类的外部添加以下代码：

```
obj = Person()
obj.set("兴福",'2000-01-01')
print('姓名: ',obj.name,end='\t')
print('出生日期: ',obj.birth)
```

运行结果如下：

```
姓名: 兴福    出生日期: 2000-01-01
```

（3）修改实例属性。

实例属性创建好后，可以通过实例对象修改。例如，在上面案例中的出生日期改为 2001-01-01，代码如下：

```
obj.birth = '2001-01-01'
print('姓名: ',obj.name,end='\t')
print('出生日期: ',obj.birth)
```

运行结果如下：

```
姓名: 兴福    出生日期: 2001-01-01
```

2. 类属性

类属性是指在类体中且所有的方法之外的范围定义的变量，也叫类变量。类变量的特点是被所有类的对象共享，并不单独属于某个实例对象。类变量的调用方式分为两种，一种是通过类名直接调用，另一种是通过对象名调用。类属性既可定义在类的内部，也可定义在类的外部。

定义在类的内部，语法格式如下：

```
类属性=初始值
```

定义在类的外部，语法格式如下：

```
类名.类属性=初始值
```

创建了类属性后，可以使用对象访问类属性，也可以使用类访问类属性。由于类属性是所有实例对象共享的，因此通过类修改类属性后，所有实例对象的类属性均发生变化。

访问类属性的语法格式如下：

```
类名.类属性
```

【例 7-3】 给 Student 类添加 dept（学院）属性。

如果学生都是同一个学院，那么将 dept 设为类属性，代码如下：

```
class Student:
    dept="机械学院"
obj_stu_1 = Student()
obj_stu_2 = Student()
print("学生 1 的所在学院：",obj_stu_1.dept)
print("学生 2 的所在学院：",obj_stu_2.dept)
Student.dept = '智能学院'
print('修改学院后的信息：')
print("学生 1 的所在学院：",obj_stu_1.dept)
print("学生 2 的所在学院：",obj_stu_2.dept)
```

运行结果如下：

```
学生 1 的所在学院：机械学院
学生 2 的所在学院：机械学院
修改学院后的信息：
学生 1 的所在学院：智能学院
学生 2 的所在学院：智能学院
```

从运行结果看到，类属性 dept 是所有实例对象共享的属性，既可以使用实对象 obj_stu_1 和 obj_stu_2 调用，也可以使用类 Student 调用，结果都是相同的。当修改 obj_stu_1 的 dept 值时，所有 Student 类对象的该属性值都被修改了。

在上面的案例中创建的属性都是公有属性，可以在类的外面随意访问。

7.3.2 方法的定义

方法也称为函数，是具有一定功能的代码。在 Python 中定义的类，有 3 种常用的方法，分别是实例方法、类方法和静态方法。下面详细介绍这 3 种方法。

1. 实例方法

所有类中定义的方法默认是实例方法。前面的 Student 中定义的 showInfo( )方法、getDept( )和 setDept( )方法都是实例方法。定义实例方法时，第一个参数必须是 self，即对象本身。实例方法是对类的某一具体实例进行操作。因此实例方法只能通过实例对象访问。声明实例方法的语法格式如下：

```
def 方法名(self,参数列表)
```

方法体声明了实例方法后,使用实例对象访问该方法,语法格式如下:

```
实例对象.实例方法(参数列表)
```

需要注意的是,定义实例方法时,第一个参数为 self,但调用实例方法时不需要将 self 传递过去,Python 自动会将该当前对象传递过去。

【例 7-4】 创建一个 Person 类。

```
class Person:
    def speak(self,name):
        self.name=name
        print("您好!我是",self.name)
obj_p = Person()
obj_p.speak("郑能量")
```

代码中创建了 Person 类,包含 1 个实例方法 speak()。该方法的第一个参数是 self。当 obj_p 对象调用 speak()时,self 表示 obj_p 对象。

上面代码的运行结果如下:

```
您好! 我是 郑能量
```

实例方法只能使用实例对象访问,若使用类访问实例方法,便会报错。例如:

```
Person.speak("郑能量")
```

上面代码的运行结果如下:

```
TypeError: Person.speak() missing 1 required positional argument: 'name'
```

2. 类方法

类方法是类本身的方法,与具体某一个实例对象无关。声明类方法使用@classmethod 修饰,语法格式如下:

```
@classmethod
def 方法名(cls,参数列表)
    方法体
```

类方法的第一个参数必须是 cls,表示类本身。类方法不属于具体实例对象,因此不能含与实例对象相关的信息。类方法一般通过类名访问,也可以使用实例对象访问。其语法格式如下:

```
类名.类方法(参数列表)
```

使用类或实例对象访问类方法时,不需要传递 cls 参数。Python 自动会将该类传递过去。

【例 7-5】 创建 Student 类。假设为一个年级的学生定义 Student 类。每过一年,年级便会发生变化。年级和具体的某个学生对象无关,代码如下:

```
class Student:
    grade="大一"
    @classmethod
```

```
    def setGrade(cls,grade):
        cls.grade = grade
    @classmethod
    def getGrade(cls):
        return cls.grade
obj_stu=Student()
print(obj_stu.getGrade())
Student.setGrade("大二")
print(obj_stu.getGrade())
```

在代码中,声明了一个类属性 grade、2 个类方法 setGrade()和 getGrade()。每个类方法中的第一个参数便是 cls,表示类本身。

上面代码的运行结果如下:

```
大一
大二
```

3. 静态方法

Python 也允许声明与类和实例对象均无关的方法,称为静态方法。静态方法使用@ staticmethod 修饰,语法格式如下:

```
@staticmethod
def 方法名(参数列表):
    方法体
```

在静态方法中没有任何默认参数。可以使用类或对象实例访问静态方法,语法格式如下:

```
类名.静态方法(参数列表)
实例对象.静态方法(参数列表)
```

静态方法不随对象和类的属性的改变而改变,常用来做一些简单独立的任务,既方便测试,也能优化代码结构。

【例 7-6】 在 Student 类中添加一个显示信息的静态方法。

```
class Student:
    @staticmethod
    def showInfo(info):
        print("相关信息:",info)
obj_s_stu = Student()
obj_s_stu.showInfo("我是学生实例(实例对象调用静态方法)")
Student.showInfo("我是学生类(类名调用静态方法)")
```

上面代码的运行结果如下:

```
相关信息:我是学生实例(实例对象调用静态方法)
相关信息:我是学生类(类名调用静态方法)
```

7.3.3 构造方法和析构方法

Python 中还有两个具有特殊用途的方法:构造方法和析构方法。构造方法在创建对象时调用，析构方法在销毁对象时调用。

1. 构造方法

在 Python 中，每个类都有构造方法，通过构造方法创建对象，完成对象的初始化工作。如果用户没有创建构造方法，系统会创建一个只包含 self 参数的默认构造方法，若用户已创建构造方法，便会覆盖系统的默认构造方法。定义构造方法使用__init__()方法，语法格式如下：

```
def __init__ (self,[参数列表])
    方法体
```

构造方法的第一个参数 self 表示对象本身。若有其他参数，则创建对象时要传入相应的方法体参数，初始化对象的成员属性。

【例 7-7】 构造方法的应用。

```
class Student:
    def __init__(self,name,course="Python 程序设计"):  #构造方法
        print("===调用构造方法===")
        self .name=name
        self.course-course
    def study(self):                                     #实例方法
        print("学生：{}正在学习{}".format(self.name,self.course))

obj_stu1 = Student("郑能量","Python 数据可视化分析")    #实例化对象
obj_stu1.study()                                         #调用实例方法
obj_stu2 = Student("孟欣怡")                             #实例化对象
obj_stu2.study()                                         #调用实例方法
```

2. 析构方法

在 Python 中，当删除一个对象类释放资源时，会自动调用析构方法__del__()。析构方法会在对象实例被销毁时自动触发。需要注意的是，对象销毁时触发析构方法，而不是析构方法销毁对象。一般对象会在当执行完程序、使用__del__()方法删除对象和对象不再被引用这三种情况下销毁对象。

析构方法的语法格式如下：

```
def __del__ (self):
    方法体
```

【例 7-8】 析构方法的应用。

```
class Student:
    def __init__(self,name,course="Python 程序设计"):  #构造方法
        print("===调用构造方法===")
        self .name=name
        self.course=course
        print("==--对象已被初始化====")
    def __del__(self):  #析构方法
        print("对象实例将被销毁。")

obj_stu = Student("郑能量","Python 数据可视化分析")  #实例化对象
del obj_stu       #删除对象引用
print(obj_stu.name)
```

运行结果如下：

```
===调用构造方法===
===对象已被初始化===
对象实例将被销毁。
NameError: name 'obj_stu' is not defined
```

从运行结果看出，创建 obj_stu 对象时，调用了构造方法 __init__()，当使用 del 删除 obj_stu 时，系统自动调用了析构方法 __del__()，这时再输出 obj_stu 对象的内容时便会报错。

7.4　封　　装

通过类的实例对象，可以读取其至修改类中的属性数据，如例 7-3 中，Student.dept＝'智能学院'，这看上去很方便，但从某种程度而言，违反了面向对象的"封装"特性。

封装就是将抽象得到的属性和方法（或功能）相结合，形成一个有机的整体，也就是将数据与方法（操作数据的代码）结合在一起，构成"类"，其中数据和方法都是类的成员。封装可以隐藏对象的属性和实现细节，仅对外公开接口（用法）。控制类中属性的读/写访问权限，目的是增强安全性和简化编程，使用者不必了解具体的实现细节，而是通过外部接口，以特定的访问权限来使用类的成员（知道调用格式，知道怎么调用即可，如同一些内置函数）。

7.4.1　定义与实现私有属性

为了提高安全性，不允许在类的外部随意访问属性，则可以将属性设为私有属性。私有属性只能在类的内部引用，不能在类的外部引用。与其他面向对象语言不同，Python 中没有专门的关键字对类的成员属性的访问权限进行限制，但提供了一个语法规则，完成类似的工作：属性名以两条下画线开头、但不以两条下画线结尾的是私有属性，其他的属性为公共属性。

设置私有属性时，在属性前面加两个下画线，语法格式如下：

```
__属性名
```

在类的外部不能随意访问类的私有属性，因此可以在类中添加修改和访问私有属性的方法。

【例 7-9】　定义私有属性，并重新赋值后调用，代码如下：

```
class Student:
    def __init__(self,name,dept):
        self.name = name
        self.__dept = dept
    def showInfo(self):
        print(f"{self.name}所在的学院是{self.__dept}")
obj_stu=Student('郑能量','机械制造学院')
obj_stu.showInfo()
```

上面代码中，在 dept 前添加了"__"，因此它变成了私有成员。运行结果如下：

```
郑能量所在的学院是机械制造学院
```

如果试图在类的外面访问私有成员，则会报错，代码如下：

```
print(obj_stu.__dept)
```

运行结果将会有错误信息：

```
AttributeError: 'Student' object has no attribute '__dept'
```

obj_stu.name 的调用也是可以的，由此可以看出公共属性在类的内部和外部都可引用，私有属性只能在类的内部引用。

在类的外部可以正常运行：obj_stu.__dept = '人工智能学院'，这是动态增加了一个 __dept 属性，其实类本身的私有属性的值并没有改变。由此可以看出，Python 没有真正的私有属性，而是使用 Name Mangling（名字改编）技术，将以双下画线开头的属性改了名字，格式为"_类名__属性名"。可以通过调用类的属性 __dict__ 查看，比如 obj_stu.__dict__。注意名称前后各有双下画线。

以双下画线开头，并且以双下画线结尾，如前出现的 __dict__，它们可以被直接访问，并不是私有的。

7.4.2　get 和 set 两个方法处理私有属性

在设计类时，应规划好哪些数据可以被外界直接访问，哪些不可以，并将其设置为"私有"，那么外部代码如何访问类中的属性呢？合理的方式是在类中定义对应的方法。

【例 7-10】　利用两个方法 get() 和 set()，分别用来获取和修改类中的私有属性 dept。

```
class Student:
    def __init__(self,name,dept):
        self.name = name
        self.__dept = dept
    def setDept(self,dept):
        self.__dept=dept
    def getDept(self):
        return self.__dept
    def showInfo(self):
        print(f"{self.name}所在的学院是{self.__dept}")
obj_stu=Student('郑能量','机械制造学院')
obj_stu.showInfo()
obj_stu.setDept('智能制造学院')
obj_stu.showInfo()
```

运行结果如下。

```
郑能量所在的学院是机械制造学院
郑能量所在的学院是智能制造学院
```

在类中添加了 getDept() 方法获取其值，添加了 setDept() 方法修改其值。

7.4.3　@property 装饰器处理私有属性

为封装私有属性，专门定义对应的方法来访问它们，如前文的 setDept() 和 getDept()，这种方法虽然可行，但使用起来不是很方便。Python 提供了 @property 装饰器，可以将方法模仿成属性来用。

对一个变量的操作,最常见的就是读取(getter()方法)、修改(setter()方法)和删除(delete()方法)。Python 中,装饰器由"@"开头,@property 的作用就是把一个 getter()方法变成属性。与此类似,又创建了装饰器@dept.setter,负责把一个 setter()方法变成属性赋值,以及装饰器@dept.deleter。有了这些装饰器,代码会变得更加简洁。

【**例 7-11**】　利用@property 装饰器实现私有属性的访问和修改。

```python
class Student:
    def __init__(self,name,dept):
        self.name = name
        self.__dept = dept
    @property
    def dept(self):
        return self.__dept
    @dept.setter
    def dept(self,dept):
        self.__dept = dept
    @dept.deleter
    def dept(self):
        del self.__dept
    def showInfo(self):
        print(f"{self.name}所在的学院是{self.__dept}")

obj_stu=Student('郑能量','机械制造学院')
obj_stu.showInfo()
obj_stu.dept='智能制造学院'
obj_stu.showInfo()
```

运行结果如下:

```
郑能量所在的学院是机械制造学院
郑能量所在的学院是智能制造学院
```

上述代码看似都是操作一个名为 dept 的属性,其实不是,并没有这个 dept 属性,赋值读取和删除操作是通过 setter()、getter()和 delete()方法来实现的。要注意,属性的方法不能和实例中的属性重名。

7.4.4　私有方法与公有方法

在 Python 中,类的方法根据访问权限分为私有方法和公有方法。在方法名前面加两个下画线,且不以两个下画线结束的方法是私有方法,其他均是公有方法。声明私有方法的语法格式如下:

```
def __方法名(self,参数列表)
    方法体
```

在类的外面不能随意访问私有方法,只有在类的内部可以访问。

【**例 7-12**】　将例 7-4 中的 speak()方法设置为私有方法。

```python
class Person:
    def __speak(self,name):
```

```
        self.name=name
        print("您好!我是",self.name)
```

将 speak()设置为私有方法后,如果在类的外部访问,如下面代码,则会报错。

```
obj_p = Person()
obj_p.__speak("郑能量")
```

运行上面代码结果的错误信息如下。

```
AttributeError: 'Person' object has no attribute '__speak'
```

从上面结果可以看出,私有成员只能在类的内部访问。如果想在外部使用该方法,只能通过公有方法间接调用。

7.5　继　　承

继承是面向对象编程中的一个重要概念,它允许一个类(子类)继承另一个类(父类)的特性和行为。

在面向对象编程中,继承是一个核心特性,它允许一个类(子类)继承另一个类(父类)的属性和方法。通过继承,子类能够复用父类的代码,使得代码更加简洁和可维护。同时,继承还支持多态和封装,使得代码更具扩展性和可重用性。

Python 中,继承是子类继承了父类的特征和行为,使子类拥有了父类所共有特征和共有行为。若 B 类继承了 A 类,A 类是父类,也称为超类、基类,B 类是子类,也称为派生类。通过继承创建的新类称为“派生类”或“子类”(subclass)。子类继承父类,只需在定义子类时将父类(可以是多个)放在子类之后的圆括号里即可。

7.5.1　继承定义与实现

Python 中支持单继承和多继承。下面我们将详细介绍两种继承方式。

1. 单继承

若一个子类只有一个父类,便称为单继承。单继承的语法格式如下:

```
class 子类(父类):
    代码段
```

子类将继承父类,若在定义类时没有指定父类,则默认父类为 Object 类。Object 是所有类的父类。若在子类中调用父类的方法或属性,则使用 super()方法调用。

【例 7-13】　创建 Person 类、Student 类和 Teacher 类。假设人有姓名、性别和年龄 3 个属性。而学生和老师也都是属于人类,也拥有姓名、性别和年龄。同时学生还有学号、专业等属性,老师还有职称、授课名称等属性,因此可以使用继承的方式创建 Student 和 Teacher 类。

首先创建 Person 类,代码如下:

```
class Person:
    def __init__(self,name,gender,age):
        self.name=name
```

```
        self.gender=gender
        self.age=age
    def showPerson(self):
        print("姓名为:",self.name,end='\t')
        print("性别为:",self.gender,end='\t')
        print("年龄为:",self.age)
```

接下来,使用继承方式创建 Student 类,代码如下:

```
class Student(Person):
    def __init__(self,name,gender,age,sno,major):
        super().__init__(name,gender,age)
        self.sno=sno
        self.major=major
    def showStudent(self):
        self.showPerson()
        print("学号为:",self.sno,end='\t')
        print("专业为:",self.major)

obj_s =Student("郑能量","男",18,"202401001","智能制造")
print("姓名为:",obj_s.name)
obj_s.showPerson()
obj_s.showStudent()
```

运行结果如下:

```
姓名为:郑能量
姓名为:郑能量        性别为:男      年龄为:18
姓名为:郑能量        性别为:男      年龄为:18
学号为:202401001        专业为:智能制造
```

从运行结果看出,Student 继承了 Person,因此 Student 类拥有了 Person 类的 name、gender 和 age 属性以及 showPerson()方法,除此之外,Sudent 类还有自己独特的 sno 和 major 以及 showStudent()方法。obj_s 对象可以访问父类的属性和方法。

值得注意的是,在 Student 的构造方法中有 5 个参数,前 3 个参数是传给 Person 的 name、gender 和 age。

在子类中通过 super()方法或父类名调用父类的__init__()方法来初始化父类的员,其语法格式如下。

```
super().__init__ (参数列表)
父类名.__init__ (self,参数列表)
```

需要注意的是:使用 super()调用构造方法时,没有 self 参数,而使用父类名访问构造方法时,第一个参数为 self。

Teacher 类的案例代码和 Student 类似,读者可以自行练习。

2. 多继承

Python 中支持多继承,多继承是指一个类有多个父类。多继承的语法格式如下:

```
class 子类(父类 1,父类 2,…):
    代码段
```

【例 7-14】 实现多继承：具体要求是定义一个 Phone 类，该类包括两个方法分别实现接电话和打电话的功能；然后定义一个用于收发信息的 Message 类，该类有用于接收短信和发送短信的两个方法。最后定义一个继承自 Phone 类和 Message 类的子类 Mobile，该类内部没有添加任何方法所有方法均来自于父类。

```python
class Phone:                      #电话类
    def receive(self):
        print("接电话")
    def send(self):
        print("打电话")
class Message:                    #消息类
    def receiveMsg(self):
        print("接收短信")
    def sendMsg(self):
        print("发送短信")
class Mobile(Phone,Message):     #手机类
    pass
obj_mobile=Mobile()
obj_mobile.receive()
obj_mobile.send()
obj_mobile.receiveMsg()
obj_mobile.sendMsg()
```

运行结果如下：

```
接电话
打电话
接收短信
发送短信
```

上述代码中，类 Mobile 继承了父类 Phone 和 Message，因此 Mobile 类的实例 obj_ mobile 可以访问 Phone 和 Message 类的方法，同时也能够访问自己的方法。

7.5.2 方法重写

【例 7-15】 修改例 7-10，重写显示信息的方法。代码如下：

```python
class Person:
    def __init__(self,name,gender,age):
        self.name=name
        self.gender=gender
        self.age=age
    def show(self):
        print("姓名为:",self.name,end-'\t')
        print("性别为:",self.gender,end='\t')
        print("年龄为:",self.age)
#接下来,使用继承方式创建 Student 类,代码如下。
class Student(Person):
    def __init__(self,name,gender,age,sno,major):
        super().__init__(name,gender,age)
        self.sno=sno
```

```
        self.major=major
    def show(self):
        super().show()
        print("学号为：",self.sno,end='\t')
        print("专业为：",self.major)

obj_s =Student("郑能量","男",18,"202401001","智能制造")
obj_s.show()
```

运行结果如下：

```
姓名为：郑能量      性别为：男     年龄为：18
学号为：202401001    专业为：智能制造
```

上述例子中，父类 Person 中有 show()方法，子类 Student 中也有 show()方法，那么子类的 show()方法重写了父类的 show()方法，因此使用 obj_s 调用 show()方法时，调用的是 Student 类的 show()方法。在子类中想调用父类的 show()方法，则使用 super()调用父类的 show()方法。

7.6　多　　态

多态是以不变应万变，即同一种方法，表现出不同的行为。Python 中，多态是指向同个函数，传递不同对象时，产生不同的行为。多态可以增加代码在外部调用时的灵活度，使代码更具有兼容性。多态的概念较为广泛，通常以子类继承和重写父类方法为前提。

（1）不同子类的对象调用同一个方法产生不同的行为。

【例 7-16】　多态应用示例 1。

```
class Person:
    def __init__(self,name):
        self.name=name
    def work(self):
        print("{}在工作。".format(self.name))
class Teacher(Person):
    def work(self):
        print("{}老师在给学生讲课。".format(self.name))

class Doctor(Person):
    def work(self):
        print("{}医生在给病人看病。".format(self.name))

aTeacher=Teacher("郑能量")
aTeacher.work()
aDoctor=Doctor("孟欣怡")
aDoctor.work()
```

运行结果如下：

```
郑能量老师在给学生讲课。
孟欣怡医生在给病人看病。
```

由运行结果来看，Teacher 类的对象 aTeacher 和 Doctor 类的对象 aDoctor 都调用了 work()方法，产生的结果不同。

（2）Person 及子类对象作为参数。

【例 7-17】　多态应用实例 2。

```
class Person:
    def __init__(self,name):
        self.name=name
    def work(self):
        print("{}在工作!".format(self.name))
class Teacher(Person):
    def work(self):
        print("{}老师在给学生讲课。".format(self.name))

class Doctor(Person):
    def work(self):
        print("{}医生在给病人看病。".format(self.name))

class WorkPerson:
    def personwork(self,aperson):
        aperson.work()

p = WorkPerson()
aTeacher=Teacher("郑能量")
aDoctor=Doctor("孟欣怡")
p.personwork(aTeacher)
p.personwork(aDoctor)
```

运行结果如下：

```
郑能量老师在给学生讲课。
孟欣怡医生在给病人看病。
```

由运行结果来看，语句 p.personwork(aTeacher)和 p.personwork(aDoctor)调用同一个 personwork()方法，参数不同产生的行为也不同。

通过观察发现，两种方式的功能和运行结果一样。其中第二种方法更能显示多态的含义，WorkPerson 类中调用相应对象的 work()方法，而不用关心对象具体是什么类型职业的人，当需要增加 Person 子类对象时，只需要重写 work()方法就可以了。

7.7　综合应用案例：会员管理系统设计与实现

本章利用所学习的知识点，结合会员管理系统的分析与实现，了解面向对象开发过程中类内部功能的分析方法，系统讲解 Python 语法、控制结构、四种典型序列、文件操作、函数定义以及面向对象语法和模块的应用。

7.7.1　系统需求与设计

结合会员管理系统的分析，了解面向对象开发过程中类内部功能的分析方法。使用面向对象编程思想完成会员管理系统的开发,具体要求如下。

(1) 系统要求:会员数据存储在文件中。

(2) 系统功能:添加会员、删除会员、修改会员信息、查询会员信息、显示所有会员信息、保存会员信息及退出系统等功能。

该系统从角色分析来看,可以分为会员和管理系统。为了方便维护代码,一般一个角色一个程序文件。

(3) 系统设计。

项目要有主程序入口,习惯为 main.py。程序文件如下。

(1) 程序入口文件:main.py。

(2) 会员文件:Member.py。

(3) 管理系统文件:ManagerSystem.py。

7.7.2　系统框架实现

结合会员管理系统的分析,了解面向对象开发过程中类内部功能的分析方法。

1. 会员类的定义与实现

定义会员类(Member)会员信息,其包含姓名、性别、手机号等信息,并添加__str__()方法,方便查看会员对象信息。

创建 Member.py 会员文件模块,实现会员类如下:

```python
class Member(object):
    def __init__(self, name, gender, tel):
        self.name = name
        self.gender = gender
        self.tel = tel


    def __str__(self):
        return f'{self.name}, {self.gender}, {self.tel}'
```

2. 管理系统类的定义与实现

定义管理系统类(MemberManager),并将会员数据存储到文件(Member.data),在后续功能中将加载文件数据与修改数据后保存到文件,其中存储数据的形式:列表存储会员对象。

在管理系统类的成员方法中,主要实现添加会员信息、删除会员信息、修改会员信息、查询会员信息、显示所有会员信息等功能。

创建管理系统文件模块 managerSystem.py,实现管理系统类如下。

(1) 定义管理系统类:

```python
class MemberManager(object):
    def __init__(self):
        #存储数据所用的列表
        self.Member_list = []
```

(2) 管理系统框架的定义与实现。系统功能循环使用,用户输入不同的功能序号执行不同的功能。具体步骤如下。

- 定义程序入口函数，其中包括加载数据、显示功能菜单、用户输入功能序号，然后根据用户输入的功能序号执行不同的功能。
- 定义系统功能函数，添加、删除会员等。

具体实现如下：

```python
class MemberManager(object):
    def __init__(self):
        #存储数据所用的列表
        self.Member_list = []
    #程序入口函数，启动程序后执行的函数
    def run(self):
        #1.加载会员信息
        self.load_Member()
        while True:
            #2.显示功能菜单
            self.show_menu()
            #3.用户输入功能序号
            menu_num = int(input('请输入您需要的功能序号：'))
            #4 根据用户输入的功能序号执行不同的功能
            if menu_num == 1:
                #添加会员信息
                self.add_Member()
            elif menu_num == 2:
                #删除会员信息
                self.del_Member()
            elif menu_num == 3:
                #修改会员信息
                self.modify_Member()
            elif menu_num == 4:
                #查询会员信息
                self.search_Member()
            elif menu_num == 5:
                #显示所有会员信息
                self.show_Member()
            elif menu_num == 6:
                #保存会员信息
                self.save_Member()
            elif menu_num == 7:
                #退出系统
                break
    #显示功能菜单，打印序号的功能对应关系
    @staticmethod
    def show_menu():
        print('请选择如下功能：')
        print('1:添加会员信息')
        print('2:删除会员信息')
        print('3:修改会员信息')
        print('4:查询会员信息')
        print('5:显示所有会员信息')
        print('6:保存会员信息')
        print('7:退出系统')
```

7.7.3　管理系统功能实现

结合会员管理系统的分析,对管理系统的各功能模块逐一实现。添加会员函数内部需要创建会员对象,故先导入 Member 模块:

```
from Member import *
```

此部分功能实现属于 MemberManager 类成员的一部分。

1. 会员信息添加功能实现

通过用户输入会员姓名、性别、手机号,将会员添加到系统。首先是用户输入姓名、性别、手机号,然后创建该会员对象,最后将该会员对象添加到列表。具体实现如下:

```
def add_Member(self):
    #1. 用户输入姓名、性别、手机号
    name = input('请输入您的姓名: ')
    gender = input('请输入您的性别: ')
    tel = input('请输入您的手机号: ')

    #2. 创建会员对象: 先导入会员模块,再创建对象
    Member = Member(name, gender, tel)
    #3. 将该会员对象添加到列表
    self.Member_list.append(Member)
    #打印信息
    print(self.Member_list)
```

2. 会员信息删除功能实现

用户输入目标会员姓名,如果会员存在则删除该会员。首先,用户输入目标会员姓名,然后遍历会员数据列表,如果用户输入的会员姓名存在则删除,否则提示该会员不存在。具体实现如下:

```
def del_Member(self):
    #1. 用户输入目标会员姓名
    del_name = input('请输入要删除的会员姓名: ')

    #2. 如果用户输入的目标会员存在则删除,否则提示会员不存在
    for i in self.Member_list:
        if i.name == del_name:
            self.Member_list.remove(i)
            break
    else:
        print('查无此人! ')

    #打印会员列表,验证删除功能
    print(self.Member_list)
```

3. 会员信息修改功能实现

用户输入目标会员姓名,如果会员存在则修改该会员信息。首先,用户输入目标会员姓名,然后遍历会员数据列表,如果用户输入的会员姓名存在则修改会员的姓名、性别、手机号

数据,否则就提示该会员不存在。具体实现如下:

```
def modify_Member(self):
    #1.用户输入目标会员姓名
    modify_name = input('请输入要修改的会员的姓名：')
    #2.如果用户输入的目标会员存在则修改姓名、性别、手机号等数据,否则提示会员不存在
    for i in self.Member_list:
        if i.name == modify_name:
            i.name = input('请输入会员姓名：')
            i.gender = input('请输入会员性别：')
            i.tel = input('请输入会员手机号：')
            print(f'修改该会员信息成功,姓名{i.name},性别{i.gender},
                    手机号{i.tel}')
            break
        else:
            print('查无此人！')
```

4. 会员信息查询功能实现

用户输入目标会员姓名,如果会员存在则打印该会员信息。首先,用户输入目标会员姓名,然后遍历会员数据列表,如果用户输入的会员姓名存在则打印会员信息,否则提示该会员不存在。具体实现如下:

```
def search_Member(self):
    #1.用户输入目标会员姓名
    search_name = input('请输入要查询的会员的姓名：')

    #2.如果用户输入的目标会员存在则打印会员信息,否则提示会员不存在
    for i in self.Member_list:
        if i.name == search_name:
            print(f'姓名{i.name},性别{i.gender}, 手机号{i.tel}')
            break
        else:
            print('查无此人！')
```

5. 显示全部会员信息功能实现

显示所有会员信息,通过遍历会员数据列表,打印所有会员信息。具体实现如下:

```
def show_Member(self):
    print('姓名\t性别\t手机号')
    for i in self.Member_list:
        print(f'{i.name}\t{i.gender}\t{i.tel}')
```

6. 保存会员信息功能实现

将修改后的会员数据保存到存储数据的文件。具体实现如下:

```
def save_Member(self):
    #1.打开文件
    f = open('Member.data', 'w')

    #2.文件写入会员数据
```

```
#注意 1：文件写入的数据不能是会员对象的内存地址
#需要把会员数据转换成列表字典数据再做存储
new_list = [i.__dict__ for i in self.Member_list]
#[{'name': 'aa', 'gender': 'nv', 'tel': '111'}]
print(new_list)

#注意 2：文件内数据要求为字符串类型,故需要先转换数据类型为字符串才能文件写入数据
f.write(str(new_list))

#3.关闭文件
f.close()
```

7. 会员信息加载功能实现

每次进入系统后,修改的数据是文件里面的数据。首先尝试以"r"模式打开会员数据文件,如果文件不存在则以"w"模式打开文件;然后如果文件存在则读取数据并存储数据(读取数据、转换数据类型为列表并转换列表内的字典为对象、存储会员数据到会员列表);最后关闭文件。具体实现如下：

```
def load_Member(self):
    #尝试以"r"模式打开数据文件,文件不存在则提示用户;文件存在(没有异常)则读取数据
    try:
        f = open('Member.data', 'r')
    except:
        f = open('Member.data', 'w')
    else:
        #1.读取数据
        data = f.read()

        #2.文件中读取的数据都是字符串且字符串内部为字典数据
        #故需要转换数据类型再转换字典为对象后存储到会员列表
        new_list = eval(data)
        self.Member_list = [Member(i['name'], i['gender'], i['tel']) for i in
            new_list]
    finally:
        #3.关闭文件
        f.close()
```

7.7.4　主程序模块定义与实现

创建 main.py 主文件模块,导入管理系统模块：

```
from managerSystem import *
```

然后,启动管理系统,保证是当前文件运行才启动管理系统： if 创建对象并调用 run 方法。具体实现如下：

```
if __name__ == '__main__':
    Member_manager = MemberManager()
    Member_manager.run()
```

上述代码的实现过程,数据仅仅存储在内存,不能保存到文件。后面将继续讲解结合文

件进行会员信息的管理。

7.8　本 章 小 结

本章介绍了面向对象程序设计的基本概念和基本方法。了解了类和对象的概念，类是客观世界中事物的抽象，是一种数据类型而不是变量，对象是实例化后的变量。根据变量定义的位置以及定义方式的不同，属性又可细分为以下 3 种类型：所有函数之外，此范围定义的变量，称为类属性或类变量；所有函数内部，以"self.变量名"的方式定义的变量，称为实例属性或实例变量；所有函数内部，以"变量名＝变量值"的方式定义的变量，称为局部变量。对象是由属性（静态）和方法（动态）组成，属性一般是一个个变量，方法是一个个函数。在 Python 中类有 3 种方法：实例方法、静态方法和类方法。最后结合实例讲述了类、变量以及继承和多态的使用。

7.9　习　　　题

1. 简述面向对象程序设计的概念及类和对象的关系，在 Python 语言中如何声明类和定义对象。

2. 设计一个立方体类 Box，定义 3 个属性，分别是长、宽、高，定义两个方法，分别计算并输出立方体的体积和表面积。

3. 定义一个圆柱体类 Cylinder，包含底面半径和高两个属性（数据成员），包含一个可以计算圆柱体体积的方法，然后编写相关程序测试相关功能。

4. 定义一个学生类，包括学号、姓名和出生日期 3 个属性（数据成员），包括一个用于给定数据成员初始值的构造函数，包含一个可计算学生年龄的方法，编写该类并对其进行测试。

5. 定义一个 shape 类，利用它作为基类派生出 Rectangle、Circle 等具体形状类，已知具体形状类均具有两个方法 GetArea 和 GetColor，分别用来得到形状的面积和颜色，最后编写一个测试程序对产生的类的功能进行验证。

第8章

模 块 和 包

Python 程序是由包、模块、函数组成的,其中,包是由一系列模块组成的集合,而模块是处理某一类问题的函数或(和)类的集合。函数和类已在前面的章节中介绍过。本章主要介绍 Python 模块、包,以及如何把模块和包导入当前的编程环境中,同时也会涉及与模块、包相关的概念。

学习目标如下:

(1) 理解模块和库的概念:学习 Python 模块和库的基本概念,了解它们在编程中的作用和重要性。

(2) 掌握模块的导入和使用:学习如何导入 Python 模块,以及如何在程序中使用模块中的函数和类。

(3) 熟练使用常用标准库:熟悉并掌握 Python 标准库中的常用模块,如 random、datetime 等,了解它们的功能和用法。

(4) 掌握使用 pip 工具安装和管理库的方法。

(5) 了解常见的第三方库:熟悉并掌握一些常用的第三方库,如 NumPy、Pandas、Matplotlib 等,了解它们的功能和用法。

(6) 学会创建自己的模块:学习如何将代码组织成模块,以便在其他程序中重用。

(7) 培养良好的编程习惯:通过学习和使用模块与库,培养良好的编程习惯,提高代码的可读性和可维护性。

8.1 源程序模块结构

Python 的程序由包(package)、模块(module)和函数组成。模块是处理某一类问题的集合,模块由函数和类组成。包是由一系列模块组成的集合。图 8-1 描述了包、模块、类和函数之间的关系。

包就是有一个完成特定任务的工具箱,Python 提供了许多有用的工具包,如字符串处理、图形用户接口、Web 应用、图形图像处理等。使用自带的这些工具包,可以提高程序员的开发效率,降低程序的复杂度,达到代码重用的效果。这些自带的工具包和模块安装在 Python 的安装目录下的 Lib 子目录中。

一个 Python 程序可能由一个或多个模块组成。模块是程序的功能单元。

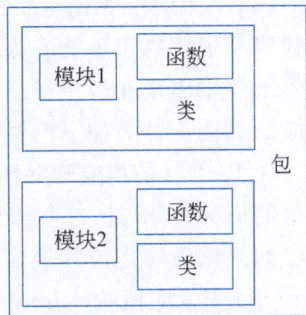

图 8-1 包、模块、类和函数之间的关系

【例8-1】 Python模块的典型结构示例，假设该模块的名字为CircleArea。

```python
#模块文档
"""圆的计算模块"""
#模块导入
import math
#变量定义
r = 2
#类定义语句
class Circle:
    pass
#函数定义语句
def calcuArea():
    s = math.pi * math.pow(r,2)
    print("圆的面积为{}".format(str(s)))
#主程序
if __name__ == '__main__':
    calcuArea()
```

从上述代码可以看出，一个程序完整的结构，由如下几部分组成。

（1）模块文档：模块文档使用三双引号注释的形式，简要介绍模块的功能及重要全局变量的含义。在本例中，用户可以用CircleArea.__doc__来访问这些内容，可获知该模块的功能信息。

（2）模块导入：导入需要调用的其他模块。模块只能被导入一次，被导入模块中的函数代码并不会被自动执行，只能被当前模块主动（显式）调用。在本例中，导入了Python的内置模块。导入模块后，后续代码就可以使用（调用）这个模块中已定义的各种功能函数了。

（3）变量定义：在这里定义的变量本模块中的所有函数都可直接使用。初学者往往图方便而习惯在这里使用全局变量，但当程序较为复杂时，可能会降低程序的可读性且较为浪费存储资源。

（4）类定义语句：所有类都需要在这里定义。当模块被导入时，class语句会被执行，类就会被定义。在本例中，类的文档变量是CircleArea.__doc__。

（5）函数定义语句：此处定义的函数可以通过CircleArea.calcuArea()在外部被访问到，当本模块被其他模块导入时def语句会被执行，其他模块可调用calcuArea()函数。

（6）主程序：无论这个模块是被别的模块导入还是作为脚本直接执行，都会执行这部分代码。通常这里不会有太多功能性代码，而是根据执行的模式调用不同的函数。

本例中出现在模块最后的代码是常见的"定式"：检查__name__变量的值，然后再执行相应的调用。分为如下两种情形。

在Python的集成开发环境中打开模块文件CircleArea.py，运行该模块。这时__name__变量的值为"__main__"，因此执行函数calcuArea()，以实现"自动运行"。

如果该模块是被其他模块导入的，或是在IDLE命令行提示符">>>"后面被导入的，这时name变量的值为CircleArea，if条件不成立，因此不做任何事情（不会自动执行函数calcuArea()）。函数calcuArea()只可在后续代码中被显式调用。

8.2 模块的定义与使用

Python 提供了强大的模块支持,主要体现为不仅在 Python 标准库中包含了大量的模块(称为标准模块),而且还有很多第三方模块,另外开发者自己也可以开发自定义模块。通过这些强大的模块支持,将极大地提高开发效率。

模块的英文是 Modules,可以认为是一盒(箱)主题积木,通过它可以拼出某一主题的东西。这与函数不同,一个函数相当于一块积木,而一个模块中可以包括很多函数,也就是很多积木,所以也可以说模块相当于一盒积木。

模块支持从逻辑上组织 Python 代码。当代码量变得相当大时,最好把代码分成一些有组织的代码段,并保证它们之间彼此的关联性。这些代码段可能是一个包,含属性和方法的类,也可能是一组相关但彼此独立的操作函数。这些代码段是共享的,所以 Python 允许导入一个已编写好的模块,以实现代码的重用。这个把其他模块中的名称(变量)、函数和类附加到当前模块中的操作就称为导入,而这些有组织的、实现某些功能的代码段就是模块。

8.2.1 模块的概念

模块化是一种有效的组织方式,它可以把程序按照功能划分为多个子模块,每个子模块负责完成一个特定的功能。这样,团队成员可以分工协作,每个人负责开发和维护一个或多个子模块,从而提高开发效率。同时,模块化也有利于程序的调试和后期维护,因为每个子模块都是相对独立的,出现问题时可以快速定位到具体的模块进行修改。

在 Python 中,模块化可以通过以下几种方式实现。

(1) 使用函数封装特定功能的代码,形成基本子任务。

(2) 把项目中的所有自定义函数归类分组,以文件形式组织同类函数。

(3) 在一个.py 文件中包含变量、函数、类等,构成一个模块。

(4) 把一个或多个模块连同一个特殊的文件__init__.py 保存在一个文件夹下,形成一个包(package)。

通过模块化,可以将复杂的程序分解为多个简单的子模块,从而降低程序的复杂度,提高开发效率和程序的可维护性。

模块是按照层次性进行组织。内置函数、内置标准模块、第三方模块和自定义模块共同构成了 Python 的模块系统。

(1) 内置函数:Python 自带的,不需要导入即可直接使用的函数,如 len()、range()等。这些函数为 Python 语言核心的一部分,提供基本的操作功能。

(2) 内置标准模块:Python 标准库中的模块,需要通过 import 语句导入后才能使用。例如 os、sys、math 等模块。这些模块提供了丰富的功能,帮助开发者进行文件操作、系统交互和数学计算等。

(3) 第三方模块:由第三方开发的模块,称为第三方库,需要通过 pip 等工具安装后导入使用。第三方库极大地扩展了 Python 的功能,如 Requests 库用于网络请求,Pandas 库用于数据分析。

(4) 自定义模块:开发者自行编写的模块,通常用于特定项目或任务。通过将功能封装在自定义模块中，可以提升代码的复用性和可维护性。

综上所述，Python 的模块系统通过内置函数、内置标准模块、第三方模块和自定义模块四个层次来组织和管理代码。

注意：模块在命名时要符合标识符命名规则，不要以数字开头，也不要与其他的模块同名。

在每个模块的定义中都包括一个记录模块名称的变量"__name__"，程序可以检查该变量，以确定它们在哪个模块中执行。如果一个模块不是被导入到其他程序中执行，那么它可能在解释器的顶级模块中执行。顶级模块的"__name__"变量值为"__main__"。

8.2.2　使用 import 语句导入模块

模块创建后，就可以在其他模块使用该模块了。要使用模块需要先以模块的形式加载模块中的代码，这样就可以使用 import 语句实现。import 语句的基本语法格式如下：

```
import 模块名称［as 别名］
```

使用 import 语句导入模块时，模块是区分字母大小写的，比如 import os。还可以在一行内导入多个模块，如：

```
import time,os,sys
```

但是这样的代码可读性不如多行的导入语句，而且在性能上和生成 Python 字节码时这两种做法没有什么不同，所以一般情况下，我们使用第一种导入格式。

针对例 8-1 中的 CircleArea 模块，执行该模块的函数时，在模块文件 CircleArea.py 的同级目录下创建一个名称为 main.py 的文件，在该文件中，导入模块 CircleArea，并执行该模块中的 calcuArea() 函数，代码如下：

```
import CircleArea
CircleArea.calcuArea()
```

运行结果如下：

```
圆的面积为 12.566370614359172
```

在调用模块中的变量、函数或类时，需要在变量名、函数名或类前添加"模块名."作为前缀。例如上面代码中的 CircleArea.calcuArea()，表示调用 CircleArea 模块中的 calcuArea() 函数。

所有模块在 Python 模块的开头部分导入，而且导入顺序最好按照 Python 标准库模块、Python 第三方模块、应用程序自定义模块的顺序导入，并且使用一个空行分隔这三类模块的导入语句。使用固定的顺序导入，有助于减少每个模块需要的 import 语句数目。模块可以被导入多次，但只有第一次导入被加载并执行。

如果模块名比较长，不容易记，可以在导入模块时使用 as 关键字为其设置一个别名，然后就可以通过这个别名来调用模块中的变量、函数和类等。比如上述代码可以修改为如下内容：

```
import CircleArea as ca
ca.calcuArea()
```

8.2.3　使用 from-import 语句导入模块

在使用 import 语句导入模块时，每执行一条 import 语句都会创建一个新的名称空间（namespace，即记录对象名字和对象之间对应关系的空间）。目前 Python 的名称空间大部分都是通过字典来实现的。其中，key 是标识符；value 是具体对象名称，并且在该名称空间中执行与.py 文件相关的所有语句。在执行时，需要在具体的变量、函数和类名前加上"模块名."前缀。如果不想每次导入模块时都创建一个新的名称空间，而是将具体的定义导入当前的名称空间中，这时就可以使用 from-import 语句。使用 from-import 语句导入模块后，不需要再添加前缀，直接通过具体的变量、函数和类名等访问即可。

from-import 语句的语法格式如下：

```
from modelnameimport member
```

参数说明：

- modelname：模块名称，区分字母大小写，需要与定义模块时设置的模块名称的大小写保持一致。
- member：用于指定要导入的变量、函数或类等，可以同时导入多个定义，各个定义之间使用逗号","分隔。如果想导入全部定义，也可以使用通配符"＊"代替。若要查看具体导入了哪些定义，可以通过显示 dir()函数的值来查看。

可以在模块里导入指定模块的属性（变量、函数或类等），也就是把指定变量、函数或类导入到当前作用域中。使用 from-import 语句可以实现这个目的，语法格式如下：

```
from os import path
```

当导入的属性有很多时，import 行会越来越长，直到自动换行，而且需要添加一个反斜杠"\"，例如：

```
from django.http import render,HttpResponse,\
redirect
```

当然，可以选择多行的 from-import 语句，例如：

```
from django.http import render
from django.http import HttpResponse
from django.http import redirect
```

如果需要把指定模块的所有属性都导入当前名称空间，可以使用如下语法格式：

```
from django.http import *
```

但不建议过多地使用这种方式，因为它会"污染"当前的名称空间，而且很可能覆盖当前名称空间中现有的名字，如果某个模块有很多要经常访问的变量或模块的名字很长，这也不失为一个方便的办法。建议只在两种场合下使用这样的方式导入：一是目标模块中的属性非常多，反复输入模块名很不方便；另一个是在交互式解析的场合下，因为这样可以减少输入的次数。

8.2.4　模块搜索目录

有时候导入模块操作会失败，如：

```
import oos
Traceback (most recent call last):
    File "<stdin>", line 1, in <module>
ModuleNotFoundError: No module named 'oos'
```

发生这样的错误时，解析器会提示无法访问请求的模块，可能的原因是模块不在搜索路径里，从而导致了路径搜索的失败。

当使用 import 语句导入模块时，默认的查找顺序是，首先在当前目录（即执行的 Python 脚本文件所在的目录）下查找；其次在 PYTHONPATH（环境变量）下的每个目录中查找，最后在 Python 的默认安装目录下查找。

查找的各个目录的具体位置保存在标准模块 sys 的 sys.path 变量中。查看本机 sys.path 的内容的代码如下：

```
import sys
print(sys.path)
```

注意：不同的系统，搜索路径一般都不同。

添加指定的目录到 sys.path 有如下 3 种方法。

（1） sys.path.append()。例如，把“c:\practice”目录添加到 sys.path 目录中，可以采用如下代码：

```
import sys
sys.path.append("c:/practice")
```

这种方式的缺点：需要执行代码，且只为内存临时修改，程序退出后清空变量。

（2）在系统环境中新增 PYTHONPATH 变量，指向自己想要的 path 搜索路径。其缺点：修改了环境变量，对复杂环境需求易造成冲突，有的环境需要完整保留 Python2 和 Python3，并相互独立运行。

（3）在 site-packages 下建立一个扩展名为 .pth 的文件，并添加需要自定义包含引入的路径，否则新添加的目录不起作用。

修改完成后，就可以加载自己的模块了。只要这个列表中的某个目录包含这个文件，该模块就会被正确导入。使用 sys.modules 可以查看当前导入了哪些模块和它们来自什么地方。sys.modules 是一个字典，使用模块名作为键（key），对应的物理地址作为值（value）。

Python 解析器执行到 import 语句时，如果在搜索路径中找到指定的模块，就会加载它。该过程遵循作用域原则，如果在一个模块的顶级导入，那么它的作用域就是全局的；如果在函数导入，那么它的作用域就是局部的。

8.2.5　模块内置函数

1. __import__()函数

Python 1.5 加入了 __import__() 函数，实际上，它是导入模块的函数，也就是说，import() 函数调用了该函数来实现模块的导入，提供这个函数是为了让有特殊需要的用户可以覆盖它，实现自定义的导入算法。

__import__() 函数的语法格式如下：

```
__import__(name[, globals[, locals[, fromlist[, level]]]])
```

其中,name 是要导入的模块名称,globals 是包含当前全局符号表的名字字典,locals 是包含局部符号表的名字字典,fromlist 是一个使用 from-import 语句导入符号的列表。globals、locals 和 fromlist 参数都是可选的,默认值分别为 globals()、locals()和[]。

导入 sys 模块可以通过下面的语句实现:

```
__import__('sys')
```

2. globals()函数和 locals()函数

globals()和 locals()两个内置函数分别返回调用处可以访问的全局和局部名称空间中的名称组成的字典。在一个函数内部,局部名称空间代表在函数执行时定义的所有名字,locals()函数返回的就是包含这些名字组成的字典。globals()函数会返回函数可访问的全局名字组成的字典。

在全局名称空间下,globals()和 locals()函数返回相同的字典,因为这时的局部名称空间就是全局名称空间。

3. reload()函数

reload()函数可以重新导入一个已经导入的模块,其语法格式如下:

```
from imp import reload
reload(module)
```

module 是用户想要重新导入的模块。使用该函数时,模块必须是全部导入,而不是通过 from-import 部分导入,而且它已成功被导入。此外,reload()函数的参数必须是模块自身而不是模块名称的字符串。

【例 8-2】　内置函数__import__()的应用示例。

```
class A:
    def showme(self):
        print('test 模块下的 A 类')
#内置函数
def plugin_load():
    #使用__import__是字符串方式导入模块赋值给 mod(等价于 import test)
    mod = __import__('test')
    #打印这个模块对象
    print(mod)                      #打印结果: <module 'test' from 'C:\\ceshi\\test.py'>
    #模块对象 mod.A 属性
    print(mod.A)                    #打印结果: <class 'test.A'>
    #实例化 A 类
    getattr(mod, 'A')().showme()          #打印结果: test 模块下的 A 类
if __name__ == '__main__':
    #需要时动态加载
    plugin_load()
```

运行结果如下:

```
<module 'test' from 'C:\\ceshi\\test.py'>
<class 'test.A'>
test 模块下的 A 类
```

8.2.6　绝对导入和相对导入

1. 绝对导入

在 import 语句或 from 语句导入模块中，模块名称最前面不是以句点开头的。绝对导入总是去搜索路径中搜索模块。

2. 相对导入

只能在包内使用，且只能用在 from 语句中，使用一个句点，表示单曲目录内；两个句点表示上一级目录。

不要在顶层模块中使用相对导入。

8.3　Python 中的包

使用模块可以避免函数名和变量名重名引发的冲突。为解决模块名重复的问题，Python 中提出了包（Package）的概念。所谓包就是一个有层次的文件目录结构，通常把一组功能相近的模块组织在一个目录下，它定义了一个由模块和子包组成的 Python 应用程序执行环境。包可以解决如下问题。

（1）把名称空间组织成有层次的结构。

（2）允许程序员把有联系的模块组合到一起。

（3）允许程序员使用有目录结构而不是一大堆杂乱无章的文件。

（4）解决有名称冲突的模块。

8.3.1　Python 程序的包结构

包简单理解就是"文件夹"，作为目录存在的，包的另外一个特点就是文件夹中必须有一个__init__.py 文件，包可以包含模块，也可以包含包。

常见的包结构如下：

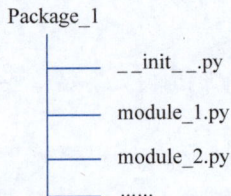

```
Package_1
    ├── __init__.py
    ├── module_1.py
    ├── module_2.py
    └── ......
```

最简单的情况下，只需要一个空的 __init__.py 文件即可。当然它也可以执行包的初始化代码，或定义__all__ 变量。当然包下面还能包含包，这与文件夹一样，还是比较好理解的。

如果在包中的__init__.py 文件中定义了全局变量__all__，那么该字符串列表中的内容，就是在其他模块使用 from package_name import ＊ 时导入的该包中的模块。

8.3.2 创建和使用包

1. 创建包

创建包实际上就是创建一个文件夹,并且在该文件夹中创建一个名称为"__init__.py"的 Python 文件。在__init__.py 文件中,可以不编写任何代码,也可以编写一些 Python 代码。在__init__.py 文件中所编写的代码,在导入包时会自动执行。

比如在 C 盘的根目录下创建一个名称为 config 的包,具体步骤如下。

(1)在计算机的 C 盘目录下创建一个名称为 config 的文件夹。

(2)在 config 文件夹下创建一个名称为"__init__.py"的文件。

至此,名称为 config 的包就创建完成了,然后可以在该包下创建所需要的模块。

在 PyCharm 中,选中所创建的工程文件名,右击,在弹出的菜单中选择"New",然后选择"Python Package",输入"config",即可成功创建 config 包,同时会自动生成"__init__.py"。

2. 使用包

对于包的使用通常有如下 3 种方式。

(1)通过"import 完整包名.模块名"的形式加载指定模块。

比如在 config 包中有个 size 模块,导入时,可以使用如下代码:

```
import config.size
```

若在 size 模块中定义了 3 个变量,比如:

```
length = 30
width = 20
height = 10
```

创建 main.py 文件,导入 size 模块后,在调用 length、width 和 height 变量时,需要在变量名前加入 config.size 前缀。输入代码如下:

```
import config.size

if __name__ == '__main__':
    print("长度: ", config.size.length)
    print("宽度: ", config.size.width)
    print("高度: ", config.size.height)
```

运行结果如下:

```
长度: 30
宽度: 20
高度: 10
```

(2)通过"from 完整包名 import 模块名"的形式加载指定模块。与第(1)种方式的区别在于,在使用时,不需要带包的前缀,但需要带模块名称。代码应为:

```
from config import size

if __name__ == '__main__':
    print("长度: ", size.length)
```

```
print("宽度: ", size.width)
print("高度: ", size.height)
```

运行结果如下：

```
长度: 30
宽度: 20
高度: 10
```

（3）通过"from 完整包名.模块名 import 定义名"的形式加载指定模块。与前两种方式的区别在于，通过该方式导入模块的函数、变量或类后，在使用时直接使用函数、变量或类名即可。代码应为：

```
from config.size import length,width,height

if __name__ == '__main__':
    print("长度: ", length)
    print("宽度: ", width)
    print("高度: ", height)
```

运行结果如下：

```
长度: 30
宽度: 20
高度: 10
```

在通过"from 完整包名.模块名 import 定义名"的形式加载指定模块时，可以使用星号"＊"代替定义名，表示加载该模块下的全部定义。

8.4　引用其他模块

在 Python 中，除了可以自定义模块外，还可以引用其他模块，比如标准模块和第三方模块。

8.4.1　第三方模块的下载与安装

在 Python 中，除了可以使用 Python 内置的标准模块外，还可以使用第三方模块。这些第三方模块可以在 Python 官方推出的网站（https://pypi.org/）上找到。

在使用第三方模块，需要先下载，并安装，然后就可以像使用标准模块一样导入并使用了。下载和安装第三方模块使用 Python 提供的包管理工具——pip 命令实现。pip 命令的语法格式如下：

```
pip<命令>［模块名］
```

参数说明如下。

- 命令：用指定要执行的命令。常用的命令参数值有 install（用于安装第三方模块）、uninstall（用于卸载已经安装的第三方模块）、list（用于显示已经安装的第三方模块）等。
- 模块名：可选参数，用于指定要安装或卸载的模块名，当命令为 install 或 uninstall

时不能省略。

例如,安装第三方的 numpy 模块(用于科学计算),在 Python 的安装根目录下的 Scripts 文件夹中,在命令窗口中输入以下代码:

```
pip install numpy
```

执行上述代码时,将在线安装 numpy 模块,安装完成后,将显示如图 8-2 所示的界面。

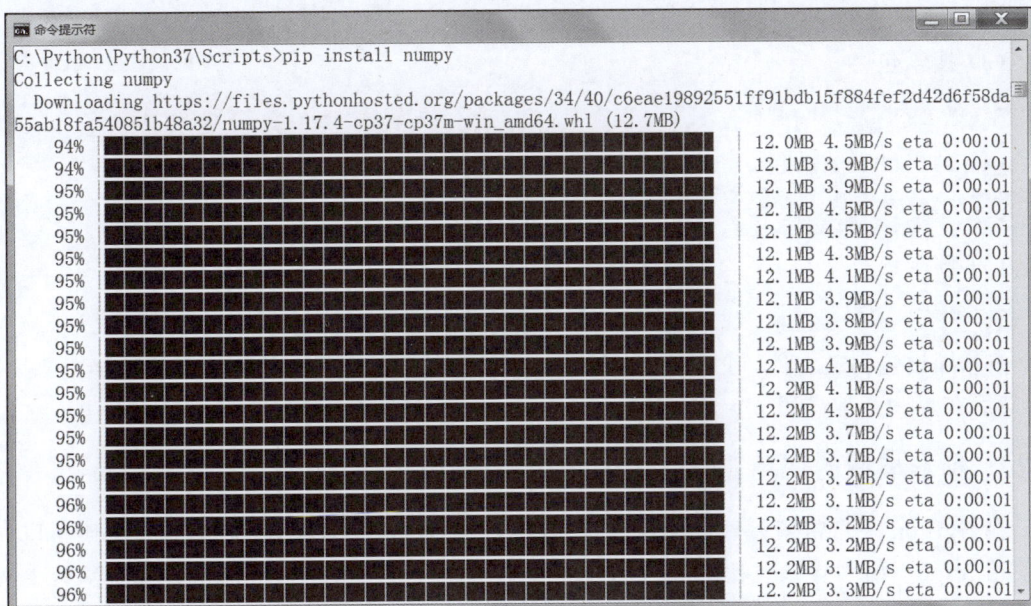

图 8-2　利用 pip 命令在线安装 numpy 模块

在 PyCharm 中,可以通过 File→Settings 查看已经安装的模块,如图 8-3 所示。

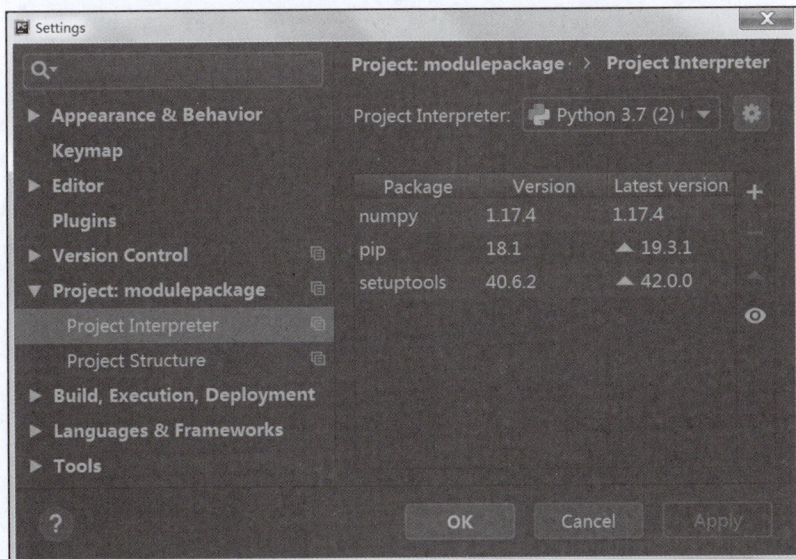

图 8-3　查看 PyCharm 中已经安装的模块界面

管理包的安装、升级、卸载如下。

在 DOS 命令窗口运行 pip 命令可以对包进行管理。

（1）指定安装的软件包版本，通过使用＝＝、＞＝、＜＝、＞、＜来指定一个版本号。

```
pip install markdown==2.0
```

（2）升级包，升级到当前最新的版本，可以使用-U 或 -upgrade。

```
pip install -U django
```

（3）搜索包：

```
pip search "django"
```

（4）列出已安装的包：

```
piplist
```

（5）卸载包：

```
pip uninstall django
```

（6）导出包到文本件，可以用 pip freeze ＞ requirements.txt，将需要的模块导出到文件里，然后在另一个地方用 pip install -r requirements.txt 再导入。

8.4.2 标准模块的使用

在 Python 中自带了一些实用模块，称为标准模块（或标准库）。对于标准模块，可以直接使用 import 语句导入。比如导入标准模块 random（其功能是生成随机数）的代码：

```
import random
```

通常情况下，在导入标准模块时，如果模块名比较长，可以使用 as 关键字为其指定别名。

导入标准模块后，可以通过模块名调用其提供的函数。对于 random 模块来说，常见的随机数函数介绍如下。

1. random.random（）函数

用于生成一个 0～1 的随机浮点数。

【例 8-3】 生成两个随机数的函数应用。

```
import random
#生成第一个随机数
print("random():", random.random())
#生成第二个随机数
print("random():", random.random())
```

运行结果如下：

```
random(): 0.40410725560502847
random(): 0.35348632682287706
```

2. random.uniform（a,b）函数

用于返回 a 与 b 之间的随机浮点数 N，范围为[a,b]。如果 a 的值小于 b 的值，则生成

的随机浮点数 N 的取值范围为 a≤N≤b；如果 a 的值大于 b 的值，则生成的随机浮点数 N 的取值范围为 b≤N≤a。

【例 8-4】　生成两个随机浮点数的函数应用。

```
import random
print("random:",random.uniform(50,100))
print("random:",random.uniform(100,50))
```

运行结果如下：

```
random: 67.68694161817494
random: 79.84856987973592
```

3. random.randint(a,b)函数

用于返回一个随机的整数 N，N 的取值范围为 a≤N≤b。需要注意的是，a 和 b 的取值必须为整数，并且 a 的值一定要小于 b 的值。

【例 8-5】　生成两个随机整数的函数应用。

```
import random
#生成的随机数 n: 12 <= n <= 20
print(random.randint(12,20))
#结果永远是 20
print(random.randint(20,20))
```

运行结果如下：

```
18
20
```

4. random.randrange（start，stop，step）函数

用于返回某个区间内的整数，可以设置 step。只能传入整数，random.randrange（10，100，2），结果相当于从[10,1 2,14,16,…,96,98]序列中获取一个随机数。

5. random.choice（sequence）函数

从 sequence 中返回一个随机的元素。其中，sequence 参数可以是序列、列表、元组和字符串。若 sequence 为空，则会引发 IndexError 异常。

【例 8-6】　从序列中生成一个随机元素的函数应用。

```
import random
print(random.choice('不忘初心牢记使命'))
print(random.choice(['Lihui', 'is ', 'a ', nice,'boy']))
print(random.choice(('Tuple','List','Dict')))
```

运行结果如下：

```
记
is
Dict
```

6. random.shuffle()函数

用于将列表中的元素打乱顺序,俗称洗牌。

【例 8-7】 把列表([1,2,3,4,5])中的元素打乱顺序的应用。

```
import random
arr=[1,2,3,4,5]
random.shuffle(arr)
print(arr)
```

运行结果如下:

```
[3, 2, 1, 5, 4]
```

7. random.sample(sequence,k)函数

用于从指定序列中随机获取 k 个元素作为一个片段返回,sample()函数不会修改原有序列。

【例 8-8】 指定序列([1,2,3,4,5])中随机获取 3 个元素。

```
import random
arr=[1,2,3,4,5]
sub=random.sample(arr,3)
print(sub)
```

运行结果如下:

```
[3, 2, 5]
```

【例 8-9】 应用 random 模块,生成由数字、字母组成的 6 位验证码。

```
import random
if __name__ == '__main__':
    verificationcode = ''
    for num in range(6):
        index = random.randrange(0,6)
        if index != num and index + 1 != num:
            verificationcode += chr(random.randint(97,122))
        elif index +1 == num:
            verificationcode += chr(random.randint(65,90))
        else:
            verificationcode += chr(random.randint(48,57))
    print("6 位验证码为: ",verificationcode)
```

运行结果如下:

```
验证码为: kvh63H
```

8.4.3 常见的标准模块

除了上一节举例介绍的 random 模块外,Python 还提供了大约 200 多个内置的标准模块,涵盖了 Python 运行服务、文字模式匹配、操作系统接口、数学运算、对象永久保存、网络和 Internet 脚本以及 GUI 构建等方面。

8.5 日期时间函数

Python 有很多处理日期和时间的方法,其中转换日期格式是最为常见的。Python 提供了 time 和 calendar 模块用于格式化日期和时间。本节将针对这两个模块的函数进行详细介绍。

8.5.1 时间函数

time 表现方式有如下 3 种。

(1) 时间戳(timestamp)的方式。时间戳表示的是从 1970 年 1 月 1 日 00:00:00 开始按秒计算的偏移量。返回时间戳的函数有 time()、clock(),返回的是 float 类型。

(2) 元组(struct_time)方式。struct_time 元组共有 9 个元素,返回 struct_time 的函数主要有 gmtime()、localtime()、strptime()。表 8-1 列出了这 9 个元素的属性和值。

表 8-1 struct_time 元组的 9 个元素

序号	属　　性	值
1	tm_year	比如 2020
2	tm_mon	1~12
3	tm_mday	1~31
4	tm_hour	0~23
5	tm_min	0~59
6	tm_sec	0~61(60 或 61 是闰秒)
7	tm_wday	0~6(0 是周一)
8	tm_yday	1~366(儒略历)
9	tm_isdst	−1、0、1、−1,是决定是否为夏令时的旗帜

(3) 格式化字符串(format time)方式。格式化后的结构使时间更具可读性,包括自定义格式和固定格式。比如"2018-5-11"。

time 常用的函数如下。

(1) time.sleep()、time.sleep(secs):把线程推迟指定的时间运行,单位为秒。

(2) time.time():获取当前时间戳,例如 time.time()。

(3) time.clock():计算 CPU 所执行的时间,例如:

```
time.sleep(3)
print(time.clock())
```

(4) time.gmtime():把一个时间戳转换为 UTC 时区(0 时区)的 struct_time,总共 9 个参数,其含义如表 8-1 所示。

```
import time
a=time.gmtime()
print(a)
```

（5）time.localtime()：把一个时间戳转换为当前时区的 struct_time。如果未提供参数 secs，则以当前时间为准，例如 time.localtime()。

（6）time.asctime([t])：把一个表示时间的元组或 struct_time 表示为如'Sun Jun 20 23:21:05 1993'的形式。如果没有参数，将把 time.localtime()作为参数传入，例如 time.asctime()。

（7）time.ctime()。

将时间戳转为如'Sun Jun 20 23:21:05 1993'形式的格式化时间。如果没有参数，将会把 time.localtime()作为参数传入。

```
import time
a = time.ctime(3600)
print(a)
```

运行结果如下：

```
Thu Jan  1 09:00:00 1970
```

（8）time.strftime(format[, t])。

把一个代表时间的元组或 struct_time（如由 time.localtime()和 time.gmtime()返回）转化为格式化的时间字符串。如果元组中任何一个元素越界，将会抛出 ValueError 错误。

```
import time
local_time = time.localtime()
print(time.strftime('%Y-%m-%d  %H:%M:%S', local_time))
```

运行结果如下：

```
2020-02-03  21:39:27
```

（9）time.strptime(string[, format])。

把一个格式化时间字符串转化为 struct_time。实际上它与 strftime()函数是逆操作。在这个函数中，format 默认为"%a %b %d %H:%M:%S %Y"。

它们之间的转换关系如图 8-4 所示。

time模块

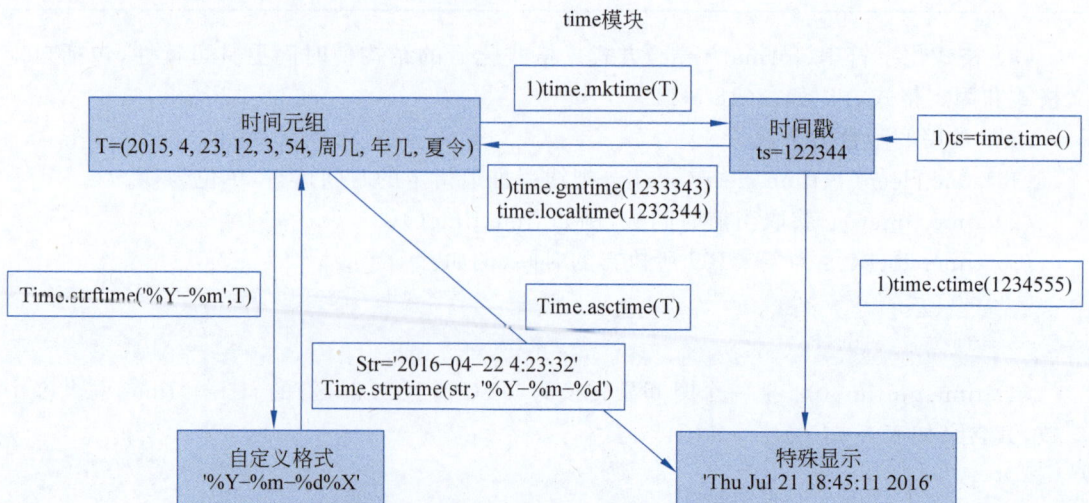

图 8-4　格式化时间字符串转化关系图

```
import time
a=time.localtime()
print(a)
```

运行结果如下：

```
time.struct_time(tm_year=2020, tm_mon=4, tm_mday=1, tm_hour=15, tm_min=52, tm_
sec=1, tm_wday=2, tm_yday=92, tm_isdst=0)
```

把一个格式化时间字符串转化为 struct_time 的格式化符号，如表 8-2 所示。

表 8-2　Python 中时间日期格式化符号

符　号	意　义
%y	两位数的年份表示（00～99）
%Y	四位数的年份表示（000～9999）
%m	月份（01～12）
%d	月内中的一天（0～31）
%H	24 小时制小时数（0～23）
%h	12 小时制小时数（01～12）
%M	分钟数（00～59）
%S	秒（00～59）
%a	本地简化的星期名称
%A	本地完整的星期名称
%b	本地简化的月份名称
%B	本地完整的月份名称
%c	本地相应的日期表示和时间表示
%j	年内的一天（001～366）
%p	本地 A.M. 或 P.M. 的等价符
%U	一年中的星期数（00～53），星期天为星期的开始
%w	星期（0～6），星期天为星期的开始
%W	一年中的星期数（00～53），星期一为星期的开始
%x	本地相应的日期表示
%X	本地相应的时间表示
%Z	当前时区的名称
%%	%号本身

8.5.2　日期函数

datetime 内置对象关系如图 8-5 所示，分为 timedelta、tzinfo、time、date 四个类，其中

tzinfo、date 又分别有各自的子类 timezone、datetime。

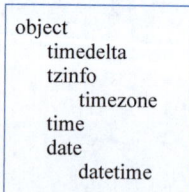

```
object
    timedelta
    tzinfo
        timezone
    time
    date
        datetime
```

图 8-5　**datetime** 的内置对象关系

（1）datetime.datetime.now()用于获取当前时间字符串。

```
import datetime
t = datetime.datetime.now()
print(t)
```

运行结果如下：

```
2020-04-01 15:53:13.917020
```

（2）datetime.datetime.now().timestamp()用于获取当前时间戳。

```
import datetime
t = datetime.datetime.now().timestamp()
print(t)
```

运行结果如下：

```
1585727632.0252
```

（3）datetime.datetime.today()用于获取当前时间年月日。

```
import datetime
t = datetime.datetime.today()
print(t)
```

运行结果如下：

```
2020-04-01 15:55:04.041319
```

（4）其他一些与时间设置有关的方法如下。

```
import datetime
d = datetime.datetime(2020,4,21,22,23,15)
#设置一个时间对象
d = datetime.datetime(2020,4,21,22,23,15)
#自定义格式显示
print(d.strttime('%x %X'))
#显示英文格式
print(d.ctime())
#显示日历(年,年中第几周,周几)
print(d.isocalendar())

#datetime 子模块单位时间间隔: datetime.resolution=1 微秒
#date 子模块的时间间隔为 1 天 date.resolution=1 天
```

```
#时间间隔乘以一个数,表示间隔几天
from datetime import date
#现在时间是
date.today()
datetime.date(2018, 5, 11)
#100 天以前的日期是
result=date.today()-date.resolution * 100
print(result)
```

运行结果如下：

```
04/21/20 22:23:15
Tue Apr 21 22:23:15 2020
(2020, 17, 2)
2019-12-23
```

8.5.3　综合应用：日历系统的设计与实现

通过日历的设计与实现,进一步熟悉 Python 模块的使用方法以及菜单程序的编写,掌握 datetime、calendar 模块。

案例要求具有：

(1) 显示当天的日期和当前的时间。

(2) 能根据用户输入的年份显示年历。

(3) 能根据用户输入的年份和月份显示月历。

(4) 能根据用户给的日期间隔计算相应的日期。

需求分析与设计：根据要求,本日历具有 4 个功能,为方便用户的使用,此 4 个功能采用菜单的形式供用户选择。菜单的每个功能用一个函数来实现。程序是循环显示菜单,等待用户的选择,当用户选择某个菜单项,则调用相应的函数,相关函数执行完之后,继续显示菜单,直到用户选择"0：退出"项才会结束程序的运行。

整个系统需要编写如下 5 个函数。

(1) menu() 函数的功能是显示菜单。

(2) daytime() 函数的功能是显示当前日期和时间。

(3) year() 函数的功能是根据用户输入年份实现年历的显示。

(4) year_month() 函数的功能是根据用户输入年份和月份实现月历的显示。

(5) day() 函数的功能是根据输入天数(正负),计算期望某天的日期。

具体实现如下：

```
import datetime
import calendar


def menu():
    print("***********************")
    print(" 欢迎使用日历系统")
    print("***********************")
    print("1:显示当前的日期和时间")
```

```python
        print("2:显示某年的日历")
        print("3:显示某年某月的日历")
        print("4:显示期望的某天日期")
        print("0:退出")

def daytime():
    t = datetime.datetime.now()
    print()
    print("今天是", t.year, "年", t.month, "月", t.day, "日")
    print("现在是", t.hour, "时", t.minute, "分", t.second, "秒")

def year():
    year = int(input("请输入一个年份,如 2018: "))
    print()
    print(calendar.calendar(year))

def year_month():
    year = int(input("请输入一个年份,如 2018: "))
    month = int(input("请输入一个月份(1~ 12): "))
    print()
    print(calendar.month(year, month))

def day():
    days = int(input("请输入天数: "))
    date = datetime.datetime.now() + datetime.timedelta(days=days)
    print()
    print("查询的日期是", date.year, "年", date.month, "月", date.day, "日")

def main():
    while True:
        menu()
        choice = int(input("请选择功能项(0~4:)"))
        if choice == 0:
            exit()
        else:
            if choice == 1:
                daytime()
            else:
                if choice == 2:
                    year()
                else:
                    if choice == 3:
                        year_month()
                    else:
                        if choice == 4:
                            day()

if __name__ == '__main__':
    main()
```

8.6 测试及打包

8.6.1 代码测试

在实际开发中,当一个开发人员编写完一个模块后,为了让模块能够在项目中达到想要的效果,这个开发人员会自行在.py 文件中添加一些测试信息。

【例 8-10】 对 test.py 文件中的 add()函数代码测试。

```
def add(a,b):
    return a+b
#用来进行测试
ret = add(12,22)
print('in test.py file,,,,12+22=%d'%ret)
```

运行结果如下:

```
in test.py file,,,,12+22=34
```

如果此时,在其他.py 文件中引入了此文件,测试的那段代码也会执行。

test.py 中的测试代码,应该是单独执行 test.py 文件时才应该执行的,不应该是其他的文件中引用而执行。

Python 中有个内置变量__name__,它在文件被直接执行时等于__main__,而作为模块被导入时等于模块名。为了解决这个问题,我们可以在测试语句前面加上一个判断:

```
if __name__=='__main__':
#用来进行测试
ret = add(12,22)
print('in test.py file,,,,12+22=%d'%ret)
```

保证后面的测试语句在导入时不再执行。

8.6.2 代码打包

创建一个 test_pub 文件夹,将包放在 test_pub 文件夹中,然后在与包同级的目录中创建一个 setup.py 文件。

mymodule 目录结构体如下:

```
├─setup.py
├─sub1
│ ├─aa.py
│ ├─bb.py
│ └─__init__.py
├─sub2
│ ├─cc.py
│ ├─dd.py
│ └─__init__.py
```

（1）编辑 setup.py 文件。py_modules 需指明所需包含的.py 文件。

```
from distutils.core import setup
setup(name="压缩包的名字", version="1.0", description="描述", author="作者", py
_modules=['sub1.aa', 'sub1.bb', 'sub2.cc', 'sub2.dd'])
```

（2）构建模块：

```
python setup.py build
```

（3）生成发布压缩包：

```
python setup.py sdist
```

（4）模块安装、使用：找到模块的压缩包（复制到其他地方），解压后，进入文件夹，执行命令：

```
python setup.py install
```

注意：如果要在 install 时，执行目录安装，可以使用：

```
python setup.py install --prefix=安装路径
```

8.7　本 章 小 结

本章主要讲解了以下几个知识点。

（1）模块。模块是把一组相关的名称、函数、类或它们的组合组织到一个文件中。一个文件可以看作一个独立的模块，一个模块也可以看作一个文件。模块的文件名就是模块的名字加上扩展名.py。

（2）模块导入。可以使用 import 语句导入整个模块，或使用 from-import 语句导入指定模块的变量、函数或类等。此外，当导入的模块或模块属性名称已经在我们的程序中使用了，又或因为其名称太长，不想使用导入的名称，可以使用扩展的 import 语句（as）来解决这个问题。模块可以被导入多次，但只有第一次导入被加载并执行。模块导入主要有 3 个特性：载入时执行模块；导入与加载；_future_特性。

（3）模块内置函数。__import__()作为导入模块的函数是在执行 import（包括 from-import 和扩展 import）语句时调用的，提供这个函数是为了让有特殊需要的用户可以覆盖它，实现自定义的导入算法。globals()和 locals()内置函数分别返回调用处可以访问的全局和局部名称空间中的名称组成的字典。reload()函数可以重新导入一个已经导入的模块。

（4）包。包是一个有层次的文件目录结构，它定义了一个由模块和子包组成的 Python 应用程序执行环境。与模块相同，包也是使用句点属性标识来访问它们的元素。使用 import 语句和 from-import 语句都可以导入包中的模块。可以使用包管理工具 pip 对包进行管理。

8.8　习　　题

1. 什么是名称空间？名称空间可以分为哪几类？名称空间有哪些规则？

2. 什么是模块？模块和文件有什么联系？

3. 导入一个模块有哪些方式？

4. 与模块相关的内置函数有哪些？它们的作用分别是什么？

5. 什么是包？如何导入包？

6. 设计一个包结构，其中计算机包是顶级包，它的一级子包是主机包，该包下还有一个显示器模块，而主机包下有主板模块、内存模块和硬盘模块。创建一个测试文件，通过导入上述的包或模块。

第 9 章

字符串操作与正则表达式应用

字符串是由 Python 内置的 str 类定义的数据对象,它是由一系列 Unicode 字符组成的有序序列。字符串是一种不可变的对象,字符串中的字符是不能被改变的,每当修改字符串都将生成一个新的字符串对象。在编程过程中对字符串的处理操作较多,本章主要针对字符串的常见操作比如连接、截取、检索等操作,然后借助正则表达式实现字符串的复杂处理。

字符串操作与正则表达式应用的学习目标主要包括以下 4 点。

(1) 字符编码和解码:理解字符编码的概念,熟悉常用的字符编码,如 ASCII、Unicode、UTF-8 等。学会如何在 Python 中进行字符串的编码和解码。

(2) 基础字符串操作:掌握如何使用 Python 进行字符串的创建和基本操作。熟练运用字符串方法,如 lower()、upper()、strip()、replace()、split()、join()、find()、count()等。

(3) 正则表达式基础:理解正则表达式的基本概念和用途。熟悉正则表达式的语法,包括字符类、数量词、断言、分组等。

(4) Python 中的正则表达式操作:学会使用 Python 的 re 模块进行正则表达式的操作。掌握如何用正则表达式进行匹配、搜索、查找、替换等操作。理解正则表达式的标志位,如 re.IGNORECASE、re.MULTILINE 等。

9.1　字符串的编码转换

字符串是由一系列字符组成的不可变序列容器,在计算机中存储的是字符编码值。通常字节(Byte)是计算机存储的最小单位,为 8 位。而字符是指单个的数字、文字、符号。

最早的字符串编码是美国标准信息交换码,即 ASCII 码。它仅对 10 个数字、26 个大写英文字母、26 个小写英文字母,以及一些其他符号进行了编码。ASCII 码最多只能表示 256 个符号,每个字符占 1 字节。随着信息技术的发展,各国的文字都需要进行编码,于是出现了 GBK、GB2312、UTF-8 编码等。其中 GBK 和 GB2312 是我国制定的中文编码标准,使用 1 字节表示英文字母,2 字节表示中文字符。UTF-8 是国际通用的编码,对全世界所有国家需要用到的字符都进行了编码。UTF-8 采用 1 字节表示英文字符,用 3 字节表示中文。在 Python 3.x 中,默认采用的编码格式为 UTF-8,采用这种编码有效地解决了中文乱码的问题。

在 Python 中,有两种常用的字符串类型分别为 str 和 bytes,其中,str 表示 Unicode 字符(ASCII 或其他);bytes 表示二进制数据(包括编码的文本)。这两种类型的字符串不能拼接在一起使用。通常情况下,str 在内存中以 Unicode 表示,一个字符对应若干字节。但是如果在网络上传输,或保存到磁盘上,就需要把 str 转换为字节类型,即 bytes 类型。

Python 3 直接支持 Unicode,可以表示世界上任何书面语言的字符。Python 3 的字符默认就是 16 位 Unicode 编码,ASCII 码是 Unicode 编码的子集。

str 和 bytes 之间可以通过 encode()和 decode()方法进行类型转换。

9.1.1 字符串的编码

字符串的编码用于将字符串转换为二进制数据(即 bytes),也称为编码。encode()方法为 str 对象的方法,其语法格式如下:

```
str.encode([encoding="utf-8"][,errors="strict"])
```

参数说明如下。

- str:表示要进行转换的字符串。
- encoding="utf-8":可选参数,用于指定进行转码时采用的字符编码,默认为 UTF-8,如果想使用简体中文,也可以设置为"gb2312"。当只有这一个参数时,也可以省略前面的"encoding=",直接写编码。
- errors="strict":可选参数,用于指定错误处理方式,其可选择值可以是 strict(遇到非法字符就抛出异常)、ignore(忽略非法字符)、replace(用"?"替换非法字符)或 xmlcharrefreplace(使用 XML 的字符引用)等,默认值为 strict。

在使用 encode()方法时,不会修改原字符串,如果需要修改原字符串,需要对其进行重新赋值。

【例 9-1】 encode()方法的应用示例。

```
str = "不忘初心"
byte = str.encode('GBK')
print("原字符串: ",str)
print("转换后: ",byte)
```

运行结果如下:

```
原字符串: 不忘初心
转换后: b'\xb2\xbb\xcd\xfc\xb3\xf5\xd0\xc4'
```

9.1.2 字符串的解码

字符串的解码用于将二进制数据转换为字符串,也称为解码。decode()方法为 bytes 对象的方法,即将使用 encode()方法转换的结果再转换为字符串。

其语法格式如下:

```
bytes.decode([encoding="utf-8"][,errors="strict"])
```

参数说明如下。

- bytes:表示要进行转换的二进制数据,通常是 encode()方法转换的结果。
- encoding="utf-8":可选参数,用于指定进行解码时采用的字符编码,默认为 UTF-8,如果想使用简体中文,也可以设置为"gb2312"。当只有这一个参数时,也可以省略前面的"encoding=",直接写编码。
- errors="strict":可选参数,用于指定错误处理方式,其可选择值可以是 strict(遇到非法字符就抛出异常）、ignore（忽略非法字符）、replace（用"?"替换非法字符）或xmlcharrefreplace（使用 XML 的字符引用）等,默认值为 strict。

在设置解码采用的字符编码时,需要与编码时采用的字符编码一致。

在使用 decode()方法时,不会修改原字符串,如果需要修改原字符串,需要对其进行重新赋值。

【例 9-2】 decode()方法的应用示例。

```
bytes = b'\xb2\xbb\xcd\xfc\xb3\xf5\xd0\xc4'
str = bytes.decode('GBK')
print("解码前: ",bytes)
print("解码后: ",str)
```

运行结果如下:

```
解码前: b'\xb2\xbb\xcd\xfc\xb3\xf5\xd0\xc4'
解码后: 不忘初心
```

9.2 字符串的常见操作

在 Python 开发过程中,为了实现某项功能,经常需要对某些字符串进行特殊处理,如连接字符串、截取字符串、格式化字符串等。字符串的常用操作方法有查找、修改和判断三大类。

9.2.1 字符串查找

所谓字符串查找方法,就是查找子串在字符串中的位置或出现的次数。在 Python 中,字符串对象提供了很多应用于字符串查找的方法,这里主要介绍以下几种方法。

1. count()方法

count()方法用于检索指定字符串在另一个字符串中出现的次数。如果检索的字符串不存在,则返回 0;否则返回出现的次数。其语法格式如下:

```
str.count(sub[, start[, end]])
```

参数说明如下。
- str：表示原字符串。
- sub：表示要检索的子字符串。
- start：可选参数,表示检索范围的起始位置的索引,如果不指定,则从头开始检索。
- end：可选参数,表示检索范围的结束位置的索引,如果不指定,则一直检索到结尾。

【例 9-3】 给定一个字符串来代表一个学生的出勤记录,这个记录仅包含以下三个字符。
- 'A': Absent,缺勤。
- 'L': Late,迟到。
- 'P': Present,到场。

如果一个学生的出勤记录中不超过一个'A'(缺勤)并且不超过两个连续的'L'(迟到),那么，这个学生会被奖赏。

```
while True:
    c = input('请输入考勤记录:')
    if c.count('A') <= 1 and c.count('LLL') == 0 and c != 'q':
        print('给予奖赏')
    elif c == 'q':
        print("退出评判")
        exit()
    else:
        print('给予批评')
```

运行结果如下：

```
请输入考勤记录:PPALLP
给予奖赏
请输入考勤记录:PPALLL
给予批评
请输入考勤记录:q
退出评判
```

2. find()方法

检测某个子串是否包含在这个字符串中，如果包含就返回这个子串开始的位置索引；否则返回−1。其语法格式如下：

```
str.find(sub[, start[, end]])
```

参数说明如下。

- str：表示原字符串。
- sub：表示要检索的子字符串。
- start：可选参数，表示检索范围的起始位置的索引，如果不指定，则从头开始检索。
- end：可选参数，表示检索范围的结束位置的索引，如果不指定，则一直检索到结尾。

【例 9-4】　find()方法的应用示例。

```
info = 'abca'
print(info.find('a'))        #从下标 0 开始,查找在字符串里第一个出现的子串
print(info.find('a',1))      #从下标 1 开始,查找在字符串里第一个出现的子串
print(info.find('3'))        #查找不到返回-1
```

运行结果如下：

```
0
3
-1
```

如果只是想要判断指定的字符串是否存在，可以使用 in 关键字实现。比如，要确定字符串 str 中是否存在＃符号，可以使用 print('＃'instr)，如果存在就返回 True，否则返回 False。另外，也可以根据 find()方法的返回值是否大于−1 来确定是否存在。

rfind()方法和 find()方法功能相同，但查找方向为右侧开始。

3. index()方法

index()方法与 find()方法类似，也是用于检索是否包含指定的子字符串，返回首次出

现子字符串的位置索引。只不过如果使用 index()方法,当指定的字符串不存在时会抛出异常,影响后面程序执行。其语法格式如下：

```
str.index(sub[, start[, end]])
```

参数说明如下。

- str：表示原字符串。
- sub：表示要检索的子字符串。
- start：可选参数,表示检索范围的起始位置的索引,如果不指定,则从头开始检索。
- end：可选参数,表示检索范围的结束位置的索引,如果不指定,则一直检索到结尾。

【例 9-5】　利用 index()方法判断用户登录的应用示例。

```
user_name = ['root','admin','test']
pass_word = ['abc','123','111']
username = input('username:').strip()
password = input('password:').strip()
if username in user_name and password
                        == pass_word[user_name.index(username)]:
    print(f"登录成功,欢迎您：{username}")
else:
    print("错误!")
```

运行结果如下：

```
username:root
password:abc
登录成功,欢迎您：root
```

Python 的字符串对象还提供了 rindex()方法,其作用与 index()方法类似,只是从右边开始查找。

4. startswith()方法

该方法用于检索字符串是否以指定子字符串开头。如果是,则返回 True;否则返回 False。其语法格式如下：

```
str.startswith(preflx[, start[, end]])
```

参数说明如下。

- str：表示原字符串。
- prefix：表示要检索的子字符串。
- start：可选参数,表示检索范围的起始位置的索引,如果不指定,则从头开始检索。
- end：可选参数,表示检索范围的结束位置的索引,如果不指定,则一直检索到结尾。

【例 9-6】　判断手机号码是否合法的应用示例。

```
while True:
    phone_number = input('请输入 11 位的手机号：')
    if len(phone_number) == 11 \
            and phone_number.isdigit() \
            and (phone_number.startswith('13') \
            or phone_number.startswith('14') \
```

```
            or phone_number.startswith('15') \
            or phone_number.startswith('18')):
        print('是合法的手机号码')
    else:
        print('不是合法的手机号码')
```

运行结果如下：

```
请输入 11 位的手机号：13466658565
是合法的手机号码
```

5. endswith()方法

该方法用于检索字符串是否以指定子字符串结尾。如果是，则返回 True；否则返回 False。其语法格式如下：

```
str.endswith(suffix[, start[, end]])
```

参数说明如下：

- str：表示原字符串。
- suffix：表示要检索的子字符串。
- start：可选参数，表示检索范围的起始位置的索引，如果不指定，则从头开始检索。
- end：可选参数，表示检索范围的结束位置的索引，如果不指定，则一直检索到结尾。

【例 9-7】 字符串检索方法的应用示例。

```
url = "http://www.baidu.com"
pos = url.find("baidu")
print(pos)
if url.startswith("http://"):
    print("使用的是 http 协议")
filename="flower.jpg"
if filename.endswith(".jpg"):
    print("这是一张图片")
```

运行结果如下：

```
11
使用的是 http 协议
这是一张图片
```

9.2.2 字符串修改

所谓修改字符串，指的就是通过函数的形式修改字符串中的数据。数据按照是否能直接修改分为可变类型和不可变类型两种。字符串类型的数据修改时不能改变原有字符串，属于不能直接修改数据的类型即是不可变类型。

1. replace()方法

replace()方法的语法格式如下：

```
str.replace(old, new[, max])
```

参数说明如下。

- old：将被替换的子字符串。
- new：新字符串,用于替换 old 子字符串。
- max：可选字符串,替换不超过 max 次。

返回字符串中的 old(旧字符串)替换成 new(新字符串)后生成的新字符串,如果指定第三个参数 max,则替换不超过 max 次。

【例 9-8】 输入两个字符串,从第一个字符串中删除第二个字符串中的所有字符。例如,输入"They are students."和"aeiou",则删除后的第一个字符串变成"Thy r stdnts."。

```python
s1 = input('请输入第一个字符串:')
s2 = input('请输入第二个字符串:')
#遍历字符串 s1
for i in s1:
    #  依次判断 s1 中的每个字符是否在 s2 中
    if i in s2:
        #replace 表示替换;
        #将 s1 中与 s2 中相同的所有字符,替换为空字符
        s1 = s1.replace(i,'')
print("替换后的字符串为: ",s1)
```

运行结果如下:

```
请输入第一个字符串:You are my good friend
请输入第二个字符串:aeiou
替换后的字符串为: Y r my gd frnd
```

2. 分割和合并字符串的方法

在 Python 中,字符串对象提供了分割和合并字符串的方法。分割字符串就是把字符串分割为列表,而合并字符串就是把列表合并为字符串,它们可以看作是互逆操作。下面分别进行介绍。

(1) 分割字符串。字符串对象的 split()方法可以实现字符串分割,即把一个字符串按照指定的分隔符切分为字符串列表。该列表的元素中不包括分隔符。split()方法的语法格式如下:

```python
str.split(sep,maxsplit)
```

参数说明如下。

- str：表示要进行分割的字符串。
- sep：用于指定分隔符,可以包含多个字符,默认为 None,即所有空字符(包括空格、换行"\n"、制表符"\t"等)。如果不指定 sep 参数,那么也不能指定 maxsplit 参数。
- maxsplit：可选参数,用于指定分割的次数,如果不指定或为－1,则分割次数没有限制;否则返回结果列表的元素个数最多为 maxsplit＋1。

在使用 split()方法时,如果不指定参数,默认采用空白符进行分割,这时无论有几个空格或空白符都将作为一个分隔符进行分割。

【例 9-9】 split()方法的应用示例。

```python
strUrl = "www.cau.edu.cn"
#使用默认分隔符
```

```
print(strUrl.split())
#以"."为分隔符
print(strUrl.split('.'))
#分割 0 次
print(strUrl.split('.', 0))
#分割一次
print(strUrl.split('.', 1))
#分割两次
print(strUrl.split('.', 2))
#分割两次,并取序列为 1 的项
print(strUrl.split('.', 2)[1])
#分割最多次(实际与不加 num 参数相同)
print(strUrl.split('.', -1))
```

运行结果如下：

```
['www.cau.edu.cn']
['www', 'cau', 'edu', 'cn']
['www.cau.edu.cn']
['www', 'cau.edu.cn']
['www', 'cau', 'edu.cn']
cau
['www', 'cau', 'edu', 'cn']
```

（2）字符串合并。合并字符串与拼接字符串不同，它会将多个字符串采用固定的分隔符连接在一起。将字符串、元组、列表中的元素以指定的字符（分隔符）连接起来生成一个新的字符串。字典只对键进行连接。os.path.join()是将多个路径组合后返回。其语法格式：

```
strnew = string.join(iterable)
```

参数说明如下。

- strnew：表示合并后生成的新字符串。
- string：字符串类型，用于指定合并时的分隔符。
- iterable：可迭代对象，该迭代对象中的所有元素（字符串表示）将被合并为一个新的字符串。string 作为边界点分割出来。

【例 9-10】　join()方法的应用示例。

```
#对序列进行操作(分别使用' '与' - '作为分隔符)
a = ['1aa', '2bb', '3cc', '4dd', '5ee']
print(' '.join(a))
print('-'.join(a))
#对字符串进行操作(分别使用' '与' - '作为分隔符)
b = 'hello world'
print(' '.join(b))
print('-'.join(b))
#对元组进行操作(分别使用' '与' - '作为分隔符)
c = ('aa', 'bb', 'cc', 'dd', 'ee')
print(' '.join(c))
print('-'.join(c))
#对字典进行无序操作(分别使用' '与' - '作为分隔符)
```

```
d = {'name1': 'maomao', 'name2': 'huayi', 'name3': 'shiqing'}
print(' '.join(d))
print('-'.join(d))
```

运行结果如下:

```
1aa 2bb 3cc 4dd 5ee
1aa-2bb-3cc-4dd-5ee
h e l l o   w o r l d
h-e-l-l-o- -w-o-r-l-d
aa bb cc dd ee
aa-bb-cc-dd-ee
name1 name2 name3
name1-name2-name3
```

3. 字符串中空格和特殊字符的去除

用户在输入数据时,可能会无意中输入多余的空格,或在一些情况下,字符串前后不允许出现空格和特殊字符,此时就需要去除字符串中的空格和特殊字符(制表符"\t"、回车符"\r"、换行符"\n"等)。

(1) strip()方法。strip()方法用于去除字符串左、右两侧的空格和特殊字符,其语法格式如下:

```
str.strip([chars])
```

其中,str 为要去除空格的字符串;chars 为可选参数,用于指定要去除的字符,可以指定多个。如果不指定 chars 参数,默认将去除空格、制表符\t、回车符\r、换行符\n 等。

(2) ltrip()方法。ltrip()方法用于去除字符串左侧的空格和特殊字符,其语法格式如下:

```
str.ltrip([chars])
```

其中,str 为要去除空格的字符串;chars 为可选参数,用于指定要去除的字符,可以指定多个。如果不指定 chars 参数,默认将去除空格、制表符\t、回车符\r、换行符\n 等。

(3) rtrip()方法。rtrip()方法用于去除字符串左、右两侧的空格和特殊字符,其语法格式如下:

```
str.rtrip([chars])
```

其中,str 为要去除空格的字符串;chars 为可选参数,用于指定要去除的字符,可以指定多个。如果不指定 chars 参数,默认将去除空格、制表符\t、回车符\r、换行符\n 等。

【例 9-11】 strip()方法的应用示例。

```
str = "00000003210jszx01230000000"
print(str.strip('0'))          #取出首尾字符 0
str2 = '   jszx    '
print(str2.strip())            #去除首尾空格
str3 = '123abcjszx321 '
print(str3.strip('12'))        #去除首尾字符序列为 12
```

运行结果如下：

```
3210jszx0123
jszx
3abcjszx321
```

4. 字母大小写转换

在 Python 中，字符串对象提供了 lower()方法和 upper()方法进行字母的大小写转换，即用于将大写字母 ABC 转换为小写字母 abc，或将小写字母 abc 转换为大写字母 ABC。比如在验证码的输入时，大小写都可以验证。

（1）lower()方法。lower()方法用于将字符串中的全部大写字母转换为小写字母。如果字符串中没有应该被转换的字符，则将原字符串返回；否则将返回一个新的字符串，将原字符串中每个该进行小写转换的字符都转换成相应的小写字符。字符长度与原字符长度相同。lower()方法的语法格式如下：

```
str.lower()
```

其中，str 为要进行转换的字符串。

（2）upper()方法。upper()方法用于将字符串的全部小写字母转换为大写字母。如果字符串中没有应该被转换的字符，则将原字符串返回；否则返回一个新字符串，将原字符串中每个该进行大写转换的字符都转换成相应的大写字符。新字符长度与原字符长度相同。upper()方法的语法格式如下：

```
str.upper()
```

其中，str 为要进行转换的字符串。

【例 9-12】 大写字母转换的应用示例。

```
str ='abcde'
str2 = str.upper()           #转换成大写
print(str2)
print(str2.lower())          #重新转换成小写
```

5. 利用切片截取字符串

由于字符串也属于序列，所以要截取字符串，可以采用切片方法实现。通过切片方法截取字符串的语法格式如下：

```
str[start: end : step]
```

参数说明如下。

- str：表示要截取的字符串。
- start：表示要截取的第一个字符的索引（包括该字符），如果不指定，则默认为 0。
- end：表示要截取的最后一个字符的索引（不包括该字符），如果不指定，则默认为字符串的长度。
- step：表示切片的步长，如果省略，则默认为 1，当省略该步长时，最后一个冒号也可以省略。

【例 9-13】 字符串截取的应用示例。

```
str = "不忘初心,牢记使命!"        #定义字符串
substr1 = str[1]                  #截取第 2 个字符
substr2 = str[5:]                 #从第 6 个字符截取
substr3 = str[:4]                 #从左边开始截取 4 个字符
substr4 = str[2:4]                #截取第 3 至 4 个字符
print("原字符串: ",str)
print(substr1+'\n'+substr2+'\n'+substr3+'\n'+substr4)
```

运行结果如下：

```
原字符串：不忘初心,牢记使命!
忘
牢记使命!
不忘初心
初心
```

由以上运行结果来看,字符串的索引同序列的索引是一样的,也是从 0 开始,并且每个字符占一个位置。在进行字符串截取时,如果指定的索引不存在,则会抛出异常。

6. 利用"+"字符串连接

使用"+"运算符可完成对多个字符串的连接,"+"运算符可以连接多个字符串并产生一个字符串对象。

【例 9-14】 字符串连接的应用示例。

```
cn = "生活就像一盒巧克力,没人知道你会得到什么。"
en = " Life is like a box of chocolates. No one knows what you're going to get."
c_e=cn+en
print(c_e)
```

运行结果如下：

```
生活就像一盒巧克力,没人知道你会得到什么。Life was like a box of chocolates, you
never know what you're going to get.
```

字符串不允许直接与其他类型的数据拼接,否则将产生异常。若是整数,可以将整数转换为字符串。将整数转换为字符串,可以使用 str()函数。

9.2.3 字符串判断

所谓判断即是判断真假,返回的结果是布尔型数据类型 True 或 False。

1. startswith()方法

startswith()方法检查字符串是否以指定子串开头,是则返回 True;否则返回 False。如果设置开始和结束位置下标,则在指定范围内检查。startswith()方法语法格式如下：

```
str.startswith(str, beg=0,end=len(string));
```

参数说明如下：

- str：检测的字符串。
- beg：可选参数,用于设置字符串检测的起始位置。
- end：可选参数,用于设置字符串检测的结束位置。

返回值：如果检测到字符串则返回 True,否则返回 False。

【例 9-15】 startswith()方法的应用示例。

```
str = "this is string example....wow!!!";
print(str.startswith('this'))
print(str.startswith('is', 2, 4))
print(str.startswith('this', 2, 4))
```

运行结果如下：

```
True
True
False
```

2. endswith()方法

endswith()方法用于判断字符串是否以指定字符或子字符串结尾,常用于判断文件类型。其语法格式如下：

```
string.endswith(str, beg=[0,end=len(string)])
    string[beg:end].endswith(str)
```

参数说明如下。

- string：被检测的字符串。
- str：指定的字符或子字符串(可以使用元组,会逐一匹配)。
- beg：设置字符串检测的起始位置(可选,从左数起)。
- end：设置字符串检测的结束位置(可选,从左数起)。

如果存在参数 beg 和 end,则在指定范围内检查,否则在整个字符串中检查。

返回值：如果检测到字符串,则返回 True;否则返回 False。

【例 9-16】 判断文件类型(比如图片、可执行文件)的应用示例。

```
f = 'pic.jpg'
if f.endswith(('.gif', '.jpg', '.png')):
    print('%s is a picture' %f)
else:
    print('%s is not a picture' %f)
```

运行结果如下：

```
pic.jpg is a picture
```

3. isdigit()方法

isdigit()方法用于检测字符串是否只由数字组成。isdigit()方法的语法格式如下：

```
str.isdigit()
```

返回值：如果字符串只包含数字,则返回 True;否则返回 False。

【例 9-17】 isdigit()方法的应用示例。

```
str = "123456"
print(str.isdigit())
str = "python";
print(str.isdigit())
```

运行结果如下：

```
True
False
```

4. isalpha()方法

isalpha()方法用于检测字符串是否只由字母或文字组成。isalpha()方法语法格式如下：

```
str.isalpha()
```

返回值：如果字符串至少有一个字符并且所有字符都是字母或文字，则返回 True；否则返回 False。

【例 9-18】 isalpha()方法的应用示例。

```
str = "jszx"
print (str.isalpha())
#字母和中文文字
str = "jszx计算中心"
print (str.isalpha())
str = "发展中的计算中心..."
print (str.isalpha())
```

运行结果如下：

```
True
True
False
```

5. isalnum()方法

isalnum()方法用于检测字符串是否只由字母和数字组成。isalnum()方法语法格式如下：

```
str.isalnum()
```

返回值：如果 string 至少有一个字符并且所有字符都是字母或数字，则返回 True；否则返回 False。

【例 9-19】 判断用户输入的变量名是否合法，需要满足如下两点：

(1) 变量名可以由字母、数字或下画线组成。

(2) 变量名只能以字母或下画线开头。

```
while True:
    s = input('请输入变量名:')
    if s == 'q':
        exit()
    #判断首字母是否符合变量名要求
    if s[0] == '_' or s[0].isalpha():
        #依次判断剩余的所有字符
        for i in s[1:]:
            #只要有一个字符不符合,便不是合法的变量;alnum 表示字母或数字
            if not (i.isalnum() or i == '_'):
                print('%s 不是一个合法的变量名' % s)
                break
```

```
        else:
            print('%s 是一个合法的变量名' % s)
    else:
        print('%s 不是一个合法的变量名' % s)
```

运行结果如下：

```
请输入变量名:num
num 是一个合法的变量名
请输入变量名:2bc
2bc 不是一个合法的变量名
请输入变量名:is_bool
is_bool 是一个合法的变量名
请输入变量名:q
```

6. isspace()方法

isspace()方法用于检测字符串是否只由空白字符组成。isspace()方法语法格式如下：

```
str.isspace()
```

返回值：如果字符串中只包含空格,则返回 True;否则返回 False。

【例 9-20】 isspace()方法的应用示例。

```
str = "    "
print(str.isspace())
str = "jszx.cau.edu.cn"
print(str.isspace())
```

运行结果如下：

```
True
False
```

9.2.4 字符串的长度计算

由于不同的字符所占字节数不同,所以要计算字符串的长度,需要先了解各字符所占的字节数。在 Python 中,数字、英文、小数点、下画线和空格占 1 字节;一个汉字可能会占 2~4 字节,占多少字节取决于采用的编码。汉字在 GBK/GB2312 编码中占 2 字节,在 UTF-8/Unicode 中一般占用 3 字节(或 4 字节)。

在 Python 中,提供了 len()函数计算字符串的长度。语法格式如下：

```
len(string)
```

其中,string 用于指定要进行长度统计的字符串。

【例 9-21】 定义一个字符串,内容为“人生苦短,我用 Python!”,然后使用 len()函数计算该字符串的长度。

```
str = "人生苦短,我用 Python!"
length = len(str)
print(length)
```

运行结果如下：

```
14
```

从上面的结果中可以看出，在默认的情况下，通过 len()函数计算字符串的长度时，不区分英文、数字和汉字，所有字符都认为是一个。

在实际开发时，有时需要获取字符串实际所占的字节数，即如果采用 UTF-8 编码，汉字占 3 字节，采用 GBK 或 GB2312 时，汉字占 2 字节。这时，可以通过使用 encode()方法进行编码后再进行获取。

【例 9-22】 定义一个字符串，内容为"人生苦短，我用 Python!"，然后应用 len()函数计算该字符串的 UTF-8 和 GBK 编码长度。

```
str = "人生苦短,我用 Python!"
length = len(str.encode())           #计算 UTF-8 编码的字符串的长度
print(""人生苦短,我用 Python!"的 UTF-8 编码长度: ",length)
length = len(str.encode('gbk'))      #计算 GBK 编码的字符串的长度
print(""人生苦短,我用 Python!"的 GBK 编码长度: ",length)
```

运行结果如下：

```
"人生苦短,我用 Python!"的 UTF-8 编码长度: 28
"人生苦短,我用 Python!"的 GBK 编码长度: 21
```

第一次输出，显示长度为 28。这是因为汉字加中文标点符号共 7 个，占 21 字节，英文字母和英文的标点符号占 7 字节，共 28 字节。

第二次输出，显示长度为 21。这是因为汉字加中文标点符号共 7 个，占 14 字节，英文字母和英文的标点符号占 7 字节，共 21 字节。

9.2.5　字符串的格式化

在 Python 中，格式化字符串是指先指定一个模板，即在模板中预留几个占位符，然后再根据需要填上相应的内容。通常使用"％"（前面 2.4.2 节中已经介绍）或"{}"两种方法。

字符串对象的 format()方法语法格式如下：

```
str.format(args)
```

此方法中，str 用于指定字符串的显示样式；args 用于指定要进行格式转换的项，如果有多项，之间用逗号进行分隔。

学习 format()方法的难点，在于搞清楚 str 显示样式的书写格式。在创建显示样式模板时，需要使用"{}"和":"来指定占位符，其完整的语法格式为：

```
{[index][ : [[fill] align][sign][#][width][.precision][type] ] }
```

注意，格式中用 [] 括起来的参数都是可选参数，既可以使用，也可以不使用。各个参数的含义如下：

- index：指定冒号后边设置的格式要作用到 args 中第几个数据，数据的索引值从 0 开始。如果省略此选项，则会根据 args 中数据的先后顺序自动分配。
- fill：指定空白处填充的字符。注意，当填充字符为逗号（,）且作用于整数或浮点数时，该整数（或浮点数）会以逗号分隔的形式输出，例如 1000000 会输出 1,000,000。
- align：指定数据的对齐方式，具体的对齐方式如表 9-1 所示。

表 9-1　align 参数及含义

align 参数	含　　义
<	数据左对齐
>	数据右对齐
=	数据右对齐,同时将符号放置在填充内容的最左侧,该选项只对数字类型有效
^	数据居中,此选项需和 width 参数一起使用

- sign：指定有无符号数,此参数的值以及对应的含义如表 9-2 所示。

表 9-2　sign 参数及含义

sign 参数	含　　义
＋	正数前加正号,负数前加负号
－	正数前不加正号,负数前加负号
空格	正数前加空格,负数前加负号
♯	对于二进制数、八进制数和十六进制数,使用此参数,各进制数前会分别显示 0b、0o、0x 前缀;反之则不显示前缀

- width：指定输出数据时所占的宽度。
- precision：指定保留的小数位数。
- type：指定输出数据的具体类型,如表 9-3 所示。

表 9-3　type 占位符类型及含义

type 类型值	含　　义
s	对字符串类型格式化
d	十进制整数
c	将十进制整数自动转换成对应的 Unicode 字符
e 或 E	转换成科学记数法后,再格式化输出
g 或 G	自动在 e 和 f(或 E 和 F)中切换
b	将十进制数自动转换成二进制表示,再格式化输
O	将十进制数自动转换成八进制表示,再格式化输出
x 或 X	将十进制数自动转换成十六进制表示,再格式化输出
f 或 F	转换为浮点数(默认显示小数点后保留 6 位),再格式化输出
％	显示百分比(默认显示小数点后 6 位)

接下来,通过应用讲述"{}"格式化字符串填充方式的应用。

1. 位置参数

位置参数不受顺序约束,且可以为{},只要 format()方法中有相对应的参数值即可,参数索引从 0 开始,传入位置参数列表可用 * 列表。

【例 9-23】　利用位置参数演示 format()方法输出参数值的应用示例。

```
stu = ['maomao',18]
print('the boy is {},age :{}'.format('maomao',18))
print('the boy is {1},age :{0}'.format(10,'maomao'))
print('the boy is {},age :{}'.format( * stu))
```

运行结果如下：

```
the boy is maomao,age :18
the boy is maomao,age :10
the boy is maomao,age :18
```

2. 关键字参数

关键字参数值要对得上，可用字典当关键字参数传入值，字典前加**即可。

【例 9-24】　利用关键字参数演示 format()方法输出参数值的应用示例。

```
stu = {'name':'maomao','age':18}
print('the boy is {name},age is {age}'.format(name= 'maomao',age=19))
print('the boy is {name},age is {age}'.format(**stu))
```

运行结果如下：

```
the boy is maomao,age is 19
the boy is maomao,age is 18
```

3. 填充与格式化

```
:[填充字符][对齐方式<^>][宽度]
```

【例 9-25】　format()方法格式化输出时进行填充与格式化的应用示例。

```
print('{0: * >10}'.format(10))          #右对齐
print('{0: * <10}'.format(10))          #左对齐
print('{0: * ^10}'.format(10))          #居中对齐
```

运行结果如下：

```
********10
10********
****10****
```

4. 精度和进制

【例 9-26】　format()方法输出数值时进行精度和进制演示的应用示例。

```
str0 = "{0:.2f}".format(1/3)
print(str0)
str1 = "{0:b}".format(10)
print(str1)
str2 = "{0:o}".format(10)
print(str2)
str3 = "{0:x}".format(10)
print(str3)
str4 = "{:,}".format(123456798456)
print(str4)
```

运行结果如下：

```
0.33
1010
12
a
123,456,798,456
```

5. 使用索引

【例 9-27】　利用索引控制 format( )方法输出值的应用示例。

```
stu= ["maomao", 20]
str0 = "name is {0[0]} age is {0[1]}".format(stu)
print(str0)
```

运行结果如下：

```
name is maomao age is 20
```

9.3　正则表达式及常见的基本符号

正则表达（Regular Expression）就是通过一个文本模式来匹配一组符合条件的字符串，即对目标字符串进行过滤操作。这个文本模式是由一些字符和特殊符合组成的字符串，它们描述了模式的重复或表述多个字符，所以正则表达式能按某种模式匹配一系列有相似特征的字符串。

目前，大部分操作系统（Windows、Linux、UNIX 等）和程序设计语言（Python、C++、Java、PHP、C♯等）均支持正则表达式的应用。有专门的网站对正则表达式进行在线测试，判断正确与否：http://tool.chinaz.com/regex/。

对于一些有规律的字符串匹配操作需求，比如手机号码、身份证号码、网址等内含组成规律的字符串，无法用简单的判断表达式涵盖，而用正则表达式则可简洁、准确地表达其组成规律，从而高效地进行匹配操作。

1. 字符组

假如要考虑的是在同一个位置上可以出现的字符的范围。在同一个位置可能出现的各种字符组成了一个字符组，在正则表达式中用[]表示。字符分为很多类，比如数字、字母、标点等。

字符组的应用如表 9-4 所示。

表 9-4　字符组的应用

正则	待匹配字符	匹配结果	说　　明
[0123456789]	8	True	在一个字符组里枚举合法的所有字符，字符组里的任意一个字符和"待匹配字符"相同都视为可以匹配
[0123456789]	A	False	由于字符组中没有"a"字符，所以不能匹配
[0-9]	7	True	也可以用"-"表示范围，[0-9]就和[0123456789]是一个意思

续表

正则	待匹配字符	匹配结果	说　　明
[a-z]	S	True	同样的如果要匹配所有的小写字母,直接用[a-z]就可以表示
[A-Z]	B	True	[A-Z]就表示所有的大写字母
[0-9a-fA-F]	E	True	可以匹配数字、大小写形式的 a～f 和 A～F,用来验证十六进制字符

2. 元字符

正则表达式语言由两种基本字符类型组成：原义（正常）文本字符和元字符。元字符使正则表达式具有处理能力。所谓元字符,就是指那些在正则表达式中具有特殊意义的专用字符,可以用来规定其前导字符（即位于元字符前面的字符）在目标对象中的出现模式。元字符中的专用字符如表 9-5 所示。

表 9-5　元字符中的专用字符

元字符	匹 配 内 容	元字符	匹 配 内 容
.	匹配除换行符以外的任意字符	$	匹配字符串的结尾
\w	匹配字母或数字或下画线	\W	匹配非字母或数字或下画线
\s	匹配任意的空白符	\D	匹配非数字
\d	匹配数字	\S	匹配非空白符
\n	匹配一个换行符	a|b	匹配字符 a 或字符 b
\t	匹配一个制表符	()	匹配括号内的表达式,也表示一个组
\b	匹配一个单词的结尾	[...]	匹配字符组中的字符
^	匹配字符串的开始	[^...]	匹配除了字符组中字符的所有字符

【例 9-28】　利用“.^$”进行字符表达式匹配的应用,如表 9-6 所示。

表 9-6　利用“.^$”进行字符表达式匹配

正则表达式	待匹配字符	匹配结果	说　　明
海.	海燕海娇海东	海燕海娇海东	匹配所有“海.”的字符
^海.	海燕海娇海东	海燕	只从开头匹配“海.”
海.$	海燕海娇海东	海东	只匹配结尾的“海.$”

【例 9-29】　利用“＊＋?{ }”进行字符表达式匹配的应用,如表 9-7 所示。

表 9-7　利用“＊＋?{ }”进行字符表达式匹配

正则	待匹配字符	匹配结果	说　　明
李.?	李杰和李莲英和李二棍子	李杰 李莲 李二	? 表示重复零次或一次,即只匹配“李”后面一个任意字符

续表

正则	待匹配字符	匹配结果	说 明
李.*	李杰和李莲英和李二棍子	李杰和李莲英和李二棍子	*表示重复零次或多次,即匹配"李"后面 0 或多个任意字符
李.+	李杰和李莲英和李二棍子	李杰和李莲英和李二棍子	+表示重复一次或多次,即只匹配"李"后面 1 个或多个任意字符
李.{1,2}	李杰和李莲英和李二棍子	李杰和 李莲英 李二棍	{1,2}匹配 1～2 次任意字符

注意:前面的 * 、+ 、?等都是贪婪匹配,也就是尽可能匹配,后面加?号使其变成惰性匹配。

3. 量词

正则表达式的量词分别是贪婪、惰性、支配。

(1) 贪婪量词:先看整个字符串是不是一个匹配。如果没有发现匹配,去掉最后字符串中的最后一个字符,并再次尝试。

(2) 惰性量词:先看字符串中的第一个字母是不是一个匹配。如果单独这一个字符还不够,就读入下一个字符,组成两个字符的字符串。如果还是没有发现匹配,惰性量词继续从字符串添加字符直到发现一个匹配或整个字符串都检查过也没有匹配。

惰性量词和贪婪量词的工作方式正好是相反的。

(3) 支配量词:只尝试匹配整个字符串。如果整个字符串不能产生匹配,不做进一步尝试,其实简单地说,支配量词就是一刀切,如表 9-8 所示。

表 9-8 不同量词的使用说明列表

量 词	用 法 说 明	量 词	用 法 说 明
*	重复零次或更多次	{n}	重复 n 次
+	重复一次或更多次	{n,}	重复 n 次或更多次
?	重复零次或一次	{n,m}	重复 n～m 次

正则表达式就是利用基本字符,以单个字符、字符集合、字符范围、字符间的组合等形式组成模板,然后用这个模板与所搜索的字符串进行匹配。

利用正则表达式对字符串的匹配通常分为精确匹配和贪婪匹配。在正则表达式中,如果直接给出字符,则为精确匹配。尽可能多地匹配字符的匹配模式为贪婪匹配。

9.4 re 模块实现正则表达式操作

Python 提供了 re 模块,用于实现正则表达式的操作。在实现时,可以使用 re 模块提供的方法(如 search()、match()、findall()等)进行字符串处理,也可以先使用 re 模块的 compile()方法将模式字符串转换为正则表达式对象,然后再使用该正则表达式对象的相关方法来操作字符串。

re 模块在使用时，需要先应用 import 语句引入，具体代码如下：

```
import re
```

9.4.1　匹配字符串：match()方法

匹配字符串是正则表达式中最常见的一种类型应用，即设定一个文本模式，然后判断另外一个字符串是否符合这个文本模式。在 Python 中可使用 re 模块提供的 match()、search() 和 findall() 等方法进行匹配字符串的判断。

match()方法用于指定文本模式和待匹配的字符串。从字符串的开始处进行匹配，如果在起始位置匹配成功，则返回 match 对象，否则返回 None。其语法格式如下：

```
re.match(pattern, string, [flags])
```

参数说明如下。

- pattern：表示模式字符串，由要匹配的正则表达式转换而来。
- string：表示待匹配的字符串。
- flags：可选参数，表示标志位，用于控制匹配方式，如是否区分字母大小写。常用的标志如表 9-9 所示。

表 9-9　常用的标志

标　　志	说　　明
A 或 ASCII	对于\w、\W、\b、\B、\d、\D、\s 和\S 只进行 ASCII 匹配（仅适用于 Python 3.x）
I 或 IGNORECASE	执行不区分字母大小写的匹配
M 或 MULTILINE	将^和 $ 用于包括整个字符串的开头和结尾的每一行（默认情况下，仅适用于整个字符串的开始和结尾处）
S 或 DOTALL	使用"."字符匹配所有字符，包括换行符
X 或 VERBOSE	忽略模式字符串中未转义的空格和注释

在使用 match()方法时，如果匹配成功，则返回 match 对象，然后可以调用对象的 group()方法获取匹配成功的字符串，如果文本模式就是一个普通的字符串，那么 group() 方法返回的就是文本模式本身。

【例 9-30】　match()方法的应用示例。

```
import re
strurl = 'www.cau.edu.cn'
m = re.match('www', strurl)
if m is not None:
    print(m.group())
print(m)
m = re.match('cau', strurl)
if m is not None:
    print(m.group())
print(m)
```

运行结果如下：

```
www
<re.Match object; span=(0, 3), match='www'>
None
```

通常情况下，match()方法返回对象可以使用 group(num) 或 groups() 匹配对象函数来获取匹配表达式。

- group(num=0)：匹配整个表达式的字符串，group() 可以一次输入多个组号，在这种情况下它将返回一个包含这些组所对应值的元组。
- groups()：返回一个包含所有小组字符串的元组，从 1 到所含的小组号。

【例 9-31】 group()方法与 groups()方法的应用示例。

```
import re
line = "Cats are smarter than dogs"
m = re.match('(.*) are (.*?) .*', line, re.M|re.I)
if m:               #相当于 if m is not None:
    print("m.group() : ", m.group())
    print("m.group(1) : ", m.group(1))
    print("m.group(2) : ", m.group(2))
    print("m.groups() : ", m.groups())
else:
    print ("No match!!")
```

运行结果如下：

```
m.group():  Cats are smarter than dogs
m.group(1):  Cats
m.group(2):  smarter
m.groups():  ('Cats', 'smarter')
```

【例 9-32】 利用“|”匹配多个字符串的应用示例。

```
import re
keyword = "cats|CATS|Cats"
strline = 'Cats are smarter than dogs'
m = re.match(keyword,strline)
print(m.group())
```

运行结果如下：

```
Cats
```

在实际应用也可以采用“[]”实现几个字符集中任选一个，比如 m = re.match('a|b|c', "and")和 m = re.match('[abc]', "and")的运行结果为 a。

【例 9-33】 利用“.”匹配多个字符串的应用示例。

```
import re
s = ".ind"
m = re.match(s, "mind")
print(m.group())
```

运行结果如下：

```
mind
```

如果遇到被匹配的字符串中有"."，可以用"\."来进行转义。比如，m = re.match('3.14', "3314")的运行结果为 3314，如果改为 m = re.match('3\.14', "3.14")，就只能匹配 3.14 了。

9.4.2　搜索与替换字符串：sub()与 subn()函数

sub()与 subn()函数用于实现搜索和替换功能，这两个函数都是把某一个字符串中所有匹配的正则表达式的部分替换成其他字符串。用来替换的部分可以是一个字符串，也可以是一个函数，该函数返回一个用来替换的字符串。sub()函数返回替换后的结果，subn()函数返回一个元组，元组的第 1 个元素是替换后的结果，第 2 个元素是替换的总数。

re.sub()是正则表达式的函数，实现比普通字符串更强大的替换功能，函数语法格式如下：

```
sub(pattern, repl, string, count=0, flags=0)
```

函数参数说明如下。

- pattern：正则表达式的字符串。
- repl：被替换的内容。
- string：正则表达式匹配的内容。
- count：由于正则表达式匹配的结果是多个，使用 count 来限定替换的个数（从左向右，默认值是 0，替换所有匹配到的结果）。
- flags：匹配模式，可以使用按位或"|"表示同时生效，也可以在正则表达式字符串中指定。

【例 9-34】　利用 sub()函数字符串替换的应用示例。

```
import re
ret = re.sub(r"\d+", '998', "python = 997,java=996")
print(ret)
```

运行结果如下：

```
python = 998,java=998
```

【例 9-35】　利用 subn()函数实现字符串替代的应用示例。

```
import re
result = re.subn('xixi','maomao','xixi is my son, I prefer xixi')
print(result)
```

运行结果如下：

```
('maomao is my son, I prefer maomao', 2)
```

由运行结果可以看出，subn()不但替换了结果，而且也返回了替换总数。

9.4.3　分割字符串：split()函数

split()函数可以将字符串中与模式匹配的字符串都作为分隔符来分隔字符串，返回一个列表形式的分隔结果，每一个列表元素都是分隔的子字符串，即 re.split()函数按照指定的 pattern 格式，分割 string 字符串，返回一个分割后的列表。函数语法格式如下：

```
re.split(pattern, string, maxsplit=0, flags=0)
```

函数参数说明如下。

- pattern：生成的正则表达式对象，或自定义也可。
- string：要匹配的字符串。
- maxsplit：指定最大分割次数，不指定将全部分割。

【例 9-36】 利用 split()函数分隔字符串的应用示例。

```
import re
print(re.split('\d+','one1two2three3four4five5'))
```

运行结果如下：

```
['one', 'two', 'three', 'four', 'five', '']
```

9.4.4 搜索字符串：search()、findall()和 finditer()函数

搜索字符串就是从一段文本中找到一个或多个与文本模式相匹配的字符串。

1. 使用 search()函数搜索字符串

search()函数的参数与 match()方法的参数一致。语法格式如下：

```
re.search(pattern, string, flags=0)
```

函数参数说明如下。

- pattern：匹配的正则表达式。
- string：要匹配的字符串。
- flags：标志位，用于控制正则表达式的匹配方式，如是否区分大小写、是否多行匹配等。

匹配成功返回一个匹配的对象，否则返回 None。可以使用 group(num) 或 groups() 匹配对象函数来获取匹配表达式。

group(num＝0)匹配的是整个表达式的字符串，group() 可以一次输入多个组号，在这种情况下它将返回一个包含这些组所对应值的元组。

groups()返回一个包含所有小组字符串的元组，从 1 到所含的小组号。

【例 9-37】 字符串搜索的应用示例。

```
import re
line = "Cats are smarter than dogs";
searchObj = re.search(r'(.*) are (.*?) .*', line, re.M | re.I)
if searchObj:
    print("searchObj.group() : ", searchObj.group())
    print("searchObj.group(1) : ", searchObj.group(1))
    print("searchObj.group(2) : ", searchObj.group(2))
else:
    print("Nothing found!!")
```

运行结果如下：

```
searchObj.group() :  Cats are smarter than dogs
searchObj.group(1) :  Cats
searchObj.group(2) :  smarter
```

match()与 search()的区别：match()只匹配字符串的开始，如果字符串开始不符合正则表达式，则匹配失败，返回 None；而 search()匹配整个字符串，直到找到一个匹配。

【例 9-38】 match()函数与 search()函数区别的应用示例。

```
import re
line = "Cats are smarter than dogs";
matchObj = re.match(r'dogs', line, re.M | re.I)
if matchObj:
    print("match --> matchObj.group() : ", matchObj.group())
else:
    print("No match!!")
matchObj = re.search(r'dogs', line, re.M | re.I)
if matchObj:
    print("search --> searchObj.group() : ", matchObj.group())
else:
print("No match!!")
```

运行结果如下：

```
No match!!
search --> searchObj.group() :   dogs
```

2. 使用 findall()和 finditer()函数搜索字符串

findall()函数用于搜索字符串中某个正则表达式模式全部的非重复出现情况，这一点与 search()函数在执行字符串搜索时类似，但与 match()和 search()函数不同之处在于，findall()函数总会返回一个包含搜索结果的列表。如果 findall()函数没有找到匹配的部分，就会返回一个空列表；如果匹配成功，列表将包含所有成功的匹配部分（从左向右匹配顺序排列）。函数语法格式如下：

```
findall(string[, pos[, endpos]])
```

函数参数说明如下。

- string：待匹配的字符串。
- pos：可选参数，指定字符串的起始位置，默认为 0。
- endpos：可选参数，指定字符串的结束位置，默认为字符串的长度。

【例 9-39】 利用 findall()函数搜索 IP 地址的应用示例。

```
import re
pattern = r'([1-9]{1,3}(\.[0-9]{1,3}){3})'
str1 = '127.0.0.1 202.205.80.132'
match = re.findall(pattern, str1)
for i in match:
    print(i[0])
```

运行结果如下：

```
127.0.0.1
202.205.80.132
```

finditer()函数在功能上与 findall()函数类似，只是更节省内存。区别在于，findall()函数会将所有匹配的结果一起通过列表返回，而 finditer()函数会返回一个迭代器，只有对

finditer()函数返回结果进行迭代,才会对字符串中某个正则表达式模式进行匹配。

【例 9-40】　finditer()函数的应用示例。

```
import re
it = re.finditer(r"\d+","58a68bc78df8")
for match in it:
    print(match.group())
```

运行结果如下:

```
58
68
78
8
```

9.4.5　编译标志

编译正则表达式模式,返回一个对象。可以把常用的正则表达式编译成正则表达式对象,方便后续调用及提高效率。使用顺序:首先用 import re 引用,然后用 re.compile()函数将正则表达式字符串编译成正则表达式对象,再利用 re 提供的内置函数对字符串进行匹配、搜索、替换、切分和分组等操作。re.compile()函数语法格式如下:

```
re.compile(pattern, flags=0)
```

参数说明如下。

- pattern:指定编译时的表达式字符串。
- flags:编译标志位,用来修改正则表达式的匹配方式。支持 re.L/re.M 同时匹配。

flags 常见的取值如下:

- re.I(re.IGNORECASE):使匹配对大小写不敏感。
- re.L(re.LOCAL):做本地化识别(locale-aware)匹配。
- re.M(re.MULTILINE):多行匹配,影响^和 $。
- re.S(re.DOTALL):使“.”匹配包括换行在内的所有字符。
- re.U(re.UNICODE):根据 Unicode 字符集解析字符。这个标志影响\w、\W、\b、\B。
- re.X(re.VERBOSE):该标志通过给予你更灵活的格式以便你将正则表达式写得更易于理解。

【例 9-41】　re.compile()函数的应用示例。

```
import re
str = "Tina is a good girl, she is cool, clever, and so on..."
rc = re.compile(r'\w*oo\w*')
print(rc.findall(str))    #查找所有包含'oo'的单词
```

执行结果如下:

```
['good', 'cool']
```

【例 9-42】　字符串分割的应用示例。

```
import re
str = 'say hello world! hello python'
```

```
str_nm = 'one1two2three3four4'
pattern = re.compile(r'(?P<space>\s)')          #创建一个匹配空格的正则表达式对象
pattern_nm = re.compile(r'(?P<space>\d+)')      #创建一个匹配空格的正则表达式对象
match = re.split(pattern, str)
match_nm = re.split(pattern_nm, str_nm, maxsplit=1)
print(match)
print(match_nm)
```

运行结果如下：

```
['say', ' ', 'hello', ' ', 'world!', ' ', 'hello', ' ', 'python']
['one', '1', 'two2three3four4']
```

9.5　综合应用：利用正则表达式实现自动图片下载

网络爬虫是指按照一定规则自动抓取网络信息的程序或脚本。运用 Python 内置的 urllib 库，结合正则表达式应用，可以实现对静态网页信息的自动下载。下面以 http://jszx.cau.edu.cn 网站静态网页中 PNG 格式图片的下载为例说明。

```
import urllib.request
import  re

def getHttp(url):
        ot = urllib.request.urlopen(url)
        html = ot.read()
        print(html)
        return html

def getpic(html):
        #从查看网页静态源代码寻找规律，建立正则表达式
        strreg = r' src=".* \.png"'
        print(strreg)
        picreg = re.compile(strreg)
                                        #获取地址元组
        urls = picreg.findall(html)
        #print(urls)
        num = 0
        for url in urls:
                #print("http://jszx.cau.edu.cn"+url[6:-1],'./%s.png'%num)
                urllib.request.urlretrieve("http://jszx.cau.edu.cn"
                                        +url[6:-1], 'c:/%s.png'%num)
                num += 1

def main():
        html = getHttp("http://jszx.cau.edu.cn").decode('utf8')
        getpic(html)

if __name__=="__main__":
        main()
```

从上述程序可以看出,实现过程如下。

(1) 打开"http://jszx.cau.edu.cn"主页,在网页上右击,单击快捷菜单中的"查看源代码",可以看到网页的源代码,可以发现图片以"src="/…/…/…/.png""的形式实现链接。

(2) 通过内置 urllib 库中 urllib.request.urlopen(url)函数可以实现对静态网页的访问,读取网页 HTML 源代码,同时根据网页所用的编码形式用 decode()函数解码。

(3) 为实现自动爬取图片,根据源码中呈现的图片链接形式,形成图片链接的正则表达式:

```
strreg = r'src=".*?\.png"'
```

其中,".*?"为非贪婪匹配的任意网址,只要以"src="""开头,以"\.png"结束,就可以匹配。

(4) 用 picreg = re.compile(strreg)生成正则表达式匹配对象,以 urls = picreg.findall (html)语句获取所匹配字符串列表,然后用字符串切片可获取 PNG 格式图片素材的完整链接。

(5) 用循环语句逐个通过 urllib.request.urlretrieve()函数下载图片素材,并保存到指定位置。

这里仅仅是适用于直接的静态页面,更复杂的应用,比如动态网页的获取,需要进一步深入应用相关函数库。

9.6　本章小结

本章首先介绍了字符串的编码转换问题,然后又对常用的字符串操作技术进行了详细的讲解,其中拼接、截取、分割、合并、检索和格式化字符串等都是需要重点掌握的技术;最后介绍了正则表达式的基本语法,以及 Python 中如何应用 re 模块实现正则表达式匹配等技术。

9.7　习　　题

1. 输入一行字符,统计其中有多少个单词,每两个单词之间以空格隔开。如输入:

```
This is apython program.
```

输出:

```
There are 5 words in the line.
```

2. 给出一个字符串,在程序中赋初值为一个句子,例如"he threw three free throws",自编函数完成下面的功能。

(1) 求出字符列表中字符的个数(对于上面例句,输出为 26)。

(2) 计算句子中各字符出现的频数(通过字典存储)。

3. 输入两个字符串,从第一个字符串中删除第二个字符串中所有的字符。例如,输入"They are students."和"aeiou",则删除之后的第一个字符串变成"Thy r stdnts."

4. 已知字符串 a="aAsmr3idd4bgs7Dlsf9eAF",要求如下:

（1）请将 a 字符串的数字取出，并输出成一个新的字符串。

（2）请将 a 字符串的大写改为小写，小写改为大写。

5. 输入一个字符串，判断这个字符串是否是一个回文字符串。

6. 编写一个程序，提示输入两个字符串，然后进行比较，输出较小的字符串。要求只能使用单字符比较操作。

7. 根据下列字符串构成的规律写出正则表达式，并尝试利用 re 库的有关函数实现对测试字符串的匹配、搜索、分割和替换等操作。

（1）18 位身份证号码。

（2）E-mail 地址。

（3）手机号码。

（4）IPv4 地址（比如 202.205.80.132）。

8. 创建简单爬虫程序，实现对静态网页（比如京东网 http://www.jd.com 等）中的 JPG、PNG 等图片的自动下载。

第 10 章

并发、并行与多任务编程

计算机的核心部件是 CPU,基于计算机多核的环境下,为了能提高程序执行的效率,Python 提出了利用多进程和多线程实现多任务编程的方式。实际上,多任务就是用户可以在同一时间内运行多个应用程序,也指应用程序可以在同一时间内运行多个任务,多任务编程是影响程序性能的重要因素。接下来,本章将为大家介绍多任务编程的知识。

本章学习目标如下。

(1) 了解并发、并行与多任务编程的基本概念并掌握它们的实现方法。

(2) 掌握多任务编程技术,熟悉多进程、多线程的实现方法。

10.1 并发、并行与多任务

本章之前所介绍函数或方法的执行,都是按其在代码中出现的既定顺序完成的,然而在程序设计时我们常常要面临这样的问题:如何有效利用 CPU 资源来提高程序的执行效率?

现实生活中我们也经常遇到同时进行多任务的场景,诸如小明要帮妈妈做家务,擦家具需 10 分钟,扫地需 10 分钟,用洗衣机洗衣服需 20 分钟。最有效的方式是先用洗衣机洗衣服,期间正好可以先后完成扫地和擦家具。3 个任务加起来的总时间虽然是 40 分钟,但其实 20 分钟就可以完成它们。从该例中可以延伸出本节的重点,即并发、并行与多任务的概念。

10.1.1 并发

上例就是典型的并发(concurrency)行为。在面对多任务时,我们不需要逐个依次地完成,而是在任务之间进行切换高效完成。比如当遇到耗时很长的任务 A 时,我们可以先"启动"任务 A,但不需要一直等待任务 A 的完成,中途可以转去做耗时短的任务 B,这种在任务之间进行切换并执行的方式就是并发。

从计算机系统的角度,并发是指在一个时间段内多个任务处于"同时运行"的状态,但任意时刻只有一个任务在真正运行,只不过由于 CPU 在任务间切换的速度快,导致看上去所有的任务是"同时运行"的。

10.1.2 并行

尽管并发意味着多任务的"同时运行",但实际上各个任务是穿插式进行的,如图 10-1所示。

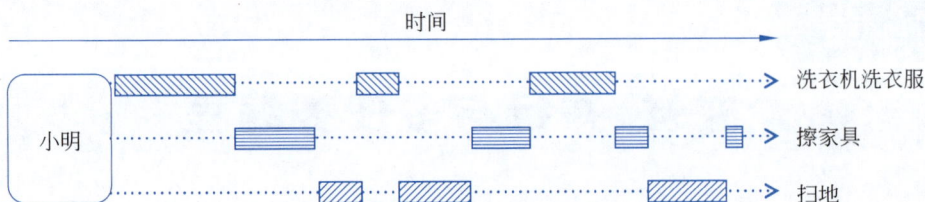

图 10-1   并发示意图

我们依然拿小明帮妈妈做家务为例子,如果小明额外找来 2 个帮手小花和小红,那么 3 人分工,就可以同时进行而无须中断,这种情形就称为并行(parallelism),如图 10-2 所示。

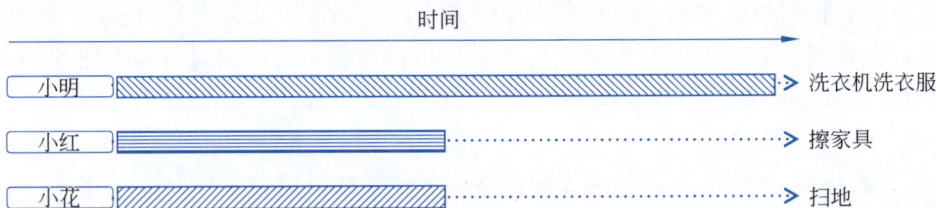

图 10-2   并行示意图

从计算机系统的角度,并行是指 CPU 独立异步地执行多个任务。无论从微观还是宏观,任务都是一起被执行。并发强调的通过中断实现,而并行则是相互独立的。

在单 CPU 时代多任务同时运行属于并发范畴,因为任意时刻 CPU 只能被一个任务占用,当一个任务占用 CPU 运行时,其他任务就会被挂起,所以在单 CPU 时代多任务编程现实意义相对有限,并且任务间频繁地切换还会带来开销。

随着时代的发展多 CPU 已实属平常,每个 CPU 都可以分配时间片给任务执行,因此在任务数小于或等于 CPU 数的情况下,可以实现真正的并行。在业界多任务编程实践中任务数往往多于 CPU 的个数,所以一般地我们常常称多任务并发编程而不是多任务并行编程,如图 10-3 所示。

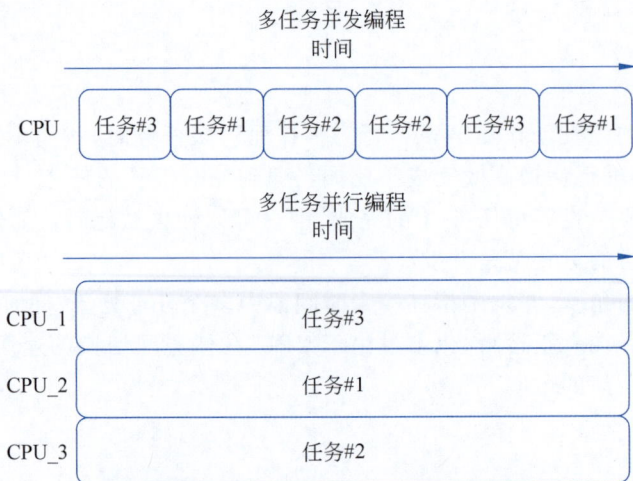

图 10-3   单 CPU 与多 CPU 的多任务编程

10.1.3　多任务

多任务情景在我们生活中很常见。除了上面小明帮妈妈做家务的例子,诸如我们边喝饮料边玩手机,同时也跟他人交谈。这里我们主要讨论两种多任务调度的模式:抢占式多任务(preemptive multitasking)和协作式多任务(cooperative multitasking)。

(1)抢占式多任务:在该种模式下,多任务间的调度完全由操作系统决定,一般地,每个任务赋予唯一的一个优先级(有些操作系统可以动态地改变任务的优先级)。假如有几个任务同时处于就绪状态,优先级最高的那个将被运行。只要有一个优先级更高的任务就绪,它就可以中断当前优先级较低的任务。本章中提到的多进程和多线程就属于该模式。

(2)协作式多任务:与抢占式多任务不同的是,该模式下多任务的调度不是由操作系统决定,而是由程序显式地完成调度,所以称为协作式。

从某种程度上看协作式多任务调度模式比抢占式更有优势。首先资源(诸如 CPU、内存等)的消耗更少,因为抢占式调度高度依赖于操作系统,任务的调度会涉及任务上下文的保存和切换,随着任务数增多,所消耗系统资源也会更大;其次协作式模式可以准确把握任务间的执行顺序和跳转。在 Python 中通常用函数来表达任务。

【例 10-1】　Python 中的多任务。

```python
def task_1():
    print("洗衣机正在洗衣服")
def task_2():
    print("扫地")
def task_3():
    print("擦家具")


if __name__ == '__main__':
    task_1()
    task_2()
    task_3()
```

运行结果如下:

```
洗衣机正在洗衣服
扫地
擦家具
```

10.1.4　I/O 密集型任务与 CPU 密集型任务

我们知道 CPU 处理的速度远快于磁盘、网络等。一般地,当 CPU 在快速执行代码时,一旦遇到 I/O 操作,如读写文件、网络操作就需要等待相对较长的时间才能继续进行下一步操作,这会导致当前 CPU 使用率较低。所以在对多任务系统的性能进行设计和优化时,了解任务自身属性是有必要的,即该任务是偏向于 I/O 操作还是 CPU 操作。

通常把涉及计算机设备大数据量吞吐的任务称为 I/O 密集型任务,这些设备操作包括硬盘的大量读写、网卡的通信等;把需要执行复杂计算的任务称为 CPU 密集型任务,比如大型数值计算、图像处理、数据加密解密等。举个简单的例子,代码如下:

```
m = 5
total = 1
for i in range(1, m + 1):
    total *= i

with open("result.txt", "w") as f:
    f.write(f"{m}! = {total}")
```

代码中计算 5 的阶乘属于 CPU 任务，将结果写入文件则属于 I/O 任务。

10.2   进程与线程

为了更好地理解 Python 世界中的并发是如何工作的，我们首先需要了解进程和线程的基础知识。然后，研究如何将它们用于多进程和多线程以完成并发工作。让我们从进程和线程的定义开始。

10.2.1   进程

进程是操作系统核心的概念，是对正在运行中程序的一个抽象，系统进行资源调度和分配的基本单位。比如 Windows 操作系统可以通过打开"任务管理器"来查看当前正在运行的进程列表，如图 10-4 所示。

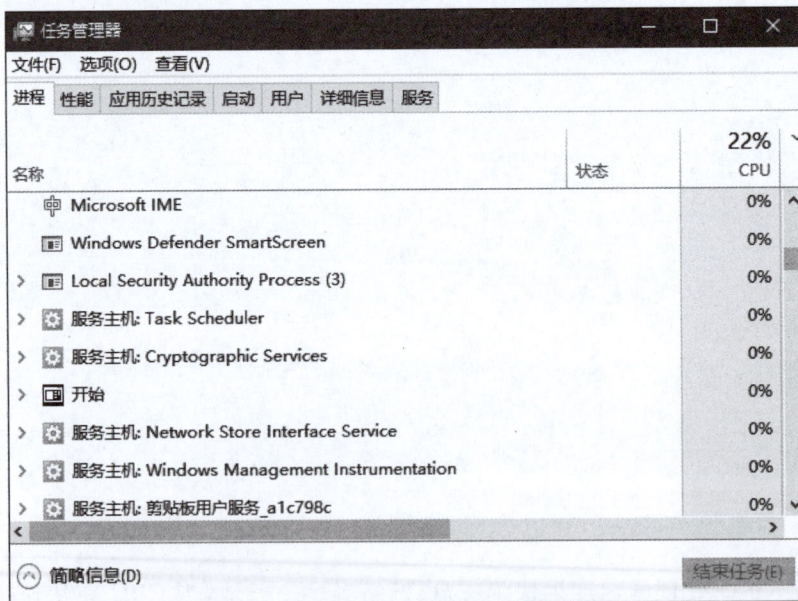

图 10-4   查看 Windows 操作系统的进程

每个进程都有独立的资源空间（包含程序代码、数据和控制块等），该特点带来的优势也较明显：安全、稳定、资源易于管理等。然而，进程间切换会有较大的开销。我们每次运行 Python 程序就是一个进程，比如同时运行 5 个"hello world"，那么就会有 5 个 Python 进程，如图 10-5 所示。

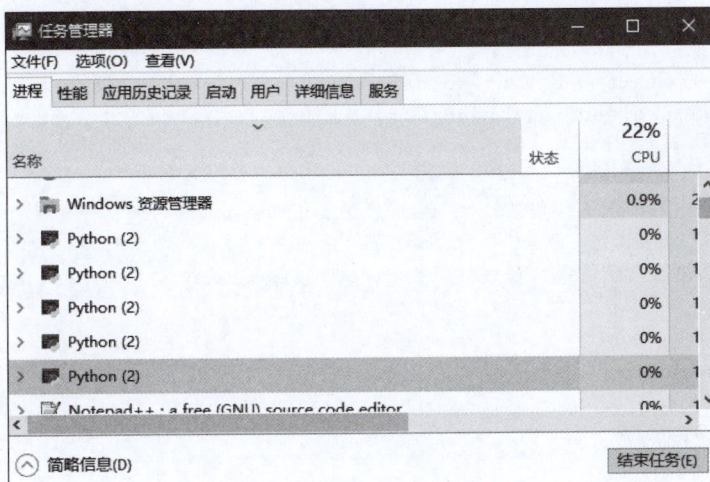

图 10-5 Python 进程示例

10.2.2 线程

  线程可以看成是轻量级进程，它是操作系统进行运算调度的最小单元。一个进程拥有一个主线程，并且还可以创建其他子线程。同属于一个进程的多个线程由于共享该进程的独立资源，所以相比于进程，线程间的切换效率更高，通信也更简便。当运行一个 Python程序时，操作系统就会创建一个进程，同时该进程也会创建一个默认的主线程用于执行程序，如例 10-2 所示。我们可以通过 threading 库来完成线程的创建与管理。

  【例 10-2】 进程及主线程。

```
import os
import threading

print(f"当前进程 ID: {os.getpid()}")
print(f"当前线程名：{threading.current_thread().name}")
print(f"当前进程活跃的线程数：{threading.active_count()}")
```

运行结果如下：

```
当前进程 ID: 13496
当前线程名：MainThread
当前进程活跃的线程数：1
```

  当然，进程也可以创建多个线程用于并发运行程序，这些线程共享进程的资源。我们举个简单的例子。

  【例 10-3】 进程及多个线程。

```
import time
import threading


def target_fun():
    print(f"当前线程是：{threading.current_thread().name}\n")
    while 1:
```

```
        time.sleep(1)

sub_thread_1 = threading.Thread(name="子线程_1", target=target_fun)
sub_thread_2 = threading.Thread(name="子线程_2", target=target_fun)

sub_thread_1.start()
print(f"当前进程活跃的线程数：{threading.active_count()}")
sub_thread_2.start()
print(f"当前进程活跃的线程数：{threading.active_count()}")
```

运行结果如下：

```
当前进程活跃的线程数：2
当前线程是：子线程_1
当前进程活跃的线程数：3
当前线程是：子线程_2
```

上例中创建了两个子线程，分别是"子线程_1"和"子线程_2"，最后一行代码的运行结果是"当前进程活跃的线程数：3"，这是因为除了两个子线程以外，还有默认的主线程。我们可以通过图 10-6 来说明进程与多线程的关系。

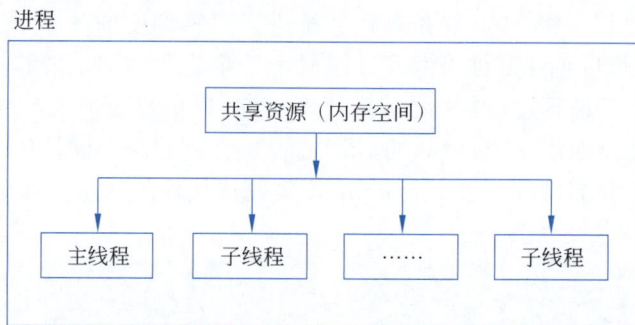

图 10-6   进程与多线程

10.2.3   进程与线程的区别

我们将从资源分配和开销、从属性、安全性等方面来总结进程与线程的区别。

（1）资源分配：每个进程有自己的内存和资源，一个进程中的线程会共享这些内存和资源。进程是资源分配的基本单位。所有与该进程有关的资源，都被记录在进程控制块中。以表示该进程拥有这些资源或正在使用它们。此外，进程也是抢占处理机的调度单位，它拥有一个完整的虚拟地址空间。当进程发生调度时，不同的进程拥有不同的虚拟地址空间，而同一进程内的不同线程共享同一地址空间。

（2）资源开销：进程的创建、销毁和切换的开销都远大于线程。由于线程比进程更小，基本上不拥有系统资源，故对它的调度所付出的开销就会小得多，能更高效地提高系统内多个程序间并发执行的程度，从而显著提高系统资源的利用率和吞吐量。

（3）从属性：进程可以创建线程，线程属于进程。一个线程指的是进程中一个单一顺序的控制流。一个进程可以创建多线程，每条线程并发地执行不同的任务。

（4）安全性：在应用层面，可以设计多进程、多线程或两者混合的方式来完成目标。由于进程拥有独立的内存空间,所以进程间互不干扰。如果排除程序设计,即便子进程发生异常中断也不会干扰父进程的正常运行。然而,线程依赖于进程,那么进程一旦异常退出,其中所有的线程都会被销毁。或一旦某个子线程发生了阻塞,可能会导致整个线程都无法正常运行。从管理角度上来讲,多进程优于多线程。

10.2.4　全局锁

尽管 Python 拥有多种解释器,然而最原始也是最标准的解释器是 CPython,在CPython 中,对象的管理是通过引用计数(reference counting)来完成的的,这可能会导致线程的不安全。举个例子,在同一个进程中有两个线程 A 和 B 同时访问同一个变量 var,线程A 的操作是删除这个变量,而线程 B 是读取该变量,如果处理不好,线程 B 访问到的变量var 的引用计数为 0,这就可能导致线程 B 中断从而影响其他的线程。为了解决这个问题,CPython 引入了全局锁(Global Interpreter Lock,GIL)的概念。

在 CPython 中每个进程拥有一把全局锁,任何时刻只有一个线程拥有它,其他线程则处于等待状态。全局锁解决了线程安全问题,对应的代价则是多线程执行的效率。这也导致 CPython 解释器在很多场景下不能充分利用多核 CPU 的计算能力来完成真正的并发。

但也有例外,那就是 I/O 密集型任务。当线程执行 I/O 密集型任务时,数据吞吐的工作一般交由操作系统来完成,并不会和 Python 对象进行交互,这时该线程就会释放全局锁,当数据吞吐工作完成后该线程会再获取全局锁进行后续的程序运行。所以线程在面对耗时 I/O 任务时并不需要等待它的完成,而是可以做到并发,但依然不是并行。

10.3　多　进　程

在 10.2 节我们讨论了全局锁,并且给出的建议是:多线程适合处理 I/O 密集型任务,反之如果是 CPU 密集型任务,基于多进程则是较理想的选择,能有效地绕开了全局锁的限制,并充分利用多 CPU 算力达到并行计算。本节将重点围绕 multiprocessing 库的应用来展开。

10.3.1　multiprocessing 库

Python 通过 multiprocessing 库来实现多进程的创建和管理。multiprocessing 库包含的模块有很多,但从应用的角度看大致可以将它分为如下 3 部分。

(1) Process 模块:进程的创建与管理。

(2) Queue 模块:进程间通信。

(3) Pool 模块:进程池的应用。

下面我们基于应用一一对它们的用法进行详细介绍。

10.3.2　创建多进程

通常基于 multiprocessing 的 Process 模块创建多进程来完成多任务。首先来看看Process 模块的构造方法。

```
def __init__(group=None, target=None, name=None, args=(), kwargs={},
            *, daemon=None):
```

其中 group 为保留字；target 为该进程运行的目标任务（通常以函数的形式表示）；name 为该进程名；给目标函数传递参数通过 args 和 kwargs 设置；daemon 表示该进程是否为守护进程（当进程退出时，它会尝试终止其所有守护进程）。

多进程一般应用于 CPU 密集型多任务，为此我们举个耗时量大的例子予以说明。

【例 10-4】 多进程的创建与运行。

```
import os
import time
from multiprocessing import Process, cpu_count, current_process


def count_number(start_num: int, end_num: int) -> int:
    '''
    将复杂数值计算任务封装成函数
    :param start_num: 计数起始值
    :param end_num: 计数终止值
    :return: 返回计数的次数
    '''
    start_time = time.time()
    tmp = start_num
    while tmp <= end_num:
        tmp += 1

    end_time = time.time()
    elapsed_time = end_time - start_time
    print(
        f"进程名：{current_process().name},"
        f"进程 ID：{current_process().pid},"
        f"执行的任务是从{start_num}数到{end_num}共耗时：{elapsed_time:.0f}s")
    return tmp


if __name__ == '__main__':
    #获取本机 CPU 数
    print(f"本机 CPU 数：{cpu_count()}")
    begin_time = time.time()
    #创建两个进程用于完成各自的任务
    worker_1 = Process(target=count_number, name="进程_1", args=(0, 10000000))
    worker_2 = Process(target=count_number, name="进程_2", args=(0, 20000000))
    #启动两个进程
    worker_1.start()
    worker_2.start()
    #等待进程执行的任务完成
    worker_1.join()
    worker_2.join()

    end_time = time.time()
    print(f"父进程 ID：{os.getpid()},两个任务总耗时：{end_time - begin_time:.0f}s")
```

运行结果如下：

```
本机 CPU 数：4
进程名：进程_1,进程 ID: 6664,执行的任务是从 0 数到 10000000 共耗时：3s
进程名：进程_2,进程 ID: 9940,执行的任务是从 0 数到 20000000 共耗时：6s
父进程 ID: 1000,两个任务总耗时：7s
```

程序运行结果中的进程 ID 每次都可能不同,而耗时值则依赖于机器性能。程序首先通过 cpu_count()函数获取本机 CPU 数。分别创建了两个进程"进程_1"和"进程_2","进程_1"执行的任务是计算从 0 数到 10000000 的耗时,"进程_2"执行的任务是计算从 0 数到 20000000 的耗时。其中 start()函数用于启动进程,该函数会立即返回。join()函数是指主进程需要等待子进程执行完或自行中断后才能退出。我们可以用图 10-7 进行说明。

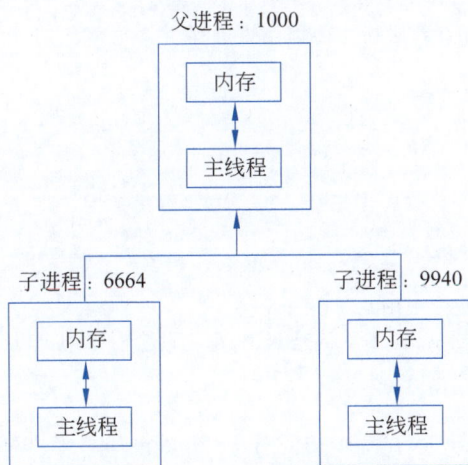

图 10-7　例 10-4 程序示意

从这个例子我们可以充分体会到在面对 CPU 密集型任务时多进程的优势。

10.3.3　多进程通信

多进程系统往往需要彼此通信,诸如进程间的数据传输、资源共享、事件通知和进程控制等。我们知道进程间的资源空间彼此隔离,无法直接获取对方的数据,通常通过第三方工具来完成。好在 multiprocessing 库已封装并提供了多种进程间的通信方式,诸如管道(pipe)、队列(queue)、共享内存(shared memory)等。本节重点介绍管道和队列。

1. 管道

管道顾名思义有两个"管口",为了理解,我们可以把"管口"比喻成两个需要通信的进程。管道这种方式比较适合于两个进程间通信,multiprocessing 提供了 Pipe()函数来创建管道。该函数返回两个对象用来发送和接收数据,默认情况下 Pipe(duplex＝True),即该管道为双向通信(简称为"双工"),即两个对象既可以发送数据又可以接收数据。如果把 duplex 设为 False,则第一个对象只能接收数据,第二个对象只能发送数据。数据的发送和接收通过返回对象的 send()和 recv()方法来完成。

```
#conn1 和 conn2 既可以接收数据也可以发送数据
conn1, conn2 = Pipe(duplex=True)
#conn3 只能接收数据,conn4 只能发送数据
conn3, conn4 = Pipe(duplex=False)
```

【例 10-5】   基于管道的多进程通信。

```
from multiprocessing import Process, Pipe

def send_infos(sender, msgs: list):
    for msg in msgs:
        sender.send(msg)
    sender.close()


def recv_infos(receiver):
    #一直循环不断接收,直到遇到 END 就结束进程
    while 1:
        msg = receiver.recv()
        if msg == 'END':
            break
        print(msg)

if __name__ == '__main__':
    #待通信的内容
    msgs = ['我', '爱', '中国', 'END']
    #生产两个对象用于通信,由于默认是双工,那么两个对象均可以发送和接收数据
    receiver_conn, sender_conn = Pipe()
    #创建两个进程
    p1 = Process(target=send_infos, name="发送数据进程", args=(sender_conn,
    msgs))
    p2 = Process(target=recv_infos, name="接收数据进程", args=(receiver_conn,))
    #启动两个进程
    p1.start()
    p2.start()
    #主进程会等待两个进程结束
    p1.join()
    p2.join()
```

运行结果如下：

```
我
爱
中国
```

上述例子中,两个进程间的通信通过管道来实现。图 10-8 是对上述例子的示意说明。

图 10-8   例 10-5 程序示意

2. 队列

管道的通信方式可用于两个进程间传递数据，而队列能用于更多进程间通信，尤其适合于多个生产者和消费者的任务。它提供先进先出（First-In First-Out，FIFO）的数据传输机制，传递的数据可以是任意 Python 对象。

Queue()返回队列对象，该对象有如下 2 个重要的方法。

(1) put(obj，block＝True，timeout＝None)：将 obj 对象写到队列中，一旦队列被写满，则可用 block 和 timeout 控制接下来的行为。block 用于是否阻塞写队列，直到队列再次空闲，timeout 表示该队列允许被阻塞的时间，一旦超过 timeout 对应的队列依然无空闲，则会抛出异常 queue.Full。

(2) get(block＝True，timeout＝None)：从队列中读取数据。block 和 timeout 用于控制当队列为空时的行为，默认 block 为 True，即当队列为空时，对应的进程会被阻塞。如果 timeout 不为 None，那么阻塞时间一旦超过 timeout 对应的队列依然为空，则会抛出异常 queue.Empty。

【例 10-6】　基于队列的多进程通信。

```python
import time
import random
from multiprocessing import Process, Queue, current_process

class Producer(Process):
    def __init__(self, queue):
        Process.__init__(self)
        self.q = queue

    def run(self):
        while 1:
            num = random.randint(1, 100)
            self.q.put(num)
            print(f"生产进程({current_process().pid})发送数据：{num}")
            time.sleep(5)

class Consumer(Process):
    def __init__(self, queue):
        Process.__init__(self)
        self.q = queue

    def run(self):
        while 1:
            num = self.q.get()
            print(f"消费进程({current_process().pid})接收数据：{num}")
            time.sleep(1)

if __name__ == '__main__':
    q = Queue()
    #创建 3 个进程，用于模拟 2 个生产者和 1 个消费者
    producer_1 = Producer(q)
```

```
producer_2 = Producer(q)
customer = Consumer(q)
#启动 3 个进程
producer_1.start()
producer_2.start()
customer.start()
#主进程等待 3 个子进程完成
producer_1.join()
producer_2.join()
customer.join()
```

上例创建了 3 个进程用于模拟 2 个生产者和 1 个消费者，生产者每 5 秒往队列中写入一个 1～100 的随机数，消费者每秒都会从队列中读取数据。运行结果（因为产生的是随机数，所以每次运行的结果都可能会不同）：

```
生产进程(11728)发送数据：71
消费进程(8160)接收数据：71
生产进程(6920)发送数据：64
消费进程(8160)接收数据：64
生产进程(11728)发送数据：98
消费进程(8160)接收数据：98
生产进程(6920)发送数据：82
消费进程(8160)接收数据：82
……
```

10.3.4　进程池

在前面的例子中，我们通过创建多个 Process 对象来实现多进程，如果要创建 10 个进程，那么就需要写 10 行类似的代码，同时也无法获得进程的返回值。相比于线程，进程的创建与销毁会消耗更多的计算机资源，好在 multiprocessing 的 Pool 模块能解决这些问题。

Pool 模块会先创建用户指定数量的进程，把所有的进程统一管理，犹如放到一个进程池中。当有新的任务提交时，进程池就会调用空闲的进程去执行。Pool 模块对应有如下 6 个比较重要的方法。

（1）apply(func, args=(), kwds={})：以阻塞的方式执行任务 func，给任务传递参数通过 args 和 kwds 来完成。所谓阻塞即当前执行该任务的进程需要等待其他已经在运行的进程结束后才会执行它的任务。

（2）apply_async(func, args=(), kwds={}, callback=None, error_callback=None)：以异步的方式执行任务 func。callback 是回调函数，用于接收任务 func 的返回值。如果任务执行抛出异常，则会执行 error_callback()函数。

（3）map(func, iterable, chunksize=None)：以阻塞的方式执行任务 func，将 iterable 内每个对象依次传给进程池中的每个子进程，可通过 chunksize 设置为正整数来近似地指定大小。

（4）map_async(func, iterable, chunksize=None, callback=None, error_callback=None)：以异步的方式执行任务 func，将 iterable 内每个对象作为参数传递给 func 处理。callback 是回调函数，用于接收任务 func 的返回值。如果执行任务 func 时抛出异常，则会

执行 error_callback()函数。

(5) close()：关闭进程池。

(6) join()：阻塞主进程，等待子进程的退出。放在 close()或 terminate()函数后面使用。

【例 10-7】 进程池模拟并行执行 4 个任务，并通过回调函数跟踪每个子进程执行情况。

```python
import time
import random
from multiprocessing import Pool, current_process

def task_fun(i):
    """
    多进程执行的任务
    :param i: 任务 id,从 1-4
    :return: 任务 id,子进程 pid 以及当前任务的耗时
    """
    cur_pid = current_process().pid
    print(f"启动子进程 ID: {cur_pid} 执行第{i}个任务")
    #生成 0~10 的随机值,用于模拟任务的耗时
    task_time = round(10 * random.random(), 2)
    if i % 2 == 0:
        time.sleep(task_time)
    else:
        #如果任务号为奇数,则人为抛出异常
        raise Exception(i, cur_pid, "任务号为奇数")
    return i, cur_pid, task_time

def callback_fun(ret_vals):
    """
    回调函数,当子进程执行完成并无异常时,由主进程调用并执行
    """
    task_id, sub_process_id, time_elapsed = ret_vals
    print(f"主进程 ID: {current_process().pid} 正在检查子进程任务的执行情况,"
          f"可知: 第{task_id}个任务是由子进程 ID: {sub_process_id}完成的,耗时:
{time_elapsed}s")

def err_callback_fun(err_msgs: Exception):
    """
    回调函数,当子进程执行抛出异常时调用,由主进程调用并执行
    """
    print(f"主进程 ID: {current_process().pid} 正在检查子进程任务的执行情况,异常信
息: {err_msgs}")

if __name__ == '__main__':
    print("开始并行执行多任务")
    #创建进程池,默认进程池中的进程数为本机 CPU 数
    p = Pool()
    #模拟启动 4 个并行任务
    for i in range(1, 5):
```

```
        p.apply_async(task_fun,
                      args=(i,),
                      callback=callback_fun,
                      error_callback=err_callback_fun)

    p.close()
    p.join()
    print("多任务执行结束")
```

上例中启动了 4 个任务，每个任务耗时为 0～10 秒的随机数，任务返回值由回调函数 callback_fun() 获取，一旦任务抛出异常则调用 err_callback_fun() 函数。为了测试，我们假设当任务号为奇数时，则人为地抛出异常。运行结果如下（每次运行结果进程 PID 值可能会不同）：

```
开始并行执行多任务
启动子进程 ID: 6612 执行第 1 个任务
启动子进程 ID: 12652 执行第 2 个任务
主进程 ID: 11156 正在检查子进程任务的执行情况,异常信息：(1, 6612, '任务号为奇数')
启动子进程 ID: 6612 执行第 3 个任务
启动子进程 ID: 6612 执行第 4 个任务
主进程 ID: 11156 正在检查子进程任务的执行情况,异常信息：(3, 6612, '任务号为奇数')
主进程 ID: 11156 正在检查子进程任务的执行情况,可知：第 2 个任务是由子进程 ID: 12652 完成的,耗时: 0.64s
主进程 ID: 11156 正在检查子进程任务的执行情况,可知：第 4 个任务是由子进程 ID: 6612 完成的,耗时: 4.19s
多任务执行结束
```

当需要对大量数据进行复杂计算时，可以通过对数据进行分块，数据块交由每个子进程单独完成。这种情形常常也称为数据的并行。我们来看个例子。

【例 10-8】 模拟数据的并行计算。为了求 1、3、5、7、9、2、4、6、8、10、0.1、0.3、0.5、0.7、0.9、0.2、0.4、0.6、0.8、0.1 这些数据的总和，我们可以把这些数据分成 4 部分，每个部分由单独的子进程完成求和，最后通过回调函数获取每个子进程的返回值进行加总。

```
import time
import random
from multiprocessing import Pool, current_process

def map_task_fun(d):
    """
    多进程执行的任务
    :param d: 数据块
    :return: 当前了进程 PID、数据块编号、数据块的和
    """
    #data_idx 表示数据块的编号,1 则是数据块本身
    (data_idx, data), = d.items()
    #生成随机数模拟任务的耗时
    task_time = round(10 * random.random(), 2)
    time.sleep(task_time)
    cur_pid = current_process().pid
```

```
    # 对数据块求和
    sum_of_l = sum(data)
    print(f"启动子进程 ID: {cur_pid} 对数据集[{data_idx}]进行求和操作,该任务耗时:
{task_time}s")
    # 返回当前子进程 PID、数据块编号、数据块的和
    return cur_pid, data_idx, sum_of_l


def callback_fun(ret_vals):
    """
    回调函数,当子进程执行完成并无异常时,由主进程调用并执行
    """
    l_of_subsum = []
    for task_infos in ret_vals:
        sub_process_id, data_index, sum_of_list = task_infos
        l_of_subsum.append(sum_of_list)
        print(f"主进程 ID: {current_process().pid} 正在检查子进程任务的执行情况,"
              f"可知由子进程 ID: {sub_process_id}对数据集[{data_index}]进行处理,返
              回值: {sum_of_list}")
    print(f"总和为: {sum(l_of_subsum)}")


if __name__ == '__main__':
    print("开始并行执行多任务")
    start_time = time.time()
    p = Pool()
    data = [
        {1: [1, 3, 5, 7, 9]},
        {2: [2, 4, 6, 8, 10]},
        {3: [0.1, 0.3, 0.5, 0.7, 0.9]},
        {4: [0.2, 0.4, 0.6, 0.8, 0.1]}
    ]

    p.map_async(map_task_fun, data, callback=callback_fun)

    p.close()
    p.join()
    end_time = time.time()
    total_time = round(end_time - start_time, 2)
    print(f"多任务执行结束,总耗时: {total_time}s")
```

上例中把目标对象数据分成 4 部分,每部分整理成字典对象,字典的键(KEY)代表数据块的编号,字典的值(VALUE)则是具体的数据块内容。在任务函数 map_task_fun()中生成 0～10 的随机数用于模拟任务的耗时。运行结果如下(每次运行结果进程 PID 值可能会不同):

```
开始并行执行多任务
启动子进程 ID: 4796 对数据集[3]进行求和操作,该任务耗时: 1.53s
启动子进程 ID: 5256 对数据集[4]进行求和操作,该任务耗时: 1.7s
启动子进程 ID: 6792 对数据集[1]进行求和操作,该任务耗时: 8.88s
启动子进程 ID: 2272 对数据集[2]进行求和操作,该任务耗时: 8.89s
主进程 ID: 14288 正在检查子进程任务的执行情况,可知由子进程 ID: 6792 对数据集[1]进行处
理,返回值: 25
```

```
主进程 ID:14288 正在检查子进程任务的执行情况,可知由子进程 ID:2272 对数据集[2]进行处
理,返回值:30
主进程 ID:14288 正在检查子进程任务的执行情况,可知由子进程 ID:4796 对数据集[3]进行处
理,返回值:2.5
主进程 ID:14288 正在检查子进程任务的执行情况,可知由子进程 ID:5256 对数据集[4]进行处
理,返回值:2.1
总和为:59.6
多任务执行结束,总耗时:9.85s
```

10.4　多　线　程

计算机应用系统通常基于多线程来实现并发,然而由于全局锁的限制,在面对 CPU 密集型任务时,Python 多线程应用无法有效发挥多核 CPU 的优势,所以在 Python 的世界更多的是基于多线程完成 I/O 密集型任务。本节我们将重点介绍 threading 模块和 concurrent.futures 模块中的 ThreadPoolExecutor 工具,前者用于线程的创建、管理和通信,后者主要应用于线程池。

10.4.1　threading 模块

threading 模块主要包含如下 3 大功能。

（1）线程创建与管理:通过 Thread 类实现,该类含有丰富的方法来管理线程。

（2）线程同步:提供了互斥锁、递归锁、信号量、事件、栅栏等机制实现线程间的同步。

（3）线程通信:线程间的通信通常借助于 Python 内置的队列模块来实现。

创建线程一般有两种方法,通过创建 threading.Thread 实例对象,或通过继承 threading.Thread 类并覆盖 run()方法来完成。我们首先来看看 Thread 构造方法。

```
__init__(group=None, target=None, name=None, args=(), kwargs=None, *,
daemon=None)
```

其中 target 属性用于指定该线程的任务函数,通过 args 和 kwargs 给该任务传递参数。name 属性为该线程命名,该线程是否为守护线程则通过 daemon 设置。为了更好理解守护线程,我们可以称之为"主线程依附线程",即如果该属性为 True,那么主线程退出后它也将不再运行;如果设为 False 或 None,那么主线程的退出对该子线程无影响,如例 10-9 所示。

【例 10-9】　守护线程的生命周期依附于主线程。

```
import time
from threading import Thread, current_thread


def sub_p_task():
    #死循环用于模拟子线程执行的任务
    while 1:
        print(f"子线程{current_thread().name}执行任务,当前时间: {time.ctime()}")
        time.sleep(1)


if __name__ == '__main__':
    print(f"主线程启动")
```

```
    sub_p = Thread(target=sub_p_task, name="子线程", daemon=False)
    #启动子线程
    sub_p.start()
    print(f"主线程结束")
```

上例中子线程执行一个永续的任务，然后通过设置 daemon 属性来观察守护线程的表现。运行结果如下：

```
主线程启动
子线程子线程执行任务,当前时间: Sun Jun 16 15:29:51 2024
主线程结束
子线程子线程执行任务,当前时间: Sun Jun 16 15:29:52 2024
子线程子线程执行任务,当前时间: Sun Jun 16 15:29:53 2024
子线程子线程执行任务,当前时间: Sun Jun 16 15:29:54 2024
子线程子线程执行任务,当前时间: Sun Jun 16 15:29:55 2024
......
```

通过结果可以发现当子线程不是守护线程时，它的生命周期并不依赖于主线程。如果将上例中 daemon 属性设为 True，运行结果如下：

```
主线程启动
子线程子线程执行任务,当前时间: Sun Jun 16 15:38:59 2024
主线程结束
```

你会发现，此时的子线程是守护线程，当主线程退出后，子线程也会退出，那么子线程执行的任务也将不再执行。本次运行结果子线程只运行了一次，我们可以尝试多运行几次该程序，可能会出现因为主线程的退出而导致子线程的任务一次也没被执行的情况。

通过创建 threading.Thread 实例对象来创建线程的例子前文已讲述。此外更常见的做法是通过继承 threading.Thread 类来创建子线程，这种方式更为灵活，不仅可以重构线程构造方法来增加额外的对象属性，也可以通过覆盖 threading.Thread 的 run()方法来定制线程的运行逻辑。

【例 10-10】 继承 threading.Thread 类创建线程。

```python
import time
from threading import Thread, current_thread

class Mythread(Thread):
    def __init__(self, timer):
        Thread.__init__(self)
        self.timer = timer

    def run(self):
        time.sleep(self.timer)
        print(f"线程：{current_thread().name}运行耗时: {self.timer}s")

if __name__ == '__main__':
    print(f"主线程开始运行")
    t1 = Mythread(5)
    t1.start()
    t1.join()
    print(f"主线程运行结束")
```

上例中，创建了名为 Mythread 的类，并覆盖了 run()方法。那么当该类的实例对象调用 start()方法启动后，实际运行的则是用户自定义的 run()方法。运行结果如下：

```
主线程开始运行
线程：Thread-1 运行耗时：5s
主线程运行结束
```

我们知道多线程任务为抢占式，即已经启动的线程何时获得 CPU 执行权限，获取多久完全取决于操作系统的调度。

【例 10-11】 多线程为抢占式多任务模式。

```python
from threading import Thread, current_thread

def my_target():
    cnt = 0
    print(f"start {current_thread().name}")
    #双循环用于模拟耗时任务
    for i in range(10 ** 4):
        for j in range(10 ** 2):
            cnt += 1
    print(f"end {current_thread().name}")

if __name__ == '__main__':
    print(f"{current_thread().name} start")

    t1 = Thread(target=my_target)
    t2 = Thread(target=my_target)
    t3 = Thread(target=my_target)

    t1.start()
    t2.start()
    t3.start()
    print(f"{current_thread().name} end")
```

本例中开启了 3 个线程，虽然线程的启动顺序是 t1→t2→t3，但每个线程获得的执行权限对用户是完全透明的，所以每次运行结果可能都不一样。截取某次的运行结果如下：

```
MainThread start
start Thread-1 (my_target)
start Thread-2 (my_target)
start Thread-3 (my_target)
MainThread end
end Thread-3 (my_target)
end Thread-2 (my_target)
end Thread-1 (my_target)
```

读者可能发现了主线程经常在子线程结束前就已经退出了。子线程的 join()方法会阻塞主线程直到子线程的任务执行完毕。我们修改一下上例。

【例 10-12】 利用 join()方法阻塞主线程。

```python
from threading import Thread, current_thread


def my_target():
```

```
        cnt = 0
        print(f"start {current_thread().name}")
        #双循环用于模拟耗时任务
        for i in range(10 ** 4):
            for j in range(10 ** 2):
                cnt += 1
        print(f"end {current_thread().name}")


if __name__ == '__main__':
    print(f"{current_thread().name} start")

    t1 = Thread(target=my_target)
    t2 = Thread(target=my_target)
    t3 = Thread(target=my_target)
    #启动 3 个子线程
    t1.start()
    t2.start()
    t3.start()
    #阻塞主线程
    t1.join()
    t2.join()
t3.join()
    print(f"{current_thread().name} end")
```

运行结果如下：

```
MainThread start
start Thread-1 (my_target)
start Thread-2 (my_target)
start Thread-3 (my_target)
end Thread-1 (my_target)
end Thread-3 (my_target)
end Thread-2 (my_target)
MainThread end
```

尽管子线程完成的先后顺序可能每次都会不一样，但由于 join() 方法的加入，使得只有 3 个子线程执行完毕后主线程才能获得 CPU 的执行权限。

10.4.2　多线程同步

线程间可以共享同一进程中的内存资源，我们知道多线程任务属于抢占式，需要谨慎对待多个线程对同一个变量或资源访问时可能产生的冲突。

【例 10-13】　多线程对同一变量访问。这里创建两个子线程 t1 和 t2，分别执行 add() 和 sub() 两个任务，对于全局变量 raw_num，add() 任务是将其加 1，sub() 任务是将其减 1。

```
from threading import Thread

def add(cnt):
    global raw_num
    for i in range(cnt):
```

```
        raw_num += 1

def sub(cnt):
    global raw_num
    for i in range(cnt):
        raw_num -= 1

if __name__ == '__main__':
    #全局变量,初始值为 0
    raw_num = 0
    #设定循环的次数
    cnt = 1000000
    #创建两个子线程
    t1 = Thread(target=add, args=(cnt,))
    t2 = Thread(target=sub, args=(cnt,))
    #启动子线程
    t1.start()
    t2.start()
    #等待子线程执行完成
    t1.join()
    t2.join()
    print(f"raw_num:{raw_num}")
```

运行结果如下：

```
raw_num:-684111
```

理论上运行结果应该是 0,然而并不是,而且每次执行的结果可能会不一样。当多个线程操作同一个对象时,如果没有很好地保护该对象,就可能会造成程序结果的不可预期。为了解决这类问题,Python 多线程引入了多种同步机制。我们将重点介绍互斥锁、递归锁、条件锁、信号量这 4 种锁机制。

1. 互斥锁

互斥锁(lock)是最常用的锁,用于协调多个线程对共享资源的访问。任意时刻互斥锁只能被一个线程所持有,在该线程释放互斥锁之前,其他线程无法访问共享资源。Python中提供了 threading.Lock 工具来实现互斥锁,它有如下两个重要的方法。

（1）acquire()：当前线程尝试获取锁,一旦被获取,该锁对象将处于锁定状态,其他需要该锁对象的线程将被阻塞。

（2）release()：当前线程释放锁。

上述两个方法总是按顺序成对出现,否则会出现异常。下面我们在例 10-14 中引入互斥锁来实现线程的同步。

【例 10-14】 用互斥锁实现资源的共享,避免线程间互相竞争而导致资源的不安全。

```
from threading import Thread, Lock

def add(cnt):
    global raw_num
    lock.acquire()
```

```
        for i in range(cnt):
            raw_num += 1
        lock.release()

    def sub(cnt):
        global raw_num
        lock.acquire()
        for i in range(cnt):
            raw_num -= 1
        lock.release()

    if __name__ == '__main__':
        #创建互斥锁
        lock = Lock()
        #全局变量,初始值为 0
        raw_num = 0
        #设定循环的次数
        cnt = 1000000
        #创建两个子线程
        t1 = Thread(target=add, args=(cnt,))
        t2 = Thread(target=sub, args=(cnt,))
        #启动子线程
        t1.start()
        t2.start()
        #等待子线程执行完成
        t1.join()
        t2.join()
        print(f"raw_num:{raw_num}")
```

运行结果如下:

```
raw_num:0
```

上例生成了 lock 全局锁对象,两个任务通过 acquire()方法尝试获取锁,在运行完被保护的代码后利用 release()方法来释放锁。通过锁机制实现了任务间的同步,不论我们运行多少遍结果都会保持一致。一般地,在访问公共资源时可以通过互斥锁来保障资源的安全性。

2. 递归锁

在使用互斥锁的场景中,假设线程 A 获取了锁对象,如果在没有释放该锁的前提下线程 A 再次尝试获取同一把锁就会导致死锁现象,表现在程序中则为对应的任务处于一直等待状态。我们把例 10-14 稍作改动便可以观察到死锁现象,代码片段如下:

```
lock.acquire()
for i in range(cnt):
    raw_num += 1
lock.release()
```

→

```
lock.acquire()
lock.acquire()
for i in range(cnt):
    raw_num += 1
lock.release()
lock.release()
```

所以互斥锁一旦处于被锁定的状态,任何线程(哪怕是已经拥有该锁的线程)尝试获取该锁都会被阻塞。这种情形下递归锁(re-entrant lock,也称为可重入锁)就是一个很好的解决方案,它会判断是否已经获得了锁对象,从而避免死锁情况的发生。

【例 10-15】 递归锁避免死锁现象。

```python
from threading import Thread, RLock
def add(cnt):
    global raw_num
    #尝试获取 lock 锁对象
    lock.acquire()
    #再次获取 lock 锁对象
    lock.acquire()
    for i in range(cnt):
        raw_num += 1
    #释放 lock 锁对象
    lock.release()
    #再次释放 lock 锁对象
    lock.release()

def sub(cnt):
    global raw_num
    #尝试获取 lock 锁对象
    lock.acquire()
    #再次获取 lock 锁对象
    lock.acquire()
    for i in range(cnt):
        raw_num -= 1
    #释放 lock 锁对象
    lock.release()
    #再次释放 lock 锁对象
    lock.release()

if __name__ == '__main__':
    #创建递归锁
    lock = RLock()
    #全局变量,初始值为 0
    raw_num = 0
    #设定循环的次数
    cnt = 1000000
    #创建两个子线程
    t1 = Thread(target=add, args=(cnt,))
    t2 = Thread(target=sub, args=(cnt,))
    #启动子线程
    t1.start()
    t2.start()
    #等待子线程执行完成
    t1.join()
    t2.join()
    print(f"raw_num:{raw_num}")
```

运行结果如下：

```
raw_num:0
```

3. 条件锁

条件锁(condition)默认是在递归锁的基础上增加了能够暂停线程运行的功能。它用于协调多个线程之间的执行顺序，其中条件变量可以将线程阻塞在等待某个条件成立的状态，当条件成立时，唤醒线程继续执行，并且我们可以使用 wait() 与 notify() 来控制线程执行的个数。

（1）wait(timeout＝None)：当前线程释放已经获取的锁对象，并且处于等待状态。参数 timeout 为该线程等待的超时时间。其他线程调用 notify() / notify_all() 方法，或该线程等待的时间超时后，那么当前线程将有机会重新获得条件锁。

（2）notify(n＝1)：当前线程唤醒处于等待状态的线程。参数 n 表示最多可以唤醒 n 个处于等待状态的线程。

不论是调用 wait() 方法还是 notify() 方法，当前线程都应该已经获取了对应的条件锁，否则将会抛出 RuntimeError 异常。我们来看个例子。

【例 10-16】　条件锁通过 wait() 和 notify() 方法实现线程的同步。

```python
from threading import Thread, Condition, current_thread

def task():
    #获取条件锁
    condLock.acquire()
    print(f"子线程{current_thread().name}运行,并将等待主线程唤醒")
    #暂停该线程运行,等待唤醒
    condLock.wait()
    print(f"子线程{current_thread().name}已被唤醒")
    #释放条件锁
    condLock.release()


if __name__ == "__main__":
    #生成条件锁
    condLock = Condition()
    #创建并启动 5 个子线程
    for i in range(5):
        subThreadIns = Thread(target=task, daemon=True)
        subThreadIns.start()


    while 1:
        inputChar = input("请输入要唤醒多少个子线程: ")
        if inputChar == "q":
            break
        elif inputChar.isdigit():
            notifyNumber = int(inputChar)
        else:
            print("输入错误! 请输入正整数或输入字母 q 退出程序。")
            continue
        condLock.acquire()
```

```
        #唤醒 notifyNumber 个处于等待状态的子线程
        condLock.notify(notifyNumber)
        condLock.release()
    print("主线程运行结束")
```

运行结果如下：

```
子线程 Thread-1 (task)运行,释放条件锁并将等待主线程唤醒
子线程 Thread-2 (task)运行,释放条件锁并将等待主线程唤醒
子线程 Thread-3 (task)运行,释放条件锁并将等待主线程唤醒
子线程 Thread-4 (task)运行,释放条件锁并将等待主线程唤醒
子线程 Thread-5 (task)运行,释放条件锁并将等待主线程唤醒
请输入要唤醒多少个子线程：3
子线程 Thread-1 (task)已被唤醒
子线程 Thread-2 (task)已被唤醒
子线程 Thread-3 (task)已被唤醒
请输入要唤醒多少个子线程：2
子线程 Thread-5 (task)已被唤醒
子线程 Thread-4 (task)已被唤醒
请输入要唤醒多少个子线程：2
请输入要唤醒多少个子线程：q
主线程运行结束
```

从程序的运行结果可以看出,处于等待状态的线程由 notify()方法唤醒。notify()方法本身并不会自动释放条件锁,所以需要先执行 notify()方法然后再利用 release()来释放锁。

4. 信号量

信号量(semaphore)是一种更为灵活的线程同步机制,用于控制多个线程对共享资源的访问。信号量内部维护了一个计数器可以限制同时访问共享资源的线程数量,该值默认为1。

同样,在 threading 模块中,关于信号量的操作有两个函数,即 acquire() 和 release()。

(1) acquire()：每当线程想要读取关联了信号量的共享资源时,必须调用 acquire(),该操作将内部计数器减1,如果该变量的值为正数,那么分配该资源的权限。如果为0,那么线程被挂起,直到有其他的线程释放资源。

(2) release()：当线程不再需要该共享资源,必须通过 release() 释放。这样,信号量的内部计数器加1,这样在信号量等待队列中的线程就有机会拿到共享资源的权限。

下面代码展示了信号量的使用。我们创建 10 个子线程,1 个信号量对象,将该信号量的内部计数器初始值设为4。

【例 10-17】 基于信号量实现线程间的同步,本例中每次最多允许 4 个子线程获得信号量。

```
import time
from threading import Thread, current_thread, Semaphore

def task(sm):
    sm.acquire()
    print(f"线程：{current_thread().name}获得了信号量")
    time.sleep(2)
```

```
        sm.release()

if __name__ == '__main__':
    threads = []
    #最多允许同时激活 4 个子线程
    sm = Semaphore(4)
    #创建 10 个子线程
    for i in range(10):
        t = Thread(target=task, args=(sm,))
        threads.append(t)
    #启动子线程
    for t in threads:
        t.start()
    #主线程等待子线程结束
    for t in threads:
        t.join()
```

运行结果如下：

```
线程：Thread-1 (task)获得了信号量
线程：Thread-2 (task)获得了信号量
线程：Thread-3 (task)获得了信号量
线程：Thread-4 (task)获得了信号量
线程：Thread-7 (task)获得了信号量
线程：Thread-5 (task)获得了信号量
线程：Thread-6 (task)获得了信号量
线程：Thread-8 (task)获得了信号量
线程：Thread-9 (task)获得了信号量
线程：Thread-10 (task)获得了信号量
```

在运行过程中，每次最多 4 个线程被激活，当前 4 个任务执行完之后再执行下一批。

信号量在支持多线程的编程语言中依然应用很广，然而这可能导致死锁的情况。例如，现在有一个线程 t1 先等待信号量 s1，然后等待信号量 s2，而线程 t2 假设需要先等待信号量 s2，然后再等待信号量 s1，这样就可能发生死锁，导致 t1 等待 s2，而 t2 在等待 s1。

5. 多线程同步的 with 语法

Python 从 2.5 版本开始引入了 with 语法。此语法非常实用，使用 with 语法可以在特定的地方分配和释放资源，比如文件的打开与关闭，数据库的连接与断开，线程锁的获取和释放等。因此，with 语法也称为“上下文管理器”。在 threading 模块中，带有 acquire()方法和 release()方法的对象都可以基于上下文管理器来完成。比如我们介绍的互斥锁、递归锁、条件锁和信号量的获取和释放均可以使用 with 进行自动化管理。

【例 10-18】 常规语句直接获取线程锁和基于 with 语句获取线程锁的区别。

```
from threading import Thread, Lock, RLock, Condition, Semaphore

def threading_with(statement):
    with statement:
        print(f"基于 with 语句获取：{statement.__class__.__name__}")
```

```
def threading_not_with(statement):
    statement.acquire()
    try:
        print(f"常规语句直接获取：{statement.__class__.__name__}")
    finally:
        statement.release()


if __name__ == '__main__':
    #生成 4 种类型的线程锁
    lock = Lock()
    rlock = RLock()
    condition = Condition()
    mutex = Semaphore(1)
    threading_synchronization_list = [lock, rlock, condition, mutex]

    #针对每个锁对象创建两个线程分别执行 threading_with 和 threading_not_with 任务
    for statement in threading_synchronization_list:
        t1 = Thread(target=threading_with, args=(statement,))
        t2 = Thread(target=threading_not_with, args=(statement,))
        #启动线程
        t1.start()
        t2.start()
        #主线程挂起
        t1.join()
        t2.join()
```

运行结果如下：

```
基于 with 语句获取：lock
常规语句直接获取：lock
基于 with 语句获取：RLock
常规语句直接获取：RLock
基于 with 语句获取：Condition
常规语句直接获取：Condition
基于 with 语句获取：Semaphore
常规语句直接获取：Semaphore
```

上例中我们生成了 4 把不同类型的线程锁，针对每个锁对象创建两个线程分别执行 threading_with 和 threading_not_with 任务，从运行结果可以看出借助 with 语句实现了锁资源的自动化管理。

10.4.3 多线程通信

与进程间通信一样，多线程通信通常也是基于队列来完成。可以通过如下语句来导入：

```
from queue import Queue
```

队列的内部通过锁机制实现了线程安全，这意味着当队列为空时，它将阻塞线程从队列中读取数据。同样地，队列被占满时，也会阻塞线程往该队列中写数据。当然除了阻塞外，它还通过超时机制共同约束队列的读取。我们来看看队列中如下两个重要的方法。

（1）put(item，block = True，timeout = None)：该方法将 item 对象写到队列中。

block 默认为 True,它会与 timeout 共同作用,即当队列被占满时,会阻塞线程写操作,直到超时抛出异常。当 block 为 False 时,timeout 参数失效。

（2）get(block＝True, timeout＝None)：该方法是从队列中读取数据。block 默认为 True,它会与 timeout 共同作用,即当队列为空时,会阻塞线程从该队列中读取数据,直到超时抛出异常。当 block 为 False 时,timeout 参数失效,即如果队列为空,立即抛出异常。

我们依然以生产者和消费者为例进行多线程通信的示例。

【例 10-19】　生产者每秒往队列中写入一个随机数,消费者则会实时地从队列中读取数据。

```python
import random
import time
from queue import Queue
from threading import Thread, current_thread

class Producer(Thread):
    def __init__(self, q, thread_name):
        Thread.__init__(self, name=thread_name)
        self.q = q

    def run(self):
        while 1:
            #产生随机数
            item = random.randint(1, 100)
            #将随机数写入队列中
            self.q.put(item)
            print(f"线程: {current_thread().name}往队列写入的数据: {item}")
            time.sleep(1)

class Consumer(Thread):
    def __init__(self, q, thread_name):
        Thread.__init__(self, name=thread_name)
        self.q = q

    def run(self):
        while 1:
            #从队列中读取数据
            item = self.q.get()
            print(f"线程: {current_thread().name}从队列读取的数据: {item}")

if __name__ == '__main__':
    q = Queue()
    producer = Producer(q, thread_name="生产者")
    consumer_1 = Consumer(q, thread_name="消费者-1")
    consumer_2 = Consumer(q, thread_name="消费者-2")
    consumer_3 = Consumer(q, thread_name="消费者-3")
    #启动线程
    producer.start()
    consumer_1.start()
```

```
        consumer_2.start()
        consumer_3.start()
        #主线程挂起
        producer.join()
        consumer_1.join()
        consumer_2.join()
        consumer_3.join()
```

运行结果（由于产生的是随机数，每次运行结果可能都不一样）：

```
线程：生产者往队列写入的数据：6
线程：消费者-1 从队列读取的数据：6
线程：生产者往队列写入的数据：32
线程：消费者-1 从队列读取的数据：32
线程：生产者往队列写入的数据：20
线程：消费者-2 从队列读取的数据：20
线程：生产者往队列写入的数据：17
线程：消费者-3 从队列读取的数据：17
……
```

从程序的执行结果可以看出，由于多线程属于抢占式，具体哪个消费者线程获得执行的权限完全由操作系统决定。上例的执行过程可以通过图 10-9 来描述。

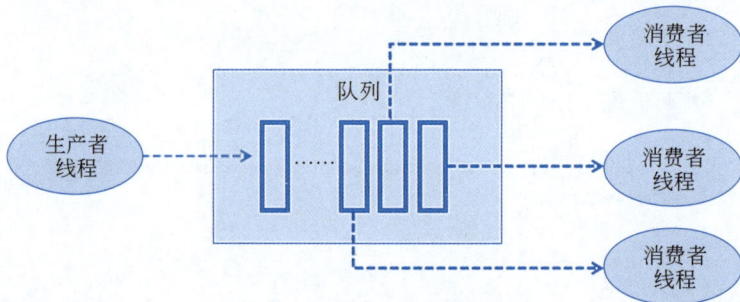

图 10-9　例 10-19 程序示意图

10.4.4　线程池

线程的创建和销毁需要消耗系统资源，尽管与进程相比线程已属轻量级，但如果提交给线程的任务执行时间短，而且执行次数很频繁时，那么系统将处于不停地创建和销毁线程的过程中，从而降低系统的运行效率。

Python 线程池是一种优化技术，用于提高多线程应用程序的性能。它的原理是在程序启动时预先创建一定数量的线程并保存在内存中，等待任务的到来。当有新任务到来时，线程池会选择一个空闲的线程来执行任务，这样就可以避免频繁地创建和销毁线程。当任务完成后，线程并不会立即被销毁，而是返回到线程池中等待下一个任务的到来。这种机制可以有效地减少系统开销，提高程序的性能。

Python 标准库中的 concurrent.futures 模块提供了线程池的实现，该模块包含了一个 Executor 类，它有两个子类：ThreadPoolExecutor 和 ProcessPoolExecutor，前者用于创建线程池，后者用于创建进程池。本节的重点是 ThreadPoolExecutor 的应用。

1. 线程池的基本用法

Executor 类提供了如下 3 个常用方法。

（1）submit(fn，＊args，＊＊kwargs)：将任务 fn 提交给线程池执行，其中＊args 和＊＊kwargs 分别是传入任务 fn 的参数。该方法非阻塞，会立即返回 Future 对象，通过 Future 对象可以获取任务执行的状态以及结果等。

（2）map(fn，＊iterables，timeout＝None，chunksize＝1)：启动多个线程，将 iterable 内每个对象作为参数传递给任务 fn 处理。如果在 timeout 秒之后任务依然没有结果返回，那么就会抛出 TimeoutError 异常，对于线程池参数 chunksize 无效。

（3）shutdown(wait＝True)：关闭线程池。

【例 10-20】　创建线程池，计算列表[1，2，3，4，5]中每个数的平方。

```python
import time
from threading import current_thread
from concurrent.futures import ThreadPoolExecutor, TimeoutError

def square(n):
    print(f"启动任务 {n}")
    time.sleep(n)
    print(f"线程{current_thread().name}: 完成任务 {n}")
    return n * n

if __name__ == '__main__':
    #创建线程池,最大允许 5 个线程同时运行
    executor = ThreadPoolExecutor(max_workers=5)
    results = executor.map(square, [1, 2, 3, 4, 5], timeout=3)
    try:
        #将 map 返回的结果转换为列表
        real_results = list(results)
    except TimeoutError as e:
        print("任务超时")
    #关闭线程池
    executor.shutdown()
```

运行结果如下：

```
启动任务 1
启动任务 2
启动任务 3
启动任务 4
启动任务 5
线程 ThreadPoolExecutor-0_0: 完成任务 1
线程 ThreadPoolExecutor-0_1: 完成任务 2
线程 ThreadPoolExecutor-0_2: 完成任务 3
任务超时
线程 ThreadPoolExecutor-0_3: 完成任务 4
线程 ThreadPoolExecutor-0_4: 完成任务 5
```

上例中我们创建了线程池，并且该池最大允许 5 个线程同时运行。为了更加高效地执行任务，我们使用 map()方法将列表中每个元素都分配至一个线程中去完成。同时设置了

timeout 参数为 3 秒,即如果任务在 3 秒后才返回结果,那么对应的任务将抛出异常。

2. Future 对象

submit()方法会立即返回 Future 对象,该对象可以用来追踪任务的执行情况。这里介绍它常用的 3 种方法。

（1）cancel()：取消当前 Future 对象对应的线程任务。如果该任务正在执行或已经完成,那么它不可被取消,该方法返回 False;否则,程序会取消该任务,并返回 True。

（2）result(timeout＝None)：获取该 Future 对象对应线程任务的返回结果。如果对应线程任务还未完成,该方法将会阻塞当前线程,其中 timeout 参数指定最多阻塞多少秒。

（3）add_done_callback(fn)：为该任务注册一个"回调函数",当该任务被取消或成功完成时,会自动触发 fn 以执行函数,fn 参数为该任务返回的 Future 对象。

【例 10-21】 创建线程池,遍历列表[1, 2, 3, 4, 5]并计算列表元素当前值 i 与 i＋1 的积,通过回调函数获取任务的返回结果。

```python
import time
from concurrent.futures import ThreadPoolExecutor
from threading import current_thread

def mul(n, m):
    print(f"启动任务 {n}")
    time.sleep(n)
    print(f"线程{current_thread().name}: 完成任务 {n}")
    return n * m

def callback_fn(future):
    #通过 result 方法获取任务的执行结果
    result = future.result()
    print(f"结果为: {result}")

if __name__ == '__main__':
    #创建线程池,最大允许 5 个线程同时运行
    executor = ThreadPoolExecutor(max_workers=5)
    for i in [1, 2, 3, 4, 5]:
        #将 i 和 i+1 作为参数传递给任务 mul
        future = executor.submit(mul, i, i + 1)
        #任务执行完成后会调用回调函数
        future.add_done_callback(callback_fn)
    #关闭线程池
    executor.shutdown()
```

上例中通过 ThreadPoolExecutor() 函数创建了 5 个线程。通过添加回调函数 callback_fn() 获取任务的返回结果。运行结果如下：

```
启动任务 1
启动任务 2
启动任务 3
启动任务 4
启动任务 5
```

```
线程 ThreadPoolExecutor-0_0：完成任务 1
结果为：2
线程 ThreadPoolExecutor-0_1：完成任务 2
结果为：6
线程 ThreadPoolExecutor-0_2：完成任务 3
结果为：12
线程 ThreadPoolExecutor-0_3：完成任务 4
结果为：20
线程 ThreadPoolExecutor-0_4：完成任务 5
结果为：30
```

　　线程池是一种优化技术，它可以将多个任务分配给有限的线程，降低了线程创建和销毁的开销。同时线程池不仅可以自动管理线程的生命周期，包括线程的创建、调度和回收，减少了对线程管理的复杂性，而且也可以提供任务调度和排队功能，可以更好地控制并发任务的执行顺序和优先级。

10.5　本 章 小 结

　　本章开篇即引入了并发、并行与多任务的基本概念，为理解现代计算机系统中如何高效处理多个任务奠定了基础。随后，通过区分 I/O 密集型任务和 CPU 密集型任务，帮助读者理解不同类型任务在并发执行时的特点和挑战。这种分类不仅有助于选择合适的并发模型，还能指导在特定场景下如何优化程序性能。

　　在进程与线程的探讨中，本章详细比较了两者的区别，包括它们在资源占用、通信方式、上下文切换成本等方面的不同。特别地，针对 Python 特有的全局锁（GIL）机制，本章进行了深入的剖析，解释了这一机制如何影响 Python 多线程程序的并行性，并引导读者思考在 Python 中如何利用多进程来克服 GIL 的限制。此外，多进程的创建、通信机制以及进程池的应用也是本章的重点之一，通过实例展示了如何在 Python 中有效地实现多进程编程，以充分利用多核处理器的优势。

　　在多线程部分，本章详细介绍了 Python 的 threading 模块，并通过实例展示了如何使用该模块来创建和管理线程。为了解决多线程程序中可能出现的数据竞争和同步问题，本章深入讲解了多线程的同步机制，包括互斥锁、递归锁、条件锁和信号量等。这些同步机制的使用不仅有助于保护共享数据的安全性，还能提高多线程程序的稳定性和可预测性。此外，本章还介绍了基于队列的线程间通信机制，这是一种高效且安全的通信方式，能够减少线程间的直接交互和潜在的冲突。最后，本章详细讲解了线程池的概念、优势以及如何在 Python 中使用线程池来执行并发任务，提供了丰富的实例和场景分析，帮助读者更好地理解和应用线程池技术。

10.6　习　　　题

　　1. 使用 multiprocessing 模块中的 Process 类来创建两个子进程，每个子进程打印其进程 ID。

　　2. 实现一个使用 multiprocessing.Pool 的多进程程序，该程序接收一个整数列表作为输入,并返回每个整数的平方。

3. 使用 multiprocessing.Queue 实现一个生产者—消费者模型,其中生产者生成数字,并将其放入队列中,消费者从队列中取出数字并打印。

4. 创建两个线程,每个线程打印其线程名称。

5. 基于 queue.Queue 在多线程环境中实现生产者—消费者模型,其中生产者生成数字并放入队列,消费者从队列中取出数字并处理。

6. 编写一个程序,该程序使用 concurrent.futures.ThreadPoolExecutor 来异步地处理一个字符串列表,将每个字符串转换为大写,并收集所有结果。